南京水利科学研究院出版基金资助项目

# 水资源一体化管理的理论与实践

Theories and Practices on Integrated Water Resources Management

杨立信 陈献耘 傅 华 编著

U0234805

黄河水利出版社

·郑州·

## 内 容 提 要

  本书全面论述了水资源一体化管理的理论和实践。在简述水资源一体化管理理论发展过程的基础上,系统地论述了水资源一体化管理的基本原则、规划、体制建设、主要指标和工具。本书的最后两章介绍了水资源一体化管理在世界各国的应用现状,用实例介绍水资源一体化管理在法规、体制改革与建设、管理规划、公众参与水资源管理等方面的进展情况。从中我们可以看出,水资源一体化管理理论已发展成为一个比较完整的体系,并指导着实践行动,这充分表明水资源一体化管理代表了现代水资源管理的发展方向。

  本书可供从事水利工程、水资源管理、生态环境保护等专业的科研、教学和管理人员参考,也可供有关高等院校的本科生和研究生使用。

## 图书在版编目(CIP)数据

  水资源一体化管理的理论与实践/杨立信,陈献耘,傅华编著. —郑州:黄河水利出版社,2012.4
  ISBN 978 - 7 - 5509 - 0219 - 0

  Ⅰ.①水…　Ⅱ.①杨…②陈…③傅…　Ⅲ.①水资源管理－研究　Ⅳ.①TV213.4

  中国版本图书馆 CIP 数据核字(2012)第 041214 号

出　版　社:黄河水利出版社
   地址:河南省郑州市顺河路黄委会综合楼 14 层　　　邮政编码:450003
发行单位:黄河水利出版社
   发行部电话:0371 - 66026940、66020550、66028024、66022620(传真)
   E-mail:hhslcbs@126.com
承印单位:黄河水利委员会印刷厂
开本:787 mm×1 092 mm　1/16
印张:15.5
字数:360 千字　　　　　　　　　　　印数:1—1 000
版次:2012 年 4 月第 1 版　　　　　　印次:2012 年 4 月第 1 次印刷

定价:45.00 元

# 前　言

　　水是关系到人类生存的最基本而且是最有限的自然资源,是生命之源、生产之要、生态之基。兴水利、除水害,事关人类生存、经济发展、社会进步,历来是治国安邦的大事。以往的水工程主要是解决社会经济发展所遇到的供水问题,忽视了生态环境的用水需求,因而导致许多地区(例如咸海流域和乍得湖流域)出现了生态环境的严重退化,甚至出现了生态危机。水资源一体化管理的核心思想就是高度重视生态环境问题,力求在解决社会经济发展用水问题的同时保证生态环境的用水需求,促使生态环境得以修复并保持稳定,使得社会经济与生态环境协调发展和水资源可持续利用,实现人水和谐。所以,水资源一体化管理自提出以来,就受到水资源专家和各国政府的高度重视,在该领域展开了大量的研究工作和实践活动,使其理论基础不断完善,其应用实践在世界各国广泛展开。如今实施水资源一体化管理已成为世界水资源管理的潮流。

　　虽然早在 2005 年全球水伙伴就把我国列为水资源一体化管理的一类国家,但是根据我们在各大数据库平台检索和综合检索的结果,发现我国的水资源管理专家们至今尚未出版一本专门论述水资源一体化管理的著作,现有的中文版都是译著。

　　2011 年,中央一号文件《关于加快水利改革发展的决定》明确指出了新形势下水利的战略地位基本原则,强调"坚持统筹兼顾,注重兴利除害结合、防灾减灾并重、治标治本兼顾,促进流域与区域、城市与农村、东中西部地区水利协调发展;坚持人水和谐。顺应自然规律和社会发展规律,合理开发、优化配置、全面节约、有效保护水资源"。由此可见,中央在水利改革顶层设计层面上对以水资源一体化管理改革促进人水和谐目标的战略规划的重视程度。

　　"他山之石,可以攻玉",为了使我国在开展重大水资源专项研究过程中,掌握国外的发展动态,借鉴并总结先进经验和吸取教训,促进我国的研究工作更加顺利开展,力求取得丰硕成果,我们编译了本书。本书依据中亚水资源专家杜霍夫内 B. A. 等 2007 年出版的专著《水资源一体化管理,从理论到实践,中亚的经验》,引用并参考了全球水伙伴技术委员会编写的《水资源一体化管理》和《水资源一体化管理工具箱(第 2 版)》、中英合作水资源需求管理项目、水资源一体化管理方法汇编(《综述报告 1:水资源一体化管理》、《综述报告 2:水资源需求管理》)等专著,先后收集了数千份国内外关于水资源一体化管理的中、英、俄文资料,经翻译、分析、整理、编辑总结并撰写成为本书。本书从以下几个方面向读者介绍水资源一体化管理的理论和实践的发展:

　　(1)在引用都柏林 - 里约原则的基础上,诠释了全球水伙伴给水资源一体化管理下的定义,引用其绘制的框架示意图及其说明,归纳了中亚水资源专家讲述的水资源一体化管理的特点,着重介绍了水资源一体化管理理论的发展过程。

　　(2)依据杜霍夫内 B. A. 等的专著《水资源一体化管理,从理论到实践,中亚的经验》,翻译并解读了水资源一体化管理的基本原则,且根据我们对相关资料的研究结果,增补了水资源可持续利用原则和公益用水优先原则两项内容。

（3）引用中英合作水资源需求管理项目、水资源一体化管理方法汇编《综述报告1：水资源一体化管理》的资料，介绍了编制水资源一体化管理规划时需要补充考虑生态环境和气候变化等因素，论述了编制水资源一体化管理规划的过程，引用了水资源一体化管理规划与传统水资源管理规划的差异表和水资源一体化管理规划需要考虑的重要因素。论述了编制规划的两个最重要因素——水资源评估和水需求管理，强调从需求侧考虑供水，而不是以往从供给侧考虑供水。

（4）讲述了国外水资源管理体制，重点介绍了中亚各国的水资源管理体制改革和现行的水资源一体化管理体制。

（5）解读了中亚水资源专家制定的水资源一体化管理指标，且根据相关资料作了必要的补充。

（6）诠释了全球水伙伴技术委员会编写的《水资源一体化管理工具箱（第2版）》和中亚地区现在使用的水资源一体化管理工具，重点介绍了水资源信息管理系统、计划用水、水资源一体化管理过程中争议和冲突的调解、节约用水的经济激励措施等管理工具，并举例说明这些工具的应用情况。

（7）介绍了世界各地的水资源一体化的实践与应用实例，这些实例既说明了在实践中水资源一体化管理理论得到不断完善，也说明实施水资源一体化管理已是大势所趋，成为不可阻挡的潮流。

本书经两年的努力，终于完成面世。撰写期间参阅了大量的中外文献，在此对李运辉译审的悉心帮助、丁绿芳高级工程师、王小军博士提供的部分资料表示特别感谢，对所有引用文献的原作者、译者表示衷心的谢意。

江苏省科技翻译工作者协会在本书的编著、出版过程中给予了大力支持，在此也表示诚挚的感谢！

囿于著者学识水平，书中难免存在疏漏之处，恳请学术同仁和读者批评指正与赐教。

本书的出版得到了南京水利科学研究院出版基金资助，同时得到了黄河水利出版社的大力支持，谨此深表感谢。

杨立信　陈献耘　傅华

2011 年 12 月于金陵

# 目　录

# 1 导 论

## 1.1 水

水是由氢、氧两种元素组成的无机物,在常温常压下为无色无味的透明液体,是地球上最常见的物质之一。水是包括人类在内所有生命生存的重要资源,也是生物体最重要的组成部分,在生命演化中起着重要的作用。地球表层水体构成了水圈,包括海洋、河流、湖泊、沼泽、冰川、积雪、地下水和大气中的水,且储水量巨大,总计约为 1 385 984.6 万亿 $m^3$。但是由于注入海洋的水带有一定的盐分,加上常年的积累和蒸发作用,海和大洋里的水都是咸水,且某些湖泊的水也是咸水,咸水合计约有 1 350 955.4 万亿 $m^3$,占总水量的 97.5%,这些水不能直接饮用。能饮用的淡水储量包括冰川、积雪、地下淡水、河流湖泊水体、大气中的水、生物体中的水,只占总储量的 2.5%,约为 35 029.2 万亿 $m^3$。这些淡水中将近 70% 冻结在南极和格陵兰冰盖中,其余大部分是土壤水或者是不易开采利用的深层地下水。因此,可供人类利用的淡水在数量上是有限的,不足世界淡水储量的 1%,即相当于全球水储量的 0.007%(见表 1-1)。

表 1-1　全球水资源总量汇总

| 水体种类 | 水量 | | 咸水 | | 淡水 | |
|---|---|---|---|---|---|---|
| | 万亿 $m^3$ | % | 万亿 $m^3$ | % | 万亿 $m^3$ | % |
| 海洋水 | 1 338 000 | 96.54 | 1 338 000 | 99.04 | 0 | 0 |
| 地表水 | 24 254.1 | 1.75 | 85.4 | 0.006 | 24 168.7 | 69 |
| 冰川与冰盖 | 24 064.1 | 1.74 | 0 | 0 | 24 064.1 | 68.7 |
| 湖泊水 | 176.4 | 0.013 | 85.4 | 0.006 | 91.0 | 0.26 |
| 沼泽水 | 11.48 | 0.000 8 | 0 | 0 | 11.48 | 0.033 |
| 河流水 | 2.12 | 0.000 2 | 0 | 0 | 2.12 | 0.006 |
| 地下水 | 23 700.0 | 1.71 | 12 870 | 0.953 | 10 830.0 | 30.92 |
| 重力水 | 23 400 | 1.688 | 12 870 | 0.953 | 10 530 | 30.06 |
| 地下冰 | 300 | 0.022 | 0 | 0 | 300 | 0.86 |
| 土壤水 | 16.5 | 0.001 | 0 | 0 | 16.5 | 0.05 |
| 大气水 | 12.9 | 0.000 9 | 0 | 0 | 12.9 | 0.04 |
| 生物水 | 1.1 | 0.000 1 | 0 | 0 | 1.1 | 0.003 |
| 总计 | 1 385 984.6 | 100 | 1 350 955.4 | 100 | 35 029.2 | 100 |

**注:**资料来源,陈志凯主编,《中国水利百科全书·水文与水资源分册》,北京:中国水利水电出版社,2004。

水对气候的影响:水对气候具有调节作用。大气中的水汽能阻挡地球辐射量的60%,保护地球不致冷却。海洋水体和陆地水体在夏季能吸收和积累热量,使气温不致过高;在冬季则能缓慢地释放热量,使气温不致过低。海洋和地表上的水蒸发到天空中形成云,云中的水通过降水变成雨或雪;落于地表上的水渗入地下形成地下水;地下水又从地层里冒出来,形成泉水,经过小溪、江河汇入大海,形成一个水循环。此外,在自然界中,由于不同的气候条件,水还会以冰雹、雾、露、霜等形态出现并影响气候和人类的活动。

水对地貌的影响:地球表面有71%被水覆盖,从空中看,地球是个蓝色的星球。水侵蚀岩石土壤,冲淤河道,搬运泥沙,营造平原,改变地表形态。

水对生物的影响:有学者认为,地球上的生命最初是在水中出现的。水是所有生物体的重要组成部分。水中生活着大量的水生植被等水生生物。水有利于部分生物化学反应的进行,如动物的消化作用及植物的光合作用。

## 1.2 水资源

水资源一般是指逐年可以更新的淡水量。1988 年,联合国教科文组织和世界气象组织共同制定的《水资源评价活动——国家手册》中把水资源定义为:可资利用或可能被利用的水源,具有足够的数量和一定的质量,并能在某一地点为满足某种用途而可被利用。《中华人民共和国水法》中指出:水资源包括地表水和地下水。关于世界水资源总量,现有多种说法:《中国水利百科全书》所说:江河径流是人类的最重要和最经常利用的水资源,全球的年径流量为 46.8 万亿 $m^3$;2003 年,联合国粮农组织发表了名为《世界各国水资源综述》的评估报告,报告认为,包括可再生的地下水资源在内,世界可再生水资源总量为 437 645 亿 $m^3$。根据联合国教科文组织的建议,俄罗斯国立水文研究所希克洛曼诺夫(И. А. Шикломанов,以下简称希氏),在 20 世纪 90 年代对世界水资源进行了全面系统的评估工作。根据这项研究成果所编著的专著《21 世纪之际的世界水资源》于 2003 年由英国剑桥大学出版社用英文出版。在这本专著中,希氏以河川年径流量作为可再生的水资源量。在评估世界水资源时,希氏以河川径流的观测资料为主,辅以气象观测资料。据世界气象组织提供的资料,目前,世界上已有 64 000 座水文站点在观测河流的径流量。希氏选择了其中分布在各大洲长期使用的约 2 500 个水文观测站点(亚洲约为 800 个、欧洲约为 600 个、北美洲为 330 个、非洲和南美洲分别为 240 个和 250 个、澳洲和大洋洲约为 200 个)的资料。此外,为了保证水资源评估成果的可靠性,希氏采用具有较长的统一观测系列(1921～1985 年)。对于欧洲和北美许多国家的水文站点来说,在所选定的观测系列中那些没有观测的年份,则采用后续年份(1990～1994 年)的资料或气象资料作补充。此外,应用相关模型和水文类比方法对一些水文站点短缺的资料进行了插补和校正。经过反复论证和研究,得出了全球的河川年均径流量为 42.786 万亿 $m^3$。这大概就是世界各国所共同拥有的"可资利用或可被利用的"水资源总量。

# 1.3 水资源管理

关于水资源管理的定义,多位专家有不同的表述方式,且在内涵和外延上存在一定的差异,目前尚不统一。按照《中国水利百科全书·水文与水资源分册》的解释,水资源管理是指水行政主管部门运用法律、政策、行政、经济、技术等手段对水资源的开发、利用、治理、配置、节约和保护进行管理,以求可持续地满足经济社会发展和改善生态环境对水需求的各种活动的总称。《中国大百科全书·水利卷》中指出:水资源管理是水资源开发利用的组织、协调、监督和调度。运用法律、行政、经济、技术和教育等手段,组织各种社会力量开发水利和防治水害;协调社会经济发展与水资源开发利用之间的关系,处理各地区、各部门之间的用水矛盾;监督、限制不合理的开发水资源和危害水源的行为;制订供水系统和水库工程的优化调度方案,科学分配水量。

广义的水资源管理可以包括:①法律,即立法、司法、水事纠纷的调处等;②政策,即体制、机制、产业政策等;③行政,即机构组织、人事、教育、宣传等;④经济,即筹资、收费等;⑤技术,即勘测、规划、建设、调度运行等。这5个方面构成一个以水资源开发、利用、治理、配置、节约和保护等组成的水资源管理系统。这个管理系统的特点是把自然界存在的有限水资源通过防洪、供水、生态保护系统与社会、经济、环境的需水要求紧密联系起来的一个复杂的动态系统。

水资源管理应遵循以下原则:①水资源属于国家所有,在开发利用水资源时,应当实现经济效益、社会效益、生态环境效益最大化;②开发利用水资源要按照自然规律和客观规律办事,坚持兴利与除害并重,开发与保护同步,地表水与地下水、水量与水质统一,开源与节流结合、节流优先和污水处理回用,综合利用水资源;③开发利用水资源要进行综合科学考察和调查评价,做到全面规划、统筹兼顾、标本兼治、综合利用、讲求效益,充分发挥水资源的多种功能,协调好生活、生产经营和生态环境用水的关系;④水资源的开发利用要维护生态平衡,有利于改善和修复生态环境,有利于经济社会的可持续发展;⑤加强需水定向管理,实行总量控制和定额管理相结合的制度,全面节约用水,控制需水量过快增长。

水资源管理的方法和手段:①取水许可制度是在法律保证下进行水资源管理的行政手段;②经济措施是调节开发利用水资源的有效手段,利用经济杠杆管理好水资源,要完善有偿使用的制度,建立良性运行的管理机制;③水资源管理依靠行政组织,运用命令、规定、指示、条例等行政手段发挥行政组织在管理中的作用;④系统分析的方法是实施水资源调配和管理的基本方法;⑤水资源管理信息系统通过接收、传递和处理各类水资源管理信息,使管理者能及时实现水资源管理环节之间的联系和协调,实现科学管理。

水资源管理的目标是:保护水源、水域和水利工程,合理使用,确保安全,消除水害,增加水利效益,验证水利设施的正确性。为了实现这一目标,需要在工作中采取各种技术、经济、行政、法律措施。随着水利事业的发展和科学技术的进步,水资源管理已逐步采用先进的科学技术和现代化管理手段。

水资源管理的对象:包括对已经探明的水资源从资源登记、规划分配、开发利用、供水过程到用水、污水处理及回用、水资源保护以及对水利工程的合理规划及布置等组成的完整的系统管理。具体地说，水资源管理包括以下诸多方面，即水资源的数量管理、质量管理、法律管理、权属管理、行政管理、规划管理、配置管理、经济管理、投资管理、风险管理、安全管理、工程管理、技术管理、数字化管理、综合管理、跨流域管理、跨国界管理等。由此可见，水资源管理所涉及的部门、行业和领域有多么广泛，对水资源管理不能就水论水，必须将其放在社会、经济、环境等复合系统中进行处理。

水资源管理的主要内容：①水资源的所有权、开发权和使用权。所有权取决于社会制度，开发权和使用权服从于所有权。②水资源的政策。要根据社会经济的需要与可能，制定出水资源全面规划和综合开发、合理利用、保护、水污染防治、水费征收和使用等问题的方针政策。③水量的分配和调度。按照上下游兼顾和综合利用的原则，制订水量分配计划和调度方案，作为正常管理运用的依据。④防洪管理问题。除维护水库和堤防的安全外，还要防止行洪、分洪、滞洪、蓄洪的河滩、洼地、湖泊被侵占破坏，并实施相应的经济损失赔偿政策，试办防洪保险事业。⑤水情预报。加强水文观测，做好水情预报，保证工程安全运行和提高经济效益。

水资源是与人类生存和社会经济发展密切相关的自然资源。水资源管理具有鲜明的时代内涵，不同时代的水资源管理概念是不同的。在古代，水资源管理偏重于干旱洪涝灾害的管理，此时一切活动都围绕其进行。大禹治水的故事流传至今，不仅说明大禹治水的精神值得颂扬，在一定程度上也说明洪涝灾害是威胁人类生存的大问题。随着人口的不断增多，经济的迅速发展，淡水相对于人类的需求供给不足，水向水资源转变，水具有了经济内涵。此时，人类面临的问题除干旱洪涝灾害外，还有水资源短缺等问题。为了增加水资源供给，人类加大了水资源开发力度，这在一定程度上缓解了水资源的供需矛盾，但同时带来了新的问题——生态环境的恶化。生态环境的恶化正在蚕食人类的文明。目前，人类同时面临着干旱洪涝灾害、水资源短缺、生态环境恶化、水土流失等多重危害。然而，回顾历史，水资源管理正是在解决各种水问题中发展壮大的，由于人类对水资源管理极为关注，积累了大量的文献资料，使水资源管理具有了深厚的基础。水资源管理已经解决了历史长河中所产生的一切水问题，水资源管理也一定能够解决当前所面临的一切问题。积极推进和发展水资源管理，是当今时代的必然选择，也是历史赋予我们的义务和责任。

# 1.4　水资源管理的四个发展阶段

在人类社会的生存和发展中，需要不断地适应、利用、改造和保护水资源。在水资源开发利用初期，供需关系单一，管理内容较为简单。随着人类社会生产力的不断发展，人类开发利用水资源的能力不断提高，人与水的关系也不断遇到新的挑战。水资源管理随着社会生产力的发展而不断发展，并成为人类社会文明进步和经济发展的重要支柱。同时，各个国家不同时期的水资源管理与其社会经济发展水平和水资源开发利用水平密切相关，而且世界各国由于政治、社会、宗教、自然地理条件和文化素质水平、生产水平以及历史习惯等不同，其水资源管理体制、目标、内容和方式不可能一致。水资源管理目标的确定都与当时当地的社会经济发展目标相适应，不仅要考虑自然资源条件，而且应充分考虑经济承受能力。随着水利工程的大量兴建和用水量的不断增长,水资源管理需要考虑的问题越来越多,已逐步形成为专门的技术和学科。总体来说,人类在水资源管理过程中不断学习,积累经验,逐渐提高了对水的认识与水资源开发、利用、配置、保护、控制和适应的能力。在不同的历史时期,依据人与水资源的相互关系,按照水资源管理的水平及开发利用程度,水资源管理大概可以划分为以下四个阶段:

第一阶段,即人类认识水并听命于水的自然规律,大致从原始社会到农业社会初期。这个阶段是人类认识水并尝试进行水管理的起始阶段。那时社会生产力低下,经济发展水平很低。当狩猎畜牧为主要经济部门时,为解决人畜生活用水,人们"逐水草而居",一般都生活在水源地附近。当农业成为基本经济部门时,农田水利的主要工作是采用传说中的伊尹传授的办法"负水浇稼"。为防止洪涝灾害,人们多集体居住在河流旁的阶地,所谓"择丘陵而处之"。后来又创造了保护居民区的护村堤埝,所谓"鲧作城"。随着农业生产的发展,人类开始了最初的治水活动。人们尝试着引河水灌溉农田,在洪水淤积的土地上耕种,由于灌溉对提高农业产量的巨大作用,人们渐渐地不满足于引河水灌溉,而逐渐学会了修建渠道来引水灌溉。再后来,在中国出现了大禹领导的主要采用疏导的方法进行大规模治水活动,发明了适应井田制的农田沟洫灌排系统,出现了短距离的人工运河;在西方出现了"诺亚方舟"的神话故事,这充分反映了人们战胜洪水、传承文明的愿望和信心。从水管理角度来说,人类对水有了新的认识,开始积累水管理的知识,并以图案或用象形文字的形式记载下来。虽然社会经济用水量很少而且分散,但是也曾试图控制水旱灾害,围绕着某一水源地进行管理,且管理目标单一,所修建的水利工程规模较小,只考虑短期有限用水的需要。所以说,这个阶段是积累水管理知识和尝试进行水管理的起始阶段。

第二阶段,人类开始调节或调度水资源并服从水的自然规律,大致相当于农业社会中期和整个封建社会。在这个阶段,由于金属工具的使用和社会组织的进步,人们开始对水资源进行有效管理,有能力在一定程度上控制江河洪水的威胁,也有条件兴建较大型的灌溉和航运工程。特别是经过了从农业社会向封建社会的大变革,社会经济进入新的发展阶段,水利灌溉工程成为发展经济的主要任务,各种用途的水利工程从四大文明古国向亚洲、欧洲以及后来的北美洲大陆扩展。人们不仅修建了相当规模的引水灌溉渠道,而且开始修建一定数量的水坝和供水工程,防洪采取了以修建堤防为主的措施,开挖了使用船闸调整航深的跨流域运河。随着水利工程的发展,水资源管理逐渐兴起。在中国、埃及、印度、美索不达米亚、波斯等国设立了专门的机构管理水利工程,除中央政府中有专管部门外,地方政府也兼管水利,重要灌区还有专门官员负责监督。水利部门所辖治河、航运、灌溉等主要方面的管理逐步分工。中央政府一般只负责治河、航运建设和管理,农田水利则主要由地方政府甚至由灌区管理机构自行负责。此外,在巴比伦时期颁布的《汉穆拉比法典》以及后来罗马帝国制定的《查士丁尼法典》和中国唐代制定的《水部式》中对水利工程的管理载有明文规定,这说明水利工程和水资源管理有了长足的进步。但是,总体来说,水利工程主要是凭经验建设的,一般只有一两项用途,很少有综合利用的水利工程;水资源管理是分散而单一的管理形式。虽然人为活动对水资源的影响开始加强,但相对于大自然的可用水量来说,人类开发利用的水资源还是很有限的,尚未对自然界造成较大的破坏。从水资源管理角度来说,在这个阶段建立了管理机构,颁布了管理法典,所以说已经孕育出水资源管理的雏形。

第三阶段,18世纪开始的产业革命,使人类社会进入工业文明阶段。随着科学技术的发展和生产力的迅速提高,工业社会对水资源利用提出了更高的要求,不仅要对洪水进行有效的控制,而且要调蓄水资源,要对水资源进行大规模和大范围的重新调配。世界人口的大量增长,城市的迅速发展,也对水资源的利用与管理提出了新的要求。19世纪末,人们开始建造水电站和大型水库以及综合利用的水利枢纽,水利建设向着大规模、高速度和多目标开发的方向发展。随着水利工程的全面发展,水资源管理也从理论到实践都得到了巨大的进步。主要表现在:①在立法方面,世界主要国家都颁布了水法和一系列的管理规定等法律法规。水法等法律法规的主要目的是调整与水资源有关的人与人的关系,并间接调整人与自然的关系,为水资源的开发、利用、治理、配置、节约和保护提供了制度保障,是水资源管理的基础依据。依法管理水资源体现了社会的公平与正义,也是实现水资源价值的有效手段。②在管理体制方面,世界主要国家的政府都设立了水资源管理的行政机构,建立了水资源管理体制和制度。由于世界各国所实行的社会制度不一样,这些水资源管理机构的职能范围有很大差别:有的国家水利机构只负责制定水资源管理政策,由地方政府进行水资源管理,有的国家水利机构实行水资源统一集中管理,而有的国家把涉水事务分散在各个职能部门进行管理,即分散管理,还有的国家实行国家和地方政府共同管理,还有一些国家按照河流水系实行流域管理。③在经济方面,各国政府在水资源管理投资政策上也很不一样,有的国家由国家投资进行水资源的开发利用,有的国家由经济实体投资,还有的国家由国家和地方共同投资,有的国家由经济实体和个人投资,也有一些水资源工程是由个人投资开发的。在水费收缴方面,从早期的水价、水费发展到现在流行的水权交易、水银行、水市场等。就水价来说,目前国际上流行的水价体系有多种形式:单位水价不变的固定水价,与用水无关、边际成本为零的统一水价,用水量越多、单位水价越高的累进水价,用水量越多、单位水价越低的累退水价,由基本水费和计量水费构成的两部制水价和随水资源丰枯变化的季节性水价等。实践表明,适宜的水价可准确反映水的经济性、稀缺性和社会承受能力,同时可为各类用水户提供有利于节约用水的相关信息。④在技术方面,水资源的勘察评估、规划建设、运行调度等技术都有了长足的进步。水资源的勘察评估技术从无到有,用于勘测水文水资源资料的各种检测仪器和设备层出不穷,勘察评估结果从粗略到准确走过了一段快速成长的道路;水资源规划也是从无到有,从单一规划到综合性的总体规划,从短期规划到中长期发展规划。世界各国根据其社会经济发展的需要、水资源开发利用现状和中长期发展目标,编制出开发、利用、节约、保护水资源和防治水害的各种规划。通过规划的制定和执行,为社会经济的发展和生态环境的稳定提供了可持续用水的基本保障。回顾水资源规划的发展过程,可以看出,水资源规划由最初的局域规划发展到流域规划和全国性规划,由专业规划向系统性综合规划转变,由仅追求经济效益向追求社会、经济、环境综合效益转变,由只重视当前发展向可持续发展战略转变,由满足用水需求向依据水资源和水环境承载能力为前提的方向转变。国内外比较著名的水利发展规划主要有:美国田纳西河流域综合规划,苏联伏尔加河及其支流卡马河开发治理规划,法国罗纳河流域综合治理规划,中国淮河流域规划等。这些规划的顺利实施,极大地推动了当地的社会经济发展。

然而,在世界某些国家,特别是在一些水资源紧缺地区,人们对水资源管理认识不足,尚未认识到水对生态环境也是非常重要的。他们毫无节制地向大自然索取、掠夺水资源,大量挤占生态环境的用水份额。特别是第二次世界大战以后,由于众多水利工程的兴建、工业和城市化的快速发展,大量工业污水和生活污水排入河流,从而对河流水质、河床形态、水资源和水环境的承载能力以及水流运动规律产生了巨大影响,其主要表现为水质恶化、河道断流、河床萎缩、湖泊干涸、尾闾消失、生物多样性减少。其结果一方面给自然界的生态环境造成破坏性的灾难,另一方面也招致大自然对人类的报复与惩罚。可以说这种结果是人类对水资源管理不善所造成的。所以说,在这个阶段水资源管理虽然得到了全面发展,并取得了巨大的进步,但还是存在不完善之处的。

第四阶段:1987 年,联合国环境与发展委员会发表的长篇研究报告《我们共同的未来》是人类建构生态文明的纲领性文件。该报告正式提出了"可持续发展"理念,为人类指出了一条摆脱工业社会所造成的生态危机的有效途径,从而为人类社会构建生态文明奠定了基础。因此,我们把它认为是人类社会进入生态文明的起点。

在生态文明阶段,随着对水资源管理的深刻理解和经验积累,人们充分认识到水资源管理的复杂性和艰难性,必将运用生态水文学、生态水利学、生态水工学以及生态学、环境保护等学科的研究成果,从立法、行政、经济、工程技术等方面采取积极有效的措施,着力解决水资源管理最主要的洪涝灾害、干旱缺水、水土流失和水污染这四大水问题。水资源管理将从管理理念、管理体制到管理方式都要发生重大变革,在管理理念上由工程水利向资源水利和生态水利转变,在管理体制上由分散在各行各业的部门管理向集中统一的一体化管理体制转变,在管理方式上是由供水管理向需水管理转变。水资源管理的体制创新、机制创新、技术创新,科学调度和一体化管理是水资源管理的主要内容,它包括以水资源的可持续利用支撑经济社会的可持续发展;加强生态水利的研究,并将生态水利的研究成果用于工程实践;充分运用市场机制和充分重视制度建设;积极推进流域管理体制改革、实施流域水资源一体化管理;在处理人与水的关系时应发挥人的主观能动性,主动给洪水以出路,建设节水型社会,充分依靠大自然的自我修复能力,发展绿色经济和严格排污权管理,有意识地去追求人水和谐的境界,达到人与自然和谐相处的目的,而不是以牺牲子孙后代的发展条件为代价来求得眼前的发展,使水资源管理进入人与水和谐共存的协调发展、社会经济与自然生态复合系统协调互动的生态水利阶段,让一度被破坏的水生态环境得到有效修复与改善,生物多样性得到全面保护;防洪安全、供水安全、环境安全的保障体系应得到巩固和提高。让有限的水资源在经济建设、社会发展、生态环境良性循环中发挥最佳效益是世界各国所追求的奋斗目标。

## 1.4.1 完善法律法规体系,增加生态环保内容

如前文所述,现在世界上绝大多数国家都已颁布水法,且发达国家也都进行过多次修改完善。特别是欧盟 2000 年颁布和实施的"欧盟水框架指令",作为一个基础性法律文件,不仅将欧盟各国的水质标准统一起来,而且把水域的保护与污染控制结合在一起,目的是保护和管理整个欧洲的水资源与水环境,到 2015 年使欧盟的所有水体改善到"良好

状态"。"欧盟水框架指令"是欧盟各国实施水资源可持续管理的基础,无疑对其他国家也有指导意义。此外,近年来一些发达国家在水利工程的设计、施工和管理规范中增加了有关河流生态建设和环境保护的内容。例如,在美国陆军工程师团 2000 年颁布的《堤防设计与施工》和 2001 年颁布的《防洪墙、堤防和土石坝景观植被和管理导则》、荷兰 1991年发布的《河道堤防设计导则》、德国 1997 年颁布的技术标准《防洪堤》(DIN19712)、日本 1997 年颁布的《建设省河川砂防技术标准(案)及解说》、英国的《河流恢复技术手册》以及澳大利亚 2001 年出版的《河流恢复——澳大利亚西部河流的自然保护、恢复和长期管理导则》等技术法规中都明确提出了生态建设和环境保护的要求,或者直接颁布专门的河流生态工程设计施工导则。这充分说明发达国家通过对试验性生态水利工程的总结,把生态水利工程从试验推向全面实施的阶段,也可以说生态水利取得了重大进展。

近年来,随着生态水工学的深入研究,我国各地在进行防洪工程建设和河流整治工程中,已经采取了一些新技术和新材料,比如生态型护坡技术、堤防绿化措施等。但是这些技术经验还缺乏系统的总结,也迫切需要有关技术规范和技术导则的指导,使之更具科学性和规范化。因此,董哲仁、孙东亚等专家提出,在修订堤防工程设计和施工规范时应增加河流生态恢复技术的若干建议和编制河流生态恢复技术设计手册。这些建议无疑能促进我国生态水利工程的建设,应该尽快组织实施。

## 1.4.2 制定水资源可持续利用的方针政策

现在,世界上不仅是发达国家和发展中国家,而且大多数欠发达国家都非常重视水资源问题,甚至把水资源同粮食、石油一起作为国家的战略资源来看待。许多国家都制定了水资源可持续发展的方针政策。美国《西部水政策审查咨询委员会 1998 年报告》提出,美国 21 世纪的水管理原则是:保证可持续的资源利用,维持国家的目标和标准,强调地方实施、革新和责任,提供激励机制,尊重现有权力,促进社会公平,围绕水文系统创立组织机构,保证适当的目标,正确、科学的适应性管理,进行参与式决策,开拓投资渠道。欧盟在水框架指令中明确要求各成员国要落实"流域管理区"的管理规划和行动计划、对水污染的控制措施等,墨西哥和巴西等发展中国家制定或调整了水资源的政策和发展规划,特别是印度,制订了要把全国的河流连接成一个统一水系的宏伟计划。由于各国国情不同,所制定的方针政策很不一样,因此不再一一介绍,这里仅以俄罗斯为例,简要介绍 2004 年俄罗斯联邦政府颁布的"俄罗斯综合水利设施到 2010 年主要发展方向"(俄罗斯联邦政府命令 2004 年 5 月 31 日第 742 号)。俄罗斯发展综合水利设施的主要目的是在实施用水合理化和改善与恢复水利设施的状态及其生态系统的措施时,保障居民和经济设施对水资源的需求平衡;在遭受洪水和其他水害作用的地区保障居民生命安全和经济设施发挥功能。为此,俄罗斯自然资源部、工业和能源部、农业部和有关的联邦权力执行机构按照主要河流流域及俄罗斯联邦总体的水资源综合利用和保护,研制及实施水资源综合利用和保护的方式、目标和纲要的实施计划。同时,针对俄罗斯的各个流域提出了具体要求,不仅制订出了具体的措施和实施方案,而且对实施这些措施和方案的科学技术、信息和干部保障以及国际合作也都制订了行动计划。可见,像俄罗斯这样的水资源大国都已把水资源的可持续利用落实到具体的河流流域,向生态水利迈出了坚实的步伐。

我国也提出了对水资源实行"全面规划、统筹兼顾、标本兼治、综合治理"，"实行兴利除害相结合、开源节流并重、防洪抗旱并举"，"把节约放在首位，以提高用水效率为核心，全面推行各种节水技术和措施，发展节水型产业，建立节水型社会"等一系列治水方针和政策，以及制定并正在执行退耕还林、退耕还湖、污水处理、达标排放等恢复生态平衡的政策，同时实施建设节水型社会的试点。这些方针政策都有力地促进了水利事业的发展。2011 年中央一号文件《关于加快水利改革发展的决定》明确指出了新形势下水利的战略地位基本原则。强调"坚持统筹兼顾。注重兴利除害结合、防灾减灾并重、治标治本兼顾，促进流域与区域、城市与农村、东中西部地区水利协调发展；坚持人水和谐，顺应自然规律和社会发展规律，合理开发、优化配置、全面节约、有效保护水资源"。由此可见，当前中央政府在水利改革顶层设计层面上对水资源一体化管理改革的重视程度。

总之，无论是发达国家和发展中国家，还是欠发达国家，其水资源管理方针政策都在朝着水资源可持续利用的方向调整。总的趋势是，世界的水利事业正面临着从传统水利向生态水利、可持续发展水利的转变，只是这种转变在不同的国家有快慢之分，这是由各国的国情所决定的。

### 1.4.3  加强水资源的行政管理

前文已经指出，水资源的行政管理可分为集中管理和分散管理，取决于各国的政治体制等各种因素。但是近几十年来，世界水资源管理出现了由单项管理向综合管理、由行政区划管理向流域管理、由协约式管理向市场调节转变的趋势。特别是流域水行政管理体制受到大多数国家的肯定，而且在那些分散式管理的国家中，正朝着建立流域管理体制的方向改革。在流域管理体制中，对于跨越国界的国际河流，现在已建立了许多跨国流域管理组织，如莱茵河保护国际委员会、尼日尔河流组织等。即便是在一个国家的内部，流域管理的模式也不完全一样，例如美国，田纳西河流域管理局是个政企合一的集中管理体制，而密西西比河流域委员会则是个水协作组织。从世界范围来看，各国的流域管理可分为三种模式，即①集中统一管理模式，如美国的田纳西河流域管理、西班牙的流域水文地理委员会；②流域规划和协调模式，实际上是流域管理与区域管理相结合的产物，比较典型的有法国、澳大利亚的流域机构；③公私合营的流域管理模式，英国现行的管理体制是中央对水资源按照流域统一管理与水务私有化相结合的模式，而且比较注重公众参与水管理，由地方代表和民众代表组成消费者协会，对供水公司实行监督。

总体来说，流域管理体制的建立与国家政治经济体制、政府结构、水资源管理传统等多种因素有关。国际上众多的流域管理机构的实践表明，协商和合作是科学的流域管理的关键所在，也是流域实行可持续发展的必然要求。

### 1.4.4  改进和完善水资源管理的经济手段

在生态文明时代，用经济手段管理水资源已是水资源管理中最常见的方式之一，而且经济手段不仅局限于确定水价和收取水费等比较简单直接的方式，还利用市场经济规律来建立水市场，进行市场化转让，亦即用市场经济规律来优化配置水资源，使得有限的水资源能产生最佳的社会经济效益。

### 1.4.5 推进水资源管理技术的发展

生态水文学、生态水力学、生态水工学、环境水利学等新兴学科的深入研究,生态环境需水量和用水量的深入研究,生态修复技术的深入研究,通过地理信息系统(GIS)、卫星遥感、气象雷达和专家知识系统建立流域、区域水资源基础信息系统,利用流域或区域水循环和水资源分布的水文模型、水质模型和数学模型,核算和验证流域或区域的水资源承载极限和水环境承载极限,进行水资源量和质的评价,确定最大供水能力,进行水资源系统规划,建立水资源多目标管理调度的决策支持系统,建立水资源信息管理系统等,是生态文明阶段水资源管理的重要技术课题。应用这些新兴学科的研究成果将大大改善自然生态环境的质量,对水资源的管理将有质的飞跃,对水资源的优化配置和水资源工程的运行调度将更加快捷有效。运用先进的信息采集、传输和处理手段,进行水资源系统运行的实时监控,运用优化技术进行水量分配的实时调度,运用交互式的水资源管理决策支持系统,实现流域或区域水资源的优化配置,这些技术手段都将使水资源得到高效利用,使水环境得到有效保护。

## 1.5 水资源一体化管理

水资源一体化管理(也有人译成"水资源综合管理")源于英文 Integrated Water Resources Management,缩写为 IWRM;俄文为 Интегрированное Управление Водными Ресурсами,缩写为 ИУВР。这里的关键词是 Integrated 或 Интегрированное,无论是英文还是俄文,这个词都是来自拉丁文,其词根是 integer,词义为"整数,整体"。而其原型动词为 Integrate 或 Интегрировать,且俄文和英文这里都是用被动形态。从词的表面意义来看,英文、俄文的第一解都是"被[求]积分",第二解是"[被]结(综)合(成整体),[被]整体化,被一体化,被成一体",还有其他解释,这里就不一一列举了。因此,笔者认为,这里译成"一体化"可能更能表达原意。同时有利于区别英文的 complex 或俄文的 комплексное。而这两个词通常被译成"综合的,复合的"等。而从词的内涵来看,Integrated 或 Интегрированное 的含义更加广泛,其词义远比 complex 或 комплексное 要宽泛得多。因此,整个词组如果译成"水资源综合管理",只能向读者表达现有的与"水资源综合利用"相差不多的概念,只是一个强调"管理",另一个强调"利用",然而从这两个词组的内涵来看,它们却相差甚远。"水资源综合利用"的概念大概是在 20 世纪初形成的,那时欧洲、美国、苏联的河流水资源开发利用开始由单一目标开发向多目标开发转变,亦即从单一目标的利用到多目标的综合利用,从而形成了"水资源综合利用"的概念。那时的水资源开发只考虑社会和经济发展的用水需要,还没有考虑过生态环境的用水问题,解决用水问题的手段只采取工程措施,没有采取过非工程措施。所以,"水资源综合利用"的概念没有涵盖生态环境用水的内涵。而水资源一体化管理除了含有社会和经济用水的概念,还包括了生态环境用水的内涵,即用集经济、社会和生态环境于一体的管理方式来解决水问题。毋庸置疑,水资源一体化管理既反映了现实的需求和时代的进步,也是水资源管理理论上的升华和发展。所以,把 Integrated Water Resources Management 译成"水资源一体化管理"比译成"水资源综合管理"可能更准确些,水资源一体化管理向读者表达的是一种新的概念,强调的是"一体化",是一种"整体"的概念,这或许是该词作者的真实含义。

应该说,针对水资源短缺、水环境污染等问题的出现,世界上许多发达国家早在20世纪50~60年代就高度重视,提出了相应的水资源管理措施。如美国、加拿大建立了大型工程对生态环境影响的申报制度,澳大利亚、英国和苏联加强了水利工程对生态环境影响的评估。欧洲的水资源管理经过从水质恶化到治理、再恶化再治理(如泰晤士河、莱茵河)的阶段,在治理过程中制定了一些规程规范性文件,使得水环境污染得到了控制和改善。在这期间,荷兰的水管理主要集中在地表水和地下水的水量、水质管理上。后来,随着对淡水需求的增长以及地表水水质的恶化,供水变得复杂和困难起来,有关各方都希望找到一个系统的解决方法。应用这种方法应该使得分析地下水质与量之间的相互作用以及协调水资源利用与自然环境之间的关系成为可能。在总结以往治水经验的基础上,特别是水利工程对生态环境的负面影响及其治理经验,1985年,荷兰交通、公共工程、水资源管理部出版了《生命离不开水》这本文献,第一次提出了一种集经济、社会与自然环境于一身的一体化方法来解决水问题。1989年颁发的第三个关于水管理的国家政策文件进一步论述了这种一体化方法的可行性和必要性,并于当年实施这种方法。至此,水资源一体化管理的理念被正式提出并在水资源管理实践中迅速发展和推广应用。

## 参 考 文 献

[1] 董哲仁,孙东亚.关于在堤防工程规范中增加生态建设内容的建议[J].水利水电技术,2005(3):4-8.

[2] 余富基,易文利.世界流域水行政管理浅析[J].水利水电快报,2004,25(16):8-10.

[3] 陈志凯,王维第,刘国纬.中国水利百科全书:水文与水资源分册[M].北京:中国水利水电出版社,2004.

[4] I. Shiklomanov. World Water Resources at the Begining of the 21st Century. London:Cambridge Univ. Press,2003.

[5] 朱传保,李岩,孙凤.加强一体化管理,促进水资源可持续利用——荷兰一体化水管理对我国的启示.http://www.chinawater.net.cn/2002-09-22.

# 2　水资源一体化管理理论

## 2.1　水资源的特性与关系

### 2.1.1　水资源特性

从自然科学角度来看,水资源具有以下特性:①可再生性。水能以三种不同的形态(气态、液态和固态)存在。水汽从地表和水面蒸发到空中形成水汽凝结物,在一定的条件下再降落到地表和水面。降水既可转化为地表水,也可渗入地下转化为地下水,地表水与地下水相互补给与转化。这样,水在自然界形成水分循环,而且在循环中不断更新,这就是水资源的可再生性。②全球淡水资源在时空分布上很不均匀。从几乎没有降水的沙漠到年降水量几米的最湿润地区。大部分可获得的水局限于几十条河流:亚马孙河携带着全球16%的径流,而刚果－扎伊尔河流域携带非洲近1/3的河水径流量。世界上占陆地面积40%的干旱与半干旱地区的径流仅占全球径流的2%。即便在同一地区,其降水的年际、年内变化也很大。③流域局限性。俗话说,水往低处流,降水落到地面以分水线为界分别流向相邻的河系或水系,形成流域。每条河流或每个水系都有自己的流域,水资源通常以流域为单元,在自然状态下水流不可能从一个流域跨越到另一个流域。④利害两重性。水资源具有多种功能,如供水、灌溉、发电、航运、水产养殖、改善环境等有利功能;但由于降水和径流时空分布不均匀,往往会出现洪、涝、旱、碱等自然灾害。水资源开发利用不当,也会引起人为灾害,如垮坝事故、次生盐碱化、水质污染、环境恶化等。⑤用途广泛性和不可代替性。水资源在社会经济中用途相当广泛,用于居民的生活饮用、农业、工业、水运、交通、城镇建设等,各行各业都要用水。同时,水还是一切生物的命脉,它在维持生命和组成环境方面是不可代替的。

有人把水资源、水需求、用水结果的相互关系用一个三角形来描述(见图2-1)。尽管这个图形过于简单,特别是没有列举结果的利害两重性,但是,还是能从图2-1中看出水关系的多样性,远非水量与水深对多种因素和后果的影响这么简单。同时,各种内外因素也影响着水的作用、资源、容量、数量以及与水有关的一切。

从以上所述中可以看出,水资源具有循环可再生性、流域局限性、时空分布不均匀性、利用上的不可替代性、经济上的利害两重性等自然属性。

### 2.1.2　水资源管理特性

中亚水资源管理专家杜霍夫内 B．A．认为,从社会科学角度来看,水资源管理与以下管理体制紧密相连,即政治、法律、社会、财政经济和管理体制,而且水资源管理在每一种体制中都有许多重要影响因素(见图2-2)。这些影响因素如果处置得好,就会促进各体

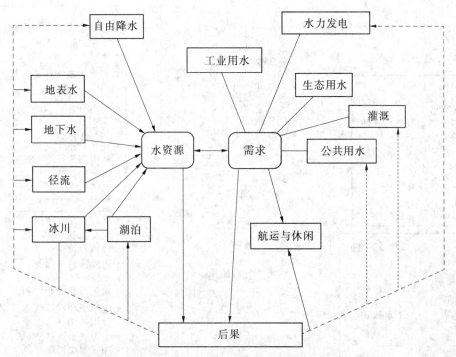

**图 2-1  水在"资源－需求－后果"三角形中的相互关系**

制的完善和发展;如果处置得不好,就会在各体制中起副作用甚至是反作用。

当今世界各国,无论是水量丰沛的水资源大国(如巴西、俄罗斯、加拿大等),还是几近无雨的贫水国(如以色列、沙特阿拉伯、马耳他等),都非常关注水资源问题,并把水资源放在头等重要的地位,这是因为水资源关系到国家政治体制的稳定、社会的和谐、经济的可持续发展和人民群众的幸福安康。水资源管理的作用是变化的,它取决于各个国家的发展阶段和内外环境。发展中国家、欠发达国家和发达国家都有其各自实施水资源一体化管理的不同方法,从而产生不同效益。对欠发达国家而言,把水资源一体化管理视为应对贫穷、饥饿、健康和环境可持续性的重要因素,以实现千年发展目标;处于转型期的发展中国家把水资源一体化管理看做是完善水资源管理法规、改革其管理体制、提高用水效率和经济效益的重要措施,从而有助于其社会经济可持续发展以及生态环境的稳定;对于发达国家而言,可以在水资源一体化管理中找到有价值的启发,美化环境、提高生活质量和福利水平,选择设计符合他们自己需要的管理方案,如欧盟水框架指令。不论各国的政治体制如何,只要能制定出必要的水资源可持续利用和管理的政策、战略和法律法规,建立相应的体制框架,通过它们使政策、战略和法律法规得以实施,以及建立必要的组织机构以实施其管理职责,就会有助于达到国家政治体制稳定、社会和谐、经济可持续发展和人民群众幸福安康的目标。

综上所述,水资源既具有上述功能多变的特性,在其管理上又与多种体制具有错综复杂的关系。这就要求人类对水资源的利用既要能形成一个从水源到供水、用水、排水、废水处理回用的系统循环,又要在水资源管理过程(包括防洪、治涝、需水、供水、用水、节水、排水、污水处理及中水回用等)中使所有利益相关者紧密合作,实行统一规划、统一调

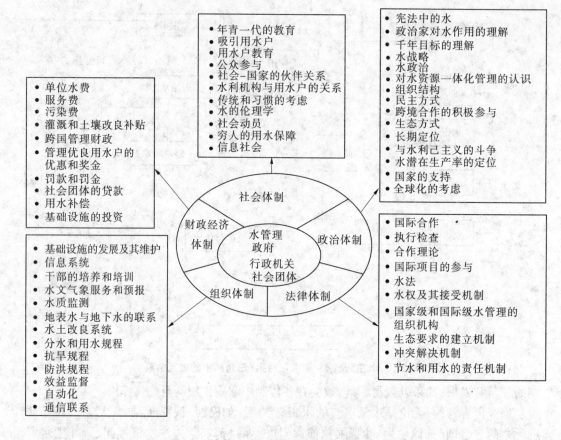

图 2-2　水管理体制的各种要素及其相互关系

度、合理配置、统筹兼顾,做到在流域(或区域)范围内水量与水质、地表水与地下水、城乡水资源作为一个整体进行一体化管理,而不能人为地分割管理。水资源管理实践证明,过去那种"头痛医头,脚痛医脚"的方式是行不通的。因此,对于这样一种多层次、广领域、影响因素多、系统性强的自然资源的管理,必须有一套适合水资源特点、兼顾所有相关部门的利益、符合市场经济要求、不损害生态环境的一体化管理系统。正如《都柏林宣言》所指出的:水资源的有效管理要求有一种将社会和经济发展与自然生态系统保护联系起来的整体处理方法。有效管理与整个流域的土地和水的利用或地下含水层的利用相联系。而水资源一体化管理正是这种行之有效的可持续的管理方法,该方法将水资源的多维自然属性——时间与空间、科学与技术(自然科学和社会科学,如水文学、水资源学、水利工程学、政治经济学、生态学、组织管理学、社会发展学等)以及利益相关者(政策制定者、管理者、各类用水户、潜在受影响者)整合到一起,并对这些多维自然属性从整体上进行阐述、探索其内在联系和统筹考虑各种要素的因果关系,以期获得可持续的解决方案。

## 2.2　都柏林－里约原则

　　由于人们对水资源的自然属性及其管理体制与其他部门的相关性有了深刻的认识,

近几十年来,人们一直在寻找水资源管理、开发和评价的新方法,以便既能充分发挥水资源的有利功能,又能规避水的危害性。1992年,在都柏林举办的21世纪水与环境问题国际研讨会上,关于水与可持续发展的《都柏林宣言》的指导原则认为:水资源的有效管理要求有一种将社会和经济发展与自然生态系统保护联系起来的整体处理方法。有效管理与整个流域的土地和水的利用或地下含水层的利用相联系。在会议发表的《都柏林宣言》还提出了水资源管理行动的指导原则作为水管理的新思路,从而形成了水资源一体化管理的"都柏林原则"。这些原则是:①淡水是一种有限而脆弱的、对于维持生命和发展及环境必不可少的资源;②水的开发与管理应建立在各级用水户、规划者和政策制定者共同参与的基础上;③妇女在水的供应、管理和保护方面起着中心作用;④水在其各种竞争性用途中均具有经济价值,因此应被看成是一种经济商品。这四项指导原则被简称为"都柏林原则",从而形成了国际水资源政策的基本框架。为实现水资源一体化管理,《都柏林宣言》提出了消除贫困与疾病、防治自然灾害、水资源保护与利用、可持续的城市发展、农业生产与农村用水、保护水生态环境、解决与水有关的纠纷、水资源一体化管理的实施环境、知识基础、能力建设等10方面的行动。这套政策框架在以后的一系列与水有关的国际会议上得到了完善和发展。

都柏林原则一问世就得到了国际社会的普遍支持。以都柏林原则为指导,1992年6月在里约热内卢召开的联合国环境与发展大会通过了《21世纪议程》。在《21世纪议程》第18章"保护淡水资源的质量和供应:对水资源的开发、管理和利用采用综合性办法"中进一步确认了水资源一体化管理"包括水陆两方面的一体化管理,应在汇水盆地或亚盆地一级进行",应遵循以下四个主要目标:

(1)对水资源管理包括查明和保护潜在供水源,鼓励采取一种有活力的、相互作用的、迭代的和多部门的方法,它将技术、社会、经济、环境和人类健康方面结合起来考虑;

(2)根据国家经济发展政策,以社区需要和优先次序为基础,可持续地合理利用、保护、养护和管理水资源,进行规划;

(3)在公众充分参与的基础上设计、实施和评价在意义明确的战略范围内经济效益高、社会效益好的项目和方案,包括由妇女、青年、原住民和当地社区参与水管理政策制定与决策;

(4)根据需要,特别是在发展中国家中确定和加强或发展适当的体制、法律和财政机制,以确保水事政策及其贯彻执行成为可持续的社会进步和经济增长的催化剂。

至此,这些原则(统称为都柏林–里约原则)成为支撑水资源一体化管理的指导性原则。这些原则在1998年于哈拉雷和巴黎召开的重要国际水会议以及联合国可持续发展委员会召开的一系列会议上得到了重申和完善。

1999年,全球水伙伴技术咨询委员会认为有必要对水资源一体化管理的某些原则及建议进行澄清和阐述,其目的是要有助于水资源一体化管理的实施,同时要使全球水伙伴技术咨询委员会对水资源一体化管理具有共同的认识。为此编写了一套专门论述水资源管理的丛书,在这套丛书的第四册中提出:在寻求水资源一体化管理时,有必要认识一些考虑了社会条件、经济条件和自然条件的重要的原则:

(1)用水的经济效率。由于水资源越来越稀缺,水作为一种资源在本质上是有限和脆弱的,而且对水的需求又在不断增长,因此必须以最大可能的效率用水。

(2)公平性。必须使全体人民认识到所有人都有获得人类生存所需要的足量高质的水的基本权利。

(3)环境和生态的可持续性。当前应当以不削弱生命支撑系统从而不损害子孙后代使用同一资源的方式使用这种资源。

专家们在深入研究和分析了上述原则之后,归纳出一套水资源一体化管理的原则,并进行了系统的阐述(详见第3章)。

## 2.3　水资源一体化管理的定义

目前,水资源一体化管理在世界范围内尚没有一个明确、清晰且被大家广为接受的定义,这就需要各地区和国家的有关机构在全球合作的框架下进一步进行水资源一体化管理理论与实践的深入研究。但是,定义的一些基本元素已被广泛讨论并形成基本共识。

(1)水资源一体化管理不能局限于水本身,它是与社会、经济、环境、生态相关联的,是集成体的一部分。

(2)水资源一体化管理是多方面协调发展的一个过程,是自然和人文两大系统相互作用的结果。

(3)水资源一体化管理应对可持续发展负责,即在不牺牲未来几代人需要的情况下,满足当代人的需要。

(4)水资源一体化管理是一个多方参与(政策制定者、管理执行者、水资源使用者,包括政府、团体、个人)管理的过程。

根据以上基本元素,同时考虑到都柏林－里约原则,全球水伙伴把水资源一体化管理定义为:一个促进水、土地和相关资源协调开发与管理的过程,以公平的方式,在不损害人类赖以生存的生态系统可持续性的情况下,达到经济和社会财富最大化。简单地说,这个定义在横向上概括了水资源一体化管理的四个基础:经济发展、社会公平、生态可持续性和资源协调开发,而且要在这四者之间寻求一个平衡的发展过程。其中,经济发展的核心是提高水资源的利用效率,让每一滴水都能产生经济效益,达到社会财富最大化;社会公平是指所有社会成员都能共同享有水资源的权利,应该保证所有社会成员都能获得生存所需要的足量而又安全的饮用水,特别是要关注贫困人口的饮用水安全问题;生态可持续性主要是确保生态环境稳定和良性发展的用水要求,维护水源地的健康和可持续性;资源协调开发是指让所有利益相关者都有代表参与水资源管理,协调好他们的利益。

从水资源一体化管理的定义中我们可以看出,发展经济是水资源一体化管理的四大基础之一。发展经济要根据本地的水资源状况,按照"适水而行,量水发展"的原则,加强需水管理。在经济部门内部,要在算清水资源承载能力的基础上,合理布局产业结构,在不同的行业、区域、上中下游之间的用水量进行优化配置。水资源一体化管理就是要将水贯穿于不同的产业和地域,在满足生活用水和保证水源地健康生存与有效工作的前提条件下,正确处理好工业用水和农业用水之间的关系,把水配置给利用价值最高的用户,以达到经济和社会财富的最大化,即最大可能地提高单位耗水量的净效益,从而达到经济效益最优。

从社会公平角度来说,在现实生活中,不同的用水户及相关的团体由于各自的需求不同而经常产生矛盾,甚至冲突。如何协调不同用水户的需求,经过多年的探索,水资源一体化管理逐渐产生并得以完善,它通过经济、技术、社会、财政和制度等手段,满足不同用水户的需求并统筹考虑经济、社会与环境需求,对城乡防洪、排涝、蓄水、供水、用水、节水、污水处理、回用、水环境与生态及水价等涉水事务进行一体化管理。实际上,水资源一体化管理是利益冲突的协调过程,这一过程不局限于水方面,空间、环境、自然、农业和生态等问题都包含其中,它着重于与水相关的各种社会需要,并尽可能予以满足,以求得在管理上既要符合经济发展要求,又要达到社会公平和公正。这里的社会公平与公正,既包括不同区域之间的公平(区际公平)、当代人之间的公平(代内公平),也包括当代人与后代人之间的公平(代际公平)。社会公平的目标是保障所有人都能获得生存和发展所需要的足量的安全饮用水的基本权利,特别要关注弱势群体的用水安全问题,确保他们享有安全用水的基本权利。

从保护生态环境角度来看,随着生活水平的提高,人们对自然景观、水和生态的质量与多样性提出了更高的要求。对环境质量既要保护又要提高,就必然要保证生态环境所必需的用水量,亦即必须提供一定质量和一定数量的水给天然生态环境,以求生态系统的稳定和良性发展,并保护物种多样性和生态整合性。为此,应高度关注经济活动对生态环境的影响,努力跨越和解决国内外所历经的水质黑臭、重金属污染、水体富营养化和有机毒物污染这四大水环境问题。水资源一体化管理就是通过水资源的优化调控,实现战略资源的优化调配,确定流域水资源开发利用的限度,充分考虑维护河流的健康以及周边生态的可持续性,满足生态环境的用水要求,保持生态系统的健康发展和水资源的再生能力。

从资源协调开发角度来看,水资源一体化管理要求综合各种因素,统筹考虑水与气候、环境、自然、农业、工业和生态等问题,采用法律、行政、政策、经济、技术、信息和教育等方式,统筹安排好生活、生产、生态三者的用水,保障人口、资源、环境和经济的协调发展,实现水资源综合开发、优化配置、高效利用和有效保护的科学组合,协调和整合各部门的观点和利益,使得各利益相关者的利益达到最大化。

还有学者认为,水资源一体化管理应该不仅看做是一个过程,而且要作为一个管理系统,这个系统是依据在水文地理边界范围内,考虑到所有可能的水(地表水、地下水、回收水)和与其有关的土地及其他自然资源的相互作用,优先保障人类和自然生态的用水需求,同时要求人类社会节约用水,珍惜和保护水源,不断提高用水效率。在经济部门用水的决策过程中,不仅要吸引所有利益相关者的代表参与水资源的管理决策、规划,而且要参与水利基础设施的投资、维护和发展,要保证所有利益相关者及时准确地获得来水和用水信息,保证水资源管理系统的公开和透明,保证管理的经济和财政稳定性。

水资源是国民经济和社会发展的基础性资源,又是人人共享的典型公共资源。因此,水资源一体化管理是社会各界和用水公众(特别是妇女)广泛参与水资源的开发、利用、节约、保护等各项工作,充分体现公平的原则,统筹安排生活、生产用水和生态用水,全面协调供水和用水的关系。行之有效的水资源管理方式必然是:在保障水资源可持续利用的基础上,从技术和非技术、工程和非工程手段相结合的角度出发,采取法律、政策、行政、经济、教育等综合措施对水资源进行全面管理。特别要加强公众和市场对水资源的管理能力,实现水资源的社会共享,努力获取经济、社会和生态环境的最佳综合效益。

水资源一体化管理突出水作为一种不可替代的资源在社会经济可持续发展中所起的重要作用,强调天然水资源系统和人类活动之间的相互作用,注重水资源利用与生态环境保护相互协调;在解决水资源问题的途径方面,与传统的水资源分散管理相比,最根本的区别是水资源一体化管理不再局限于增加供水和节约用水这两方面,而提出了需水管理的概念和方法,以约束和协调日益增长的需水要求。水资源一体化管理中强调一体化,对一体化的认识,我们可将水资源一体化管理系统分成两大基本类型——自然系统和人类系统来进行研究与分析。

水资源一体化管理强调自然系统和人类系统的综合,同时强调自然系统、人类系统各自的综合。综合可以产生于上述两种系统之内或之间,同时要考虑时间和空间的变化。自然系统对资源可用量和质量是至关重要的。自然系统的综合包括了土地和用水管理之间的综合、"绿色水"和"蓝色水"的综合、地表水和地下水管理的综合、水资源管理中水量和水质的综合、上下游水利益团体之间的综合等。而人类系统,则从根本上决定了资源的利用、废物的产出和资源的污染,它还必须确定开发的优先顺序。人类系统中的综合包括保证国民经济活动中的用水、确保部门之间的合作、确保公共及私营部门管理之间的协作、水和废水管理的综合等。从历史角度来看,水管理者趋向于将自己看做起"中立作用",通过管理自然系统满足由外部条件决定的要求。

总之,水资源一体化管理的概念是非常宽泛的,其外延和内涵都极其丰富。

## 2.4  水资源一体化管理的框架

水资源一体化管理认为,目前必须确定和加强有效水资源管理体制的配套组成部分的建设。这些配套组成部分包括:

(1)实施环境。国家政策、法律和规章的总体框架以及水资源管理利益共享者的信息。

(2)体制的作用。各级行政管理部门和利益共享者的体制作用与职能。

(3)管理手段。包括可促使决策者在各种行动方案中进行有根据选择的有效管理、监督和强制实施的手段。这些选择要根据认可的政策、可利用的资源、环境影响和社会经济结果进行。

这些体制构成与水资源一体化管理的原则和目标相结合,为此必须确定和加强水资源管理体制与配套组成部分的建设,包括国家政策、法律和规章制度的制定,在管理体制和管理手段上要有行之有效的制度创新与管理工具。这就形成了水资源一体化管理的一般框架,全球水伙伴绘制了这种框架示意图(见图2-3)。根据这个一般性框架,各个国家和地区可以结合自己的实际情况,制定出与本国或本地区相适合的具体措施,进行有效的水资源一体化管理。

图2-3形象地表述了社会系统中水资源一体化管理的框架,说明水资源一体化管理

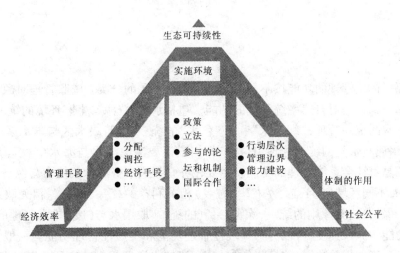

**图 2-3　水资源一体化管理框架示意图**

涉及人类社会系统的方方面面。水资源政策必须与国家经济政策以及行业政策相结合，在法律和政策范围内保证各个部门（无论是农业灌溉、还是工业或者市政公用）的用水，要确保部门之间的合作、确保公共部门与私营部门之间以及每一个社会成员的协作，让他们有参与水管理的机会，采取直接控制、经济激励、自我管理等管理方法，发挥体制的作用，获取经济效益和社会公平，克服那种仅从自己商业利益出发的反作用。所制定的原则应该保证对所有成员在水环境中处于共同有利的状态，努力达到共同受益和相互关联的结果。在取水、输水、供水和用水的整个循环中水损失最少的条件下，单位产量所消耗的水接近或趋于生物或工艺所必需的需水量。这就要求所有的用水过程与分配和供水过程有非常准确的联系，而且要遵守所规定的工艺要求。

例如，在农业灌溉中必须研究土壤改良规则、农业技术、农作物栽培、土壤肥力保持、品种选择等；在供水系统中要求有净化子系统，污水再利用；在工业中应用先进工艺和循环水工艺、废水利用。这样，水资源一体化管理的范围不仅越过用水和水保护的界限，而且包括与水有关的所有活动范围。因此，水资源一体化管理的范围应该从某些缺水地区的水管理扩大到保证社会、经济、生态可持续发展的一体化管理上，亦即扩大到跨部门的统一管理上。

全球水伙伴认为，要在自然系统中保证人类生存、农业灌溉、自然生态、工业生产和其他各部门的用水，应该实施一体化管理，兼顾各方的利益，以公平的、不损害重要生态系统可持续性的方式促进水、土及相关资源的协调开发，从而使经济和社会财富最大化。

## 2.5　水资源一体化管理的基本要素

### 2.5.1　管理机构

水资源一体化管理的组织机构应该以流域或水文地理边界为单元来组建管理机构，流域管理机构从全流域出发制定管理制度，实施流域水资源保护、利用和管理等功能，可以从管理机构的合理性、管理制度的完善性以及管理行为的协同性来考察管理组织的运作效率。

### 2.5.2　功能

水资源一体化管理的功能按不同的标准可以有不同的分类。按照管理对象可以分为两个组成部分。一是对自然系统管理的功能。包括水、土资源与生态环境的统一管理,地表水与地下水的统一管理,"绿色水"和"蓝色水"的统一管理,缺水区与丰水区(相对)的统一管理,水质与水量的统一管理,直接入海河道还要考虑淡水与海水(含滨海区)的统一管理。二是对社会系统管理的功能。主要任务是促进水资源承载能力与经济社会发展需求的统一,不同区域(上下游、左右岸、城乡)相关利益的统一,水资源相关政策(开发、利用、节约、保护)决策原则的统一,除害、兴利的统一,取用水与(废)排水管理的统一等。按照管理功能的深入程度,可以分为一般性管理功能和实质性管理功能。一般性功能包括:政策制定,流域相关数据、信息收集与传递,流域水资源规划。实质性功能包括:水量分配与优化调度,流域水污染控制,湿地管理,地下水管理,重要生态环境区保护,防洪、治涝、治碱与减淤,重要文物、文化遗产区保护等。

### 2.5.3　过程与机制

对于流域水资源的管理,无论结构和功能设计得多好,也可能有匹配不当之处,或者有重叠和遗漏的地方,因此需要过程和机制,以处理边沿或边界问题。如设立促进各利益相关者参与的民主协商和公众参与机制以及化解各利益群体之间冲突的冲突解决机制。

### 2.5.4　管理手段

水资源一体化管理的手段主要包括以下几种:①直接控制。指的是政府及相关机构制定的有关水资源开发、利用和管理方面的法律、法规、制度及执行标准等,包含强化规章制度的实施、控制土地利用与沿岸开发等。②经济控制。在微观方面包括明晰水资源的产权,以进行市场化配置,如对水环境容量进行评价,为水资源的有偿使用、水使用权的市场交易、排污权的市场交易建立运作规范;在宏观方面建立水资源使用、补偿的税费制度和财政制度等。③激励性自我管制。包含创造节水型社会环境;进行节水技术研究与开发,使节水与经济社会发展多赢。④其他辅助手段。借助先进的科学技术建立流域系统管理模型,适时反馈信息,供管理者随时明确事态发展或调整管理状态,同时为各利益相关者提供信息平台,以促进各利益群体的参与及彼此间利益冲突的解决。

### 2.5.5　合法化和可行性

合法化和可行性是指对流域水资源进行一体化管理,需要有政府部门的授权,各种管理手段的执行要做到切实可行并合乎法律和规章制度的规定。

## 2.6　水资源一体化管理的特点

水资源一体化管理要求将任何工程都纳入到一个水资源系统中加以考察。工程的论证从传统的只关注社会、经济指标,转到一体化管理所要求的社会、经济指标和环境指标。寻求各方都能接受的折中方案,是水资源管理与开发相配合的过程。它具有以下原则性过渡特点:①从行政边界向水文地理界线(流域和系统)过渡;②从水管部门的管理向相互联系的跨部门管理过渡;③从指令性的行政方法到所有用水户参与的合作制管理;④从资源管理到可持续发展管理。

根据在中亚乌兹别克斯坦、吉尔吉斯斯坦、塔吉克斯坦三国交界的费尔干纳盆地的示范渠道上实施水资源一体化管理的经验,表2-1列举了传统水资源管理与水资源一体化管理的比较结果。

表2-1    传统水资源管理与水资源一体化管理的比较结果

| 序号 | 传统水资源管理的缺点 | 水资源一体化管理的可能结果 |
|---|---|---|
| 水利政策方面 | | |
| 1 | 没有明确的、符合现代水资源管理和利用要求的水利政策方针 | 水资源一体化管理的一体化政策,可保证水利投资资金的利用效益、节约用水和提高水土资源的利用效率 |
| 2 | 在国家水利政策、水利法规、水资源管理和利用之间存在着不一致 | 在水利政策、法规、组织要求和水资源管理和利用之间实行一体化 |
| 3 | 在主要农产品品种上保留着国家订货和固定收购价的政策 | 国家开放农产品的生产与销售,种植结构由市场需求和生产工艺决定,价格由市场调节 |
| 法规方面 | | |
| 4 | 水利机构的法律地位及其职能与水资源一体化管理的新体制不相适应,旧的水管理程序僵硬 | 修改有关法规,促进水利机构管理职能的转变,在社会民主和向市场经济过渡的条件下,保证所有用水户参与用水保障的决策 |
| 机构方面 | | |
| 5 | 各部门(农业、公共供水、工业用水、水电、环境保护和其他用户)分散管理,难以协调 | 建立跨部门的协调机构,保证水资源管理和利用的行动一体化 |
| 6 | 按照行政边界管理(易导致本位主义的倾向) | 按照水文地理界线管理,保证稳定平等的用水,与用水户的行政归属无关 |
| 7 | 水利机构和用水户在提高用水效率方面没有激励机制 | 在水利机构和用水户中采用提高用水效率和节水的激励机制 |
| 8 | 有关各方没有参与决策过程,没有向服务对象(用水户)报告管理情况 | 吸引有关各方参与决策的全过程;在合同基础上提供服务,向服务对象报告所有管理情况 |
| 技术和工艺方面 | | |
| 9 | 由于管理不善,水利基础设施的固定资产大量损耗,必须采取措施予以恢复 | 靠建立供水服务市场化来节约用水,在经济总体稳定的条件下,创造恢复水利设施的条件,建设和维护水利基础设施 |

| 序号 | 传统水资源管理的缺点 | 水资源一体化管理的可能结果 |
|---|---|---|
| 10 | 水量计量不准确,水的真实消耗不确定 | 改进水量计量的条件,准确统计供水量和分水量 |
| 11 | 基础设施、通信条件落后 | 寻找投资人解决基础设施和通信问题 |
| 12 | 水资源分配不均,没有供水的稳定性和公正性 | 公平、公正地分配水资源,对用水户实行按需供水 |
| 13 | 由于在不同的管理等级上管理行动不协调而造成水资源的大量损失 | 通过在所有管理等级上准确地协调行动,使得水量损失最小 |
| 14 | 没有地表水、地下水以及回收再利用水的统一核算 | 地表水、地下水和回收再利用水统一列入用水计划 |
| 经济方面 | | |
| 15 | 水利基础设施的运行、维护和修复的国家预算拨款不足 | 在国家支持一部分的情况下,靠自筹资金补充水利机构活动资金 |
| 16 | 没有付费用水和水利机构提供有偿服务的机制或这些机制不完善,水服务真实的资金消耗不确定,服务与付费之间没有联系 | 建立付费用水机制和完善水利机构有偿服务机制,根据真实的管理消耗建立付费机制,实现"有偿服务"的原则,建立有偿服务机制 |
| 17 | 水利机构没有充分发挥先进的用水户组织(用水户协会、用水户协会联盟)的作用,用水户在法律上没有地位,在经济上没有效益 | 作为法人的用水户协会在与水利机构的相互关系上具有明确的权利和义务;在水资源一体化管理条件下,用水户协会组成用水户协会联盟,参与水资源的共同管理 |
| 生态环境方面 | | |
| 18 | 对于水污染和水灾害等环境问题关注不够,没有采取相应的措施 | 提高环境保护的总水平并划拨一定额度的水量用于环境保护 |

通过对所收集到资料的分析可以认为,中亚三国水资源一体化管理的经验对发展中国家和欠发达国家的水资源管理具有借鉴意义。

## 2.7 水资源一体化管理理论的发展

当您打开百度网站 http://www.baidu.com./,输入水资源一体化管理或水资源综合管理,该网站告诉您找到相关结果约 3 370 000 条信息。当然,这里面约有 2/3 的信息是重复的或是与水资源一体化管理没有直接联系的信息,剩下的 1/3 信息中,可能有 1/5 是您所需要的水资源一体化管理的信息,这就是 20 多万条信息。如果您懂得英语,当您打开 http://www.google.com.hk/网站,输入 IWRM,您找到约 383 000 条结果,同时在第一页您看到了 www.iwrm.org/、www.iwrm.vn/、www.iwrm-net.eu/、www.iwrm.co.za/、www.

iwrm-master. info/、www. pacific-iwrm. org/等以水资源一体化管理命名的网站。您再打开全球水伙伴的网站 http：//www. gwp. org/，您会发现，几乎每天都有关于水资源一体化管理的新闻报道。如果您懂得俄语，您在 http：//www. google. com. hk/网站上输入 ИУВР，您找到了约 17 900 条结果。当您打开跨国水利协调委员会、跨国水利协调委员会科技信息中心与国际水资源管理研究所为纪念在费尔干纳盆地的渠道上进行水资源一体化管理的示范经验而合办的网站 http：//iwrm. icwc-aral. uz/stages_ru. htm，您会发现，这里完全是关于水资源一体化管理的信息，不仅有新闻报道，而且有最新出版的论文、报告和专著。作者在这些海量文献中找到以下几本专著。

第一本专著是 2001 年 Miguel A. Marino 等编辑出版的 2000 年在美国召开的"水资源一体化管理研讨会"论文集《水资源一体化管理》。该专著作者认为，从 20 世纪 80 年代开始，人类从事水资源管理活动的目标和内容发生了根本性的变化。传统的不可持续的水资源管理方式已经不再适应新形势的要求，而新的管理方式仍在摸索中，水资源管理活动正处在探索过程中。在传统的水资源管理活动中，僵化的管理体制（包括法律、政策和管理机构）是实现水资源有效管理的最大障碍。管理体制的官僚作风盛行，缺乏战略性指导原则，导致水管理体系效率低下，缺乏远见，并且拒绝与水资源利益相关者就水资源管理问题进行公开的交流和探讨。新的水资源管理最大的挑战是如何寻求实现长期可持续利用水资源的管理方式，为此，他们认为体制改革和制度创新将是水资源管理活动改革的一个重要方面。新的水资源管理活动必须包含水环境治理和保护问题、水资源的可持续利用问题、水资源利益相关者之间的利益分配问题以及水资源管理决策中的公众参与问题。可以看出，这本论文集在指出传统水资源管理存在种种弊端的同时，探索并形成了水资源一体化管理的理论基础。

第二本专著是 2000 年全球水伙伴技术咨询委员会编写的一套水资源管理丛书的第四册，即《水资源一体化管理》。据报道，该书被翻译成 26 种文字在许多国家出版发行（其中文版由梁瑞驹等翻译出版）。这是一本为促进实施水资源一体化管理而编写的政策指导性文件。该书分为两部分：第一部分提出了在全球范围内实施水资源一体化管理的重要原因，重申并进一步阐述了水资源一体化管理的都柏林原则，即①水是一种有限而脆弱的资源，②参与的方法，③妇女的重要作用，④水是一种经济商品，并且定义了水资源一体化管理的概念和过程，指出了水资源一体化管理中的"一体化"是指自然系统本身的一体化和人类系统本身的一体化以及自然系统与人类系统的一体化。第二部分为如何实施水资源一体化管理。详细论述了实施环境、体制的作用、管理手段。对在不同条件下实施水资源一体化管理提出了一些建议和指导。

作者认为，第一本专著指出了传统水资源管理在管理体制、管理方式和管理效益上都存在明显缺陷，不能适应水资源可持续利用的要求，必须进行水资源一体化管理改革的背景和必要性；第二本专著在阐述都柏林原则的同时，指出水资源一体化管理是水资源管理改革的方向，论述了什么是水资源一体化管理和如何实施水资源一体化管理。可以说，这两本专著共同为水资源一体化管理奠定了坚实的理论基础。

2002 年，全球水伙伴研制并出版了《水资源一体化管理工具箱》，而且该手册已被翻译成多种文字出版发行，目前已经出版了第 2 版，同样是用多种文字出版发行。在工具箱中汇集了 50 多个各种各样的工具。结构上手册按照等级方式进行了工具的分类,把所有工具分成 A、B、C 3 大类,各大类又分成若干个子类。

A 类为政策环境,论述了政策——为水的利用、保护和保持制定总体目标,制定国家水资源政策,水资源相关政策;立法框架——水政策转化为法律,水权,水质立法,现有立法的改革;财政及激励结构——分配财政资源满足水需求,投资政策,拨款和内部资金来源,贷款和自有资本。B 类为体制建设,分成两个子类:①创建组织框架——形式和职能;②机构能力建设——人力资源开发。C 类为管理手段,分成八个子类:①水资源评估——了解资源和需求;②水资源一体化管理规划——综合了发展方案、资源利用和人类影响;③用水效率——管理需求和供应;④社会变革工具——建设一个注重水的公众社会;⑤解决冲突——管理争端,保证水资源共享;⑥监管手段——水分配和用水限制;⑦经济手段——认识水价值和制定水价格提高用水效率与保证用水公平;⑧信息交流——知识共享,提高水管理水平。案例分析——IWRM 实践活动。此外,手册中还论述了各种工具的使用方法以及不同工具的组合。

全球水伙伴研制的工具箱在中欧、东欧、中亚和高山索地区等区域已成为有价值资源,利用这些工具帮助建立水资源利益相关者组织的能力,激励以前孤立行动或竞争行动的水专家共同努力,提供有用的水资源一体化管理实际工作的图解展示。

从以上简介中可以看出,全球水伙伴所推荐的水资源一体化管理工具无疑对水资源一体化管理实施具有指导和推动作用,同时促使水资源一体化管理理论得到进一步发展。

2008 年,中亚水资源专家杜霍夫内 B. A.,素科洛夫 B. И.,曼特里季拉克 X. 主编出版了一本《水资源一体化管理:从理论到实践,中亚的经验》专著,该书共分 6 章,各章的主题为:第一章 水资源一体化管理的原则;第二章 水管理的领导——理论与实践;第三章 水资源一体化管理的指标;第四章 水资源一体化管理在中亚实施的实践经验;第五章 水资源一体化管理的工具;第六章 水资源一体化管理在中亚地区实施的前景。该书在深入解读了都柏林 - 里约原则之后首次提出了水资源一体化管理的指标,同时结合在中亚费尔干纳盆地三条渠道上进行的水资源一体化管理示范试验,深入论述了全球水伙伴提出的水资源一体化管理工具,进一步丰富和发展了水资源一体化管理的理论。

2009 年,德国水资源管理专家 M. 格拉姆鲍夫博士出版了一本《水资源综合管理》专著,他在全面分析水资源管理对生态、经济和社会的意义的基础上,提出了实现水资源管理的六大战略,即适用的技术与管理、财政和税收、人的因素、网络与交流、文化因素和道德因素。通过这六大元素的组合,可以得到几十个甚至上百个水问题的解决方案。此外,在该书中还充分论述了水与诸多学科的广泛联系,水问题的解决要有技术、经济、法律以及哲学等方面不可或缺的知识。过去,许多水问题解决不了,主要是技术和经济问题,而今问题已经转化,在技术和经济不存在问题的前提下仍然不能解决水问题,那就是水与文化、道德、法律及哲学相互交织的问题。对于这些问题,格拉姆鲍夫博士在第二章和第三章中作了较为深入的阐述,特别是对人的因素和文化影响因素的论述,颇有新意。因为对于这些方面,在中亚专家类似的专著中很少论及,在全球水伙伴发布的水资源一体化管理工具箱中则完全没有涉及。因此可以说,格拉姆鲍夫博士的这些论述进一步完善了水资源一体化管理的理论,使水资源一体化管理理论上升到了一个新的高度。

综上所述，从水资源功能多变的特性及其管理上的复杂关系出发，必须创造一个完整的管理系统来包容水资源的这些特性，理顺其复杂的内外关系，解决水资源管理的各种问题。水资源一体化管理理念正是注重水与自然及社会经济可持续发展之间的互相内在联系，符合人与自然和谐相处以及维持河流健康生命的治水理念，因而受到国际社会的广泛认可和支持。从以上论述中可以看出，水资源一体化管理理论从都柏林－里约原则开始，经历了一步一个台阶的发展过程，国外对水资源一体化管理的研究已非常丰富，国内也有大量的专家和学者在研究和探索。水资源一体化管理从理论到实践都有了全新的发展，其理论发展已经达到了完全能指导实践活动并在实践中不断完善的新高度。水资源一体化管理在世界范围内逐渐取代传统的水资源管理，是促进社会和谐发展、人与自然和谐相处、社会与自然可持续发展的重要支撑，是确保水资源可持续利用的新的发展趋势。

## 参 考 文 献

[1] 吴季松.从海牙会议看国际水资源政策的动向和潮流. http：//gks. chinawater. net. cn/CWR_Journal/200007/01. html.

[2] 杨立信，孙金华.国外水资源一体化管理的最新进展[J].水利经济,2006(4):21-23.

[3] 施国庆，王华，胡庆和，等.流域水资源一体化管理及其理论框架[J].水资源保护,2007,23(4):44-47.

[4] Cap-Net. Global Water Partnership План интегрированное управление водными ресурсами——учебное пособие и руководство по применению[M].Ташкент:САНИИРИ, 2005:104.

[5] 梁瑞驹.全球水伙伴技术委员会技术文件(第4号)：水资源统一管理[R].北京:中国水利水电出版社, 2003.

[6] 姜文来，唐曲，雷波，等.水资源管理学导论[M].北京：化学工业出版社,2005.

[7] Глобальное Водное Партнерство, Технический Комитет. "Интегрированное управление"Водными ресурсами（ИУВР）и планы повышения эффективности водопользования до 2005г. почему, что и как？［EB/OL］.［2004-01-22］. http：//accord. cis. lead. org/wi/2004/IUVR-Rusp.

[8] Всемирный Комитет Устойчивого Развития. Интегрированное управление водными ресурсами（ИУВР）и планы эффективного водопользования［EB/OL］.［2005-06-25］. http：//www. gwpca-cena. org/en/pdf/water_efficiency_plans. pdf.

[9] 全球水伙伴总部与荷兰水伙伴共同编写,全球水伙伴中国委员会秘书处编译.水资源综合管理工具箱[M]. http：//www. gwptoolbox. org/images/stories/Docs/toolboxchinese. pdf.

[10] China GWP. 构建变革的舞台——世界各国制订和实施水资源综合管理计划的调查报告[EB/OL].［2006-03-28］. http：//www. gwpchina. org/ChinaGWP. aspx.

[11] ДУХОВНЫЙ В А. Интегрированное управление водными ресурсами（ИУВР）——инструменты и практика внедрения в Центральной Азии[R].Ташкент:САНИИРИ, 2005:16.

[12] 郭继超,施国庆.水资源一体化管理的概念及其应用[J].水资源保护,2002,18(4):4-6.

[13] MIGUEL S, FERNANDO G-V. 在水资源统一管理的法制和法律安排的比较研究中的都柏林原则［EB/OL］.［2004-10-25］. http：//www. gwpchina. org/Publish/News.

[14] MKBK, SDC, IWMI и другие. Проект《Интегрированное управление водными ресурсами в Ферганской долине（ИУВР-Фергана）》, Руковолство по ИспользованиюконпецииНтегрированного Управления Волными Ресурсами на уровне ассоциаций водопользователей.

　　［EB/OL］.［2005-06-12］. http：//www. cawater-info. net/library/iwrm. htm.

［15］ Проон ，гвп. Разработка Национального Плана по Интегрированному Управлению Водными Ресурсами и Водосбережению в Казахстане Первоначальный Рабочий Документ по разработке Национального

　　　 Плана ИУВР и Планов Бассейнов и Водосбережению［EB/OL］.［2005-06-12］. http：//www. ata-su. org/ru/waterpart/docs/IWRM%20Paper. pdf.

［16］ 水资源综合管理. http：//www. waterscience. cn/News/news_view. asp? newsid＝623.

［17］ 周垂田. 建立现代水资源管理系统初探. http：//www. cws. net. cn/Journal/cwr/200407/03. html.

［18］ 水资源一体化管理. http：//baike. baidu. com/view/2883. htm? tp＝belinked.

［19］ M. 格拉姆鲍夫. 水资源综合管理［M］. 赫英臣，等，译. 北京：中国环境科学出版社，2010.

# 3　水资源一体化管理的基本原则

都柏林－里约原则及全球水伙伴给水资源一体化管理所下的定义是概念性的,其目的是提高人们对水资源重要性的认识,促进人们改善水资源的管理,鼓励和号召社会公众(特别是妇女)积极参与水资源的管理与保护活动。这些原则不是静态的,显然需要根据对其解读和实施的经验加以具体化。

中亚的水资源专家认为,水资源一体化管理是在河流流域或水文地理单元(中亚因阿姆河和锡尔河在中下游广泛交叉而被称为一个"水文地理单元")范围内考虑所有类型的水资源(地表水、地下水和再生水或回归水)为基础的管理系统,它把各个部门和所有用水等级的利益联系在一起,吸引所有相关各方参与决策,促进水、土地和其他自然资源的有效利用,以可持续地保证自然和社会对水的需求。这段论述拓展了全球水伙伴给水资源一体化管理所下的定义,它包含了水资源一体化管理的一些重要原则。在此基础上,作者根据近年来国内外对水资源一体化管理的深入研究又作了些补充,形成了水资源一体化管理的基本原则,这些原则概括起来主要有:以流域为单元的原则,水资源可持续利用原则,水资源的共享与协调原则,水资源管理的共同参与原则,公益用水优先原则,水质污染防控与生态修复相结合的原则,信息保障原则,合理用水和节约用水原则。

## 3.1　以流域为单元的原则

众所周知,水按照物理定律经过复杂的水文循环,以降雨(或雪)的形式落到地球表面且向低洼处流淌,形成溪、川、江、河,统称河流,或者形成水塘或湖泊。河流或湖泊由地表水及地下水的分水线所包围的区域称为流域。河流流域是一个从源头到河口的天然集水单元,无论是地表水还是地下水,均以流域的地形地貌和地质条件为依托,形成自然水系。如果不是人为的调水,流域之间的水资源是独立的。完整的流域一般包括上游、中游、下游、河口等地理单元,涵盖淡水生态系统、陆地生态系统、海洋和海岸带生态系统。水是流域不同地理单元与生态系统之间联系的最重要纽带,是流域内土壤、养分、污染物、物种(特别是洄游性鱼类)在流域内迁移的载体。因此,流域系统上下游之间相互影响。流域生态系统通过水文过程、生物过程与地球化学过程提供淡水等流域产品和服务,并使流域成为一个有机的整体。所以,应以流域为单元,统筹协调水资源的开发、利用、治理、配置、节约和保护,实现水资源的可持续利用。

行政边界是人们根据地缘政治意识人为确定的地理单元。也就是说,在一个完整的河流流域内,其上、中、下游,左、右岸,干、支流可能分为不同的行政区域。行政区域的面积有大有小,例如:咸海流域面积为 238.6 万 $km^2$,其行政区划隶属 6 个国家;而美国田纳西河流域面积为 10.5 万 $km^2$,地跨弗吉尼亚等 7 个州;反之亦然,一个国家,一个省(州)甚至一个县都可能有两个以上的河流流域,例如,我国除有 7 大流域外,还有黑龙江、雅鲁藏布江等跨境流域。很显然,流域的边界与行政边界往往是不一致的。水利作用的影响范围不仅常常超过行政边界范围,而且常常超越流域边界的范围,特别是在机械提水作用下往往扩大到水源所控制的径流消散区之外。这种情况在两条河流的中、下游常常见到。而修建跨流域调水工程的目的就是要把一个流域多余的水调配给另一个流域使用。

每个隶属于行政区的水资源管理机构只能在其行政边界范围发挥作用,一般不能超越到其他行政区。而水在河流中从上游流到下游,影响整个河流流域。这样,水与其管理机构的影响范围不一致,很容易造成水文循环某些要素的统计和管理的损失,从而影响供水的稳定性和供水保障的均匀性,亦即影响水管理主要目标的执行。特别是在传统水资源管理中,它们大多是以本地区(省或州、甚至县,下同)的行政边界为单元进行水资源管理,而很少以流域边界为单元(中国、法国、美国田纳西河流域等少数国家和地区除外)。以行政边界为单元往往只考虑本地区的水资源管理,很少顾及与之相邻的其他地区的水管理情况。这势必给相邻地区带来不利影响。

这样看来,以流域为单元实施水资源一体化管理是最合适的方式,因为流域是由水循环系统、社会经济系统和生态环境系统组成的具有整体功能的复合系统。那么以流域为单元来组建水资源管理机构是个什么样的形式呢?它就像一片鲜嫩的树叶(见图3-1)。从树叶中可以看出作为完整机体的主动脉、次动脉、毛细管及其相互之间的联系。任何流域系统也是这样的,整个用水区与流域内主干河流或总干渠紧密相连,许多水渠或次级渠道起源于河流或总干渠,水沿着天然河流或人工渠道流到最终用水户。自然本身创造了水文循环,水文循环又与具体区域紧密相连。应该维持和保护这种由水维系的自然景观,不要破坏生命活动的自然和谐。

**图3-1  一片鲜嫩的树叶——带有主动脉、次动脉和毛细管的统一有机体**

现在想象一下,在树叶的横向上划出一些行政边界,比如是两国或者是两州之间的界限。如果给树叶的供水管理将在这些行政边界范围内进行,则它不会是协调一致的。假定在中水年或枯水年,供水量有限,如果在树叶的上半部不加限制地取水,则给其下半部的供水就会减少甚至无水可供,很明显,这将导致下半部的树叶衰落甚至完全死亡。水不承认人们根据地缘政治意识确定的行政边界。因此,水管理机构不应该只在行政边界范围内建立,而应按照统一的水文地理单元来建立。行政边界内的水管理机构应该服从整个水文地理单元的水管理机构的领导。

以流域为单元,统筹协调水资源的开发、利用、治理、配置、节约和保护,即在整个流域范围内对所有行政区进行一体化水管理,实现水资源的可持续利用。水资源一体化管理强调流域管理与区域管理相结合。

流域水资源一体化管理就是将流域的上、中、下游,左、右岸,干、支流,水量与水质,地表水与地下水,治理、开发与保护等作为一个完整的系统,将兴利与除害结合起来,运用行政、法律、经济、技术和教育等手段,通过跨部门与跨行政区的协调,按流域进行水、土、生物等资源的统一开发、利用、保护、优化配置和协调管理,最大限度地适应自然规律,充分利用生态系统功能,实现流域的经济效益、社会效益和环境效益最大化。因此,流域水资源一体化管理既不允许顾此失彼,更不允许以邻为壑,需要统筹兼顾各地区、各部门之间的用水需求,保证流域生态系统的稳定与平衡,全面考虑流域的经济效益、社会效益和环境效益。所以,流域水资源一体化管理不是原有水资源、水环境、水土流失等要素管理的简单加减,而是基于生态系统方法和利益相关方的广泛参与,试图打破部门管理和行政管理的界限;它既非仅仅依靠工程措施,也非简单恢复河流自然状态,而是通过综合性措施重建生命之河的系统综合管理。流域水资源一体化管理的实质,就是要建立一套适应水资源自然流域特性和多功能统一性的管理制度,使有限的水资源实现优化配置和发挥最大的综合效益,保障和促进经济、社会和环境的可持续发展。

对于列入水资源一体化管理的每一个项目来说,其水文地理边界应清晰地确定,明确划定水源及其区域真实和感觉到的相互作用的可能界限,它们对一体化管理的作用是有分量的。在整个流域及其某个部分的范围内,河川径流调节建筑物、特别是水力发电和灌溉用的大型水库及其发达的分支供、引水系统形成了水利系统相当复杂的人为形态。对于所有类型的供、引水以及弃、排水(回归水)来说,这是一个按照自己方式的复杂供水系统。一般来说,它有一个复杂的水利系统及其隶属分支的等级树(干渠、二级支渠、三级支渠等)。这个系统的相互联系形成了一个复杂的水资源一体化管理、利用、保护和开发的综合体。在这个综合体中,除水本身和水利设施外,还包括本流域内以及被称为水利强影响区内的与水有关的土地和其他自然资源。

这样,在一个国家的国境范围内,以流域为单元的水资源管理机构应该是一个统一的组织结构,但是它应该具有一个复杂的纵向等级机构。无论是自然水道还是人工水道,以水文地理边界为基础而建立的相应组织结构是水资源的主要管理工具。这样,水道的地形是过渡到按照水文地理边界原则来管理水资源的决定性因素。在水文地理边界范围内,应该按照整个流域、一些子流域和渠系的地形和水量平衡特点来制定相应的限制和要求,在所有感兴趣各方(用户)的参与下保证用制度、经济、工艺和管理工具进行紧密联系。所有各级水资源管理机构在确保自然综合体稳定性的条件下,达到用水的潜在效率和把单位耗水量降低到种植植物蒸腾耗水量的水平是他们的奋斗目标。

对于那些跨越两个以上国家的河流流域,完全有必要以整个流域为单元成立一个国际水资源协调机构。在国际上,这样的机构有很多,如莱茵河保护国际委员会、尼罗河流域计划组织、赞比西流域委员会等。这里面,莱茵河保护国际委员会所发挥的作用是最好的,对莱茵河的治理起到了关键作用。而对于其他大多数国际河流或湖泊,一般是相关国家签订"水资源利用和保护"之类的协定,如《美国加拿大大湖水质协定》《格兰德河灌溉公约》,孟加拉国与印度签订的《关于恒河流域的条约》,柬埔寨、老挝、泰国和越南之间通过的《湄公河流域可持续发展的合作协定》,等等。总体来看,这类协定与专门成立的国际机构相比,其作用要逊色不少。因此,为了保证共用水资源按照所商定的方式共同利用,将流域的上、中、下游,左、右岸,干、支流视为一个统一的整体,充分考虑各国、各地区、各部门的需求,实现整个流域的经济效益、社会效益和环境效益最大化,看来有必要成立专门的国际机构,并由该机构来协调整个流域的水资源一体化管理。

按照水文地理边界原则,还有一个重要的特点,那就是它对每一个流域、每一个灌溉系统和每一个用水户协会都是独一无二的,因为即使不谈供水和用水户的经济组织关系,就说流域的地形、土壤和水文条件也是多种多样的。对于不同的系统,我们不能寻找共同的样板和决定,而是应该研制实现水资源一体化管理的共同原则。

应该指出的是,水资源一体化管理与流域水资源管理是两个不同的概念。水资源一体化管理涉及的范围可能更大,一般是指在国家层面上甚至有可能是由几个国家组成的很大的水文地理单元层面上的水资源管理,不仅包括水利部门,而且包括粮食生产、工业生产、市政建设、卫生保健、水力发电等部门的涉水机构的统一管理,它的许多政治决策可能只是在国家级别上而不是在流域级别上做出的。例如,跨流域调水应该属于水资源一体化管理范畴。而水资源一体化管理最终就是要落实在具体的河流流域(包括集水区、含水层)上。流域水资源一体化管理是水资源一体化管理的基本形式和落脚点。

从国际上的发展趋势来看,越来越多的国家和流域实施以流域为单元的水资源一体化管理。近年来,许多国家通过修改法规,推行以流域为单元的水管理。例如,欧盟在2000年通过《欧盟水框架指令》,在其29个成员国与周边国家实施流域一体化管理;南非也于1998年通过《水法》,实施以流域管理为基础的水资源管理;新西兰甚至按照流域边界对地方行政区边界进行了调整,促进地方政府的流域管理工作。2004年,联合国可持续发展委员会第12次会议呼吁各国政府采取流域一体化管理措施。

综上所述,水资源一体化管理应该以流域为单元,将流域内的水、土、生态环境等资源统一开发、利用、管理、保护和优化配置,使得社会经济与生态环境协调发展。与之相应的流域水管理系统比按照行政区建立的水管理系统在管理效益上要优越得多,由前者制定的水资源开发、利用、管理、配置、节约和保护等法规更容易贯彻执行。

# 3.2 水资源可持续利用原则

怎样开发利用水资源?这个问题非常重要且需要深入研究。20世纪世界人口膨胀,发达国家为发展本国经济,对水资源狂采滥用。毫无节制地取用水导致水土流失、湖泊萎缩、河流断流、水体污染,加上对土地不合理的利用,滥垦乱伐、土地沙化、生态恶化,人为地加剧了水资源短缺的矛盾。世界许多城市因缺水不得不大量超采地下水,使地下水位下降,造成地面沉降、海水入侵等一系列严重问题。从世界范围来看,缺乏有效合理的水资源管理进一步加剧了水资源短缺状况。根据联合国 2006 年公布的《世界水发展报告》，由于大量引用河川径流，在全球 500 条最大的河流中，已有超过一半的河流干涸问题很严重，甚至有一些大河已经退化成涓涓细流。尼罗河、亚马孙河、印度河等这些全球性的大水系由于承受的压力太大，它们的入海水量已经大幅度减少，这将给地球带来灾难性的后果。统计显示，美国的科罗拉多河、中东的约旦河、中亚的阿姆河和锡尔河、美国与墨西哥之间的格兰德河也出现了严重的断流。这份联合国报告向世界各国发出警告，全球的河流、湖泊和其他淡水系统正在面临令人担忧的退化，全球河流正在面临灾难。正是在这样的背景下，水资源专家和有识之士提出了水资源可持续利用问题。

可持续发展理念是 1987 年世界环境与发展委员会在《我们共同的未来》报告中提出来的。该报告指出：可持续发展是既满足当代人需要，又不对后代人满足之需要的能力构成危害的发展。可持续发展可从以下三方面解读：一是经济建设和社会发展应与自然资源和生态环境相协调，不能超越自然资源和生态环境的承载能力；二是不仅要考虑当代人与人之间的公平，也要考虑当代人与后代人之间的代际公平，既能满足当代人的基本需求，满足他们要求较好地生活的愿望，又能够满足后代人需要的发展；三是社会和经济的发展应以不损害地球生命的大气、水、土壤、生物等自然系统为前提，亦即必须控制在自然资源和环境容量能够支撑和允许的范围内。因此，可以说，可持续发展是保持自然资源（包括水资源）的再生性和可持续利用的永续发展，也是保持生态环境平衡的永续发展。

水资源虽然是可再生和重复利用的基础性自然资源，但是经过调查评估我们知道，对地球上任何地区来说，其淡水总量都是有限的，且受气候影响在时空分布上很不均匀。水资源量的多寡带动或制约着人类活动、经济发展及生态平衡。水在人类活动、经济建设和生态环境中发挥着不可替代的作用，是生态环境中最活跃、最有影响力的重要因素。物种进化、气候变迁、地貌变化都与水的运动与循环有着不可分割的联系。水资源是人类进步与发展的重要载体。所以，以可持续发展理念指导水资源的开发利用具有重要的现实意义和深远的历史意义。

水资源可持续利用的目的就是要实现社会经济的可持续发展，只有经济高度发展，物资产品才会不断丰富，人民生活水平才会不断提高，国家综合国力才会不断增强。但是经济发展速度不能超过水资源的承载能力，社会经济过度用水必将挤占生态环境的用水，从而使生态环境因缺水而劣变，不断恶化的生态环境反过来影响社会经济发展。换言之，那种以无节制的方式索取水资源来发展经济的道路我们不能再走，必须要改变经济的发展方式，必须要改变水资源的利用方式，走水资源可持续利用的道路。只有实现水资源的可持续利用才能保证社会经济的健康、快速发展，水资源的开发利用应与社会经济发展相协调，保持在一个合理的水平，既要服务于经济发展又不能开发过度，既要服从于经济又不能破坏生态环境。水资源的可持续利用是社会经济可持续发展的基础，所以水资源的开发应立足长远，不仅要为当前社会经济发展服务，还应为未来社会经济发展提供保障，不能对水资源进行掠夺式的开发，应当充分考虑子孙后代的未来经济的可持续发展。

水资源可持续利用的主要任务是解决洪涝灾害、干旱缺水、水环境恶化三大问题。要实现水资源的可持续发展，就必须根据水资源的自然条件和可持续利用的要求，运用系统分析和优化方法，以综合效益为目标，按流域制定水资源综合规划，根据资源共享、高效经济、统筹协调和可持续利用的原则,在水资源的开发、利用、管理、配置、节约和保护六个方面采取切实可行的工程措施和非工程措施,实现人与自然和谐相处。在解决洪涝灾害和干旱缺水问题时实行统筹规划,综合治理。力求做到除害与兴利、水量与水质、开源与节流相结合,防洪与抗旱并举。根据社会经济发展的需求和市场经济的规律,以供定需、以水定地、以水定规模、以水定经济结构和生产力布局,实行水资源总量控制和定额管理,利用各种可利用的水源,在全国、流域、区域间,对各种用水进行优化调配,力求水资源与其他资源配置合理,确保河流、湖泊等水域的生命健康,使其既能满足我们这一代的需求,又不危及后代人生存、发展的需要,这是水资源可持续利用的核心思想。只有牢固树立这种思想,并且为之不断努力才能实现水资源的可持续发展。

水资源的可持续利用主要包括水量和水质两个方面。在水量上应该奉行开源与节流并举和优化配置的方针。开源是为了满足社会经济发展的需求,节流是为了确保水资源的可持续利用。在开源上应开拓视野,除大型远距离调水工程外,还应在开发再生水利用、海水利用、雨水采集等方面采取积极有效、因地制宜的措施,通过这些措施去替代更为宝贵的淡水资源。如以再生水(回归水)开发来取代部分的冲厕用水、景观用水、绿化用水、工业用水、农业和养殖业用水等都是合理的选择方案。

在水质上要做好水体的防污治污工作。水污染主要包括工业污染源、农业污染源、生活污染源和突发性事件四大部分。水污染防治应当坚持以预防为主、防治结合、综合治理的原则,优先保护饮用水水源,严格控制工业污染、城镇生活污染,防治农业面源污染,积极推进生态治理工程建设,预防、控制和减少水环境污染与生态破坏。对污染严重的江河湖海进行重点治理;强制关闭水资源消耗高而又污染严重的小型企业;对重点工业污染源实行达标排放和"零"排放;对江河水量统一调度,增加生态用水比例;实施排污许可证制度;改进水环境监测手段,加强水环境的科学研究,确保河流、湖泊等水域的生命健康。

为了保证水资源能够可持续利用,满足社会经济发展和生态环境的需求,保障水的安全供给,就必须要在水量和水质上实行科学的一体化管理。在水量上,要从全局出发,对各种水资源进行统一配置、统一调度、统一管理,做到科学用水、合理用水、节约用水,发展节水型工业和农业,建设节水型社会;在水质上,通过对水质的全面调查和评价,制定水污染防治措施,治理污染源,控制污染物的排放种类和数量,保护水的质量。水量和水质是密不可分的两个方面,我们要在水量和水质上实行一体化管理,从多个方面进行综合考虑,以求得整体上的最佳效果。

水资源的可持续利用是水资源一体化管理的指导思想,也是水资源一体化管理所要遵循的重要原则和奋斗目标。水资源一体化管理要求对全社会涉水事务进行统一管理,这有利于水资源的综合规划、优化配置和统筹安排,有利于兼顾生活用水、生产用水、生态用水和环境用水,有利于水源、水厂、管网、排水、污水处理与回用的协调建设和一体化管理。总之,水资源一体化管理有利于水资源的可持续利用。为此,水资源一体化管理要求建立健全与之相应的管理体制和组织结构,这样,水资源一体化管理为水资源的可持续利用提供了体制上和组织上的保障。水资源一体化管理要求完善水资源的开发、利用、治理、节约、配置、保护等方面的法律法规体系,这就要求制定出一套保证水资源可持续利用的法律法规和经济激励机制,为水资源的可持续利用提供法律法规和经济体制上的保障。

## 3.3  水资源的共享与协调原则

在明确了水资源可持续利用是水资源一体化管理的指导思想和奋斗目标之后,那么,采用什么方式来达到这个目标呢?这就是共享与协调原则。共享与协调是水资源一体化管理的基本内容。因为世界上大多数国家水法都规定,水资源为国家所有,属于公共资源,不同地区、不同阶层、不同行业乃至不同代际的所有社会成员对水资源都有共享的权利,而社会经济应该与生态环境协调发展。只有社会经济、生态环境与水资源的协调发展才是可持续发展,社会才能长治久安,经济才能获取最大的效益,生态环境才能维持平衡和稳定。所以,水资源一体化管理应该遵循共享与协调的原则。

水资源一体化管理要求综合各种因素,统筹考虑水与气候、环境、自然、农业、工业和生态等问题,采用法律、政策、经济、技术、信息等方式来协调各方利益,使得各个部门、各个层级的利益达到最大化;优化配置各类水资源的开发与利用,保持流域和区域各层次、各要素之间的相互关系达到协调、稳定、有序发展和河流的生命健康,保持流域和区域的生态环境系统达到动态平衡。

然而,解决水资源可持续利用问题需要水资源主管部门与各经济部门、企业、社会和所有公民之间的通力合作。由于不同的社会部门往往鲜有或根本没有相互交流和相互协调的经验,或者互不信任,因此协调和管理非常困难。多数水资源管理部门在解决严峻的缺水挑战方面准备不足。同时,解决水资源可持续利用问题需要广泛的专业知识,涉及气候、生态、农业种植、人口、工程、经济学、地区政治和地方文化等多种领域,水管理工作者还需要具备与地方社会、私人企业、国际机构以及可能的捐赠者进行合作的技巧和灵活性。

这里绝不是说一定要把所有部门都集中在一个"机构的屋檐"下。正如全球水伙伴所说,如果是那样,反而会带来害处。因为专业部门机构对具体生产的效益具有重要意义。这里主要强调的是,跨部门一体化的主要条件是部门利益的协调,以保证按照所商定的计划共同利用公有的水资源,以及一个部门的排水供另一个部门使用的可能性。同时,应该研制一体化管理时解决相互矛盾的利益冲突的机制。这可以通过让不同部门的代表共同参加同一级的水资源管理来实现。按照平均分配原则建立的共同机构应该保证根据在相互可接受的原则和相互作用的基础上达成协议。这时相互的联络工具是:

(1)水资源的共同计划和利用协定;

(2)部门发展的协调;

(3)信息交流;

(4)具有相互利益的材料和财政费用的分摊。

因此,建立相应的社会协商机构(电力、环境保护、农业和供水等部门的代表参与流域委员会,各地区及大型用水户的代表相应地参与灌溉系统委员会,各种用水户参与用水户协会或董事会)能起到积极的作用。在许多国家建立了由对水资源利用感兴趣的所有部门的领导以及著名学者和专家组成的国家水委员会,其实质上就是一个国家级的协调机构,在政府总理(首相)的领导下开展协调工作。

### 3.3.1 跨部门关系的横向协调

实践证明,水资源由单个部门来管理是不合适的。例如,地表水由水利部门管理,它可能首先考虑灌溉农业的利益,而由水电部门管理,则可能发电是它的首要计划,诸如此类不再列举。如果是这样,所有部门只考虑自己利益而行动,则各部门之间的行动是不协调的,其后果就必然会出现水资源更加短缺,水源污染,生态退化,严重影响社会经济发展。

各部门利益的协调一致是跨部门一体化管理的主要条件。在这一点上,只有各部门用水户的代表共同参与某一级水利机构的管理才能达到。统筹协调主要是在经济社会发展目标与水资源条件和生态环境保护目标之间的协调。具体地说,是在区域之间、用水目标之间、用水部门之间的协调;近期经济社会发展目标和远期经济社会发展目标对水的需求之间的协调;不同类型水源之间的协调;生活用水、生产用水与生态用水的协调;水量与水质之间的协调。通过协调,各部门利益达成一致。在研制相互可以接受的调节规则和相互作用的基础上,在平等起点上建立管理和监督机构,签订水资源的开发、利用、管理、配置、节约和保护等方面的协定,所建立的管理和监督机构应该保证协议的执行。

经常给人一种印象,即只有在缺水的条件下才需要跨部门协调,而不缺水则让各个部门按照自己的用水规定取水,它们想怎么用就怎么用。然而这却是一个重大的认识误区。正是在这种错误认识的指导下,人类为此付出了巨大的代价。请看实例:莱茵河是欧洲的第三大河,河流总长 1 320 km,流经瑞士、德国、法国、比利时和荷兰等 9 个国家,流域面积 18.5 万 km²,人口约 5 800 万人,其中约 2 000 万人以莱茵河作为直接饮水来源。流域内平均降水量为 1 100 mm,径流年内分配比较均匀,平均流量为 2 200 m³/s,在荷兰边界乐比特处年均径流量为 700 亿 m³。莱茵河及其支流上共有 150 余座水坝,具有航运、发电、供水、旅游、灌溉、生态保护等多项服务功能。莱茵河流域聚集着许多世界著名城市(如巴塞尔、法兰克福、科隆、鹿特丹等)和重要产业部门(如钢铁、石化、电力等),在西欧经济及社会生活中起着重要的作用。莱茵河的水质在 20 世纪 50 年代初期还非常好,人们可以在河里游泳,河中有 63 种鱼类。但从 20 世纪 50 年代末期,由于莱茵河沿岸工业迅速增长,大批能源、化工、冶炼企业同时向莱茵河索取用水,又同时将大量未经处理的有机废水倾入莱茵河,取水排污量很大,水质开始变坏,到 20 世纪 70 年代,工业污染和有机污染进一步加重,水质更加恶化,而且周边生态环境也变得异常脆弱,沿河生态系统遭到破坏,莱茵河最具代表性的鱼类——鲑鱼开始死亡,水生生物多样性急剧下降,一时间成为世界上污染最为严重的河流之一,被称为欧洲"敞开的下水道"。其主要原因在于过度开发利用资源,在经济社会发展的同时,忽视了污染的防治,忽视了河流生态系统的保护。

20 世纪 80 年代,人们开始更加审慎地思考对河流的管理,莱茵河保护国际委员会(ICPR)1987 年提出了莱茵河行动计划,即以恢复生态系统作为重建莱茵河的主要指标——到 2000 年鲑鱼重返莱茵河,使莱茵河成为一个完整的生态系统骨干。为此,沿河各国投入了数百亿美元,实施流域一体化管理,提倡工程措施、非工程措施并举,技术及其他社会因素、经济因素并重;将公众参与作为决策、实施的必要前提;着力拓展河流空间,维护河流的生命活力,注重生态修复、生物多样性,较好地实现了航运、发电、供水、旅游、防洪、灌溉、生态保护等多项河流服务功能。沿河各国经过近20年的共同努力,到2000年全面实现了预定目标,沿河森林茂密,湿地发育,水质清澈洁净。鲑鱼已经从河口洄游到上游瑞士一带产卵,鱼类、鸟类和两栖动物重返莱茵河,呈现出清清的生命之河景象,从而重新恢复了河流生态系统的健康。

莱茵河的经验告诉我们,即使是在年均径流量达到 700 亿 $m^3$ 的河流流域,都不可以随心所欲地用水和排污,必须进行跨部门协调。在横向(跨部门)协调时,水利部门应该公正地代表所有经济部门用水户的利益,保证在每一个水文地理单元范围内居民饮用水和环境保护具有优先权。显而易见,跨部门的协调用水是水资源一体化管理的重要内容之一,也是世界各国解决水问题的正确方向。跨越多个国家的莱茵河流域综合治理是水资源一体化管理的典范。

## 3.3.2 各部门内部垂直关系的协调

众所周知,现代水利系统,特别是土地灌溉部门,都是采用多级供配水的方式,从流域开始,到主干渠、二级和三级渠道,再到用水户协会的灌溉渠网,或者是由公共和工业用水户组织的管网到农场主的灌水地段。当各级水管理不衔接时,常常发生水损失,就如同保证供水出现间歇一样,这就导致了管理系统的无效性。我们不是因缺水而痛苦,而是因管理不善而痛苦。因此,水资源一体化管理的主要任务之一是加强各级管理活动的正常联系。应当消除可能出现的每一个水利机构只根据自己的需要而制定不符合水资源一体化管理共同目标(保证最大用水效力)的情况,以及(省)州和流域水管局只对把更多的水出售给用户(如果付费用水的话)感兴趣,自己赚取最大利润而不顾及他人用水的情况。

在中亚,几乎每一个国家级水利部门都试图尽可能多地从水源处取水,让自己有水,按照"就近供水"或"上级指定"的原则分水。这时水利机构除多取水外,很少关心维护系统的高效率和防止组织损失,他们经常向排水系统排放没有用过的水,尽管为所取得的水花费了资金,特别是用机械提水时花费更多。因此,为了在用水户之间平等和公正地分水,达到最少无效损失而形成所有各级管理的共同利益,必须要有明确的目标、统一领导和协调行动,由主管部门制定成套的管理措施和工具,协调部门内部的关系和利益。

为了加强水利机构垂直关系的协调,以相应的方式共同参与所形成的组织结构是各级纵向管理部门的主要联系工具。图 3-2 是中亚现代水利组织机构的结构。最高级是流域级及其分支机构;第二级是国家级水利机构;第三级是州级子流域系统;第四级是市(区)县级灌溉系统(或)单一渠道;第五级是用水户协会(土地灌溉)或用水户机构,而最后是终端用水户(农场主、企业或居民区等)。如果河流流域位于一国境内,则在国家水资源部机构内设立流域水利机构,其组成可能包括子流域的地区水资源管理局,负责流域和子流域的水资源管理,按照流域水利机构(跨境流域水利机构)行使职能。在流域水利机构中建立流域委员会,由不同的相关主体组成,根据国家法律拥有不同的职权和义务,有建议权(如哈萨克斯坦)或者有决策权(如法国、西班牙、荷兰等,他们称为委员会或董事会)。

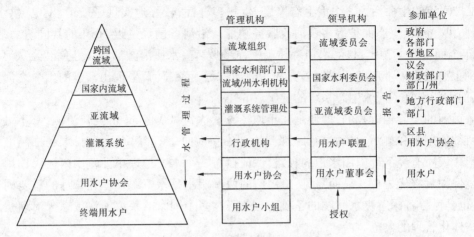

**图 3-2　中亚现代水利组织机构的结构**

　　从流域水源地取水的灌溉系统管理机构是隶属于流域水利机构的下级机构,它也可能是国家公益团体的机构。在任何情况下,公益或者国家－公益混合性的领导机构的代表应该进入流域水利机构委员会的领导机构。用水户协会及其管理机构和公众参与机构以适当的身份参与上一级委员会的工作。在中亚费尔干纳水资源一体化管理所有示范渠道的管理和领导中正是采用这样的方式。同时,在南费尔干纳渠道的控制区不得不考虑还有一个复杂的灌溉等级结构——跨区的二级渠道的存在,或者与阿拉万阿克布林渠道和霍贾巴克尔河不同,这里只有部分用水户协会直接进入南费尔干纳渠道,而其他的加入二级渠道。

　　这种组织方式最大的好处是可以在上一级管理机构反映下一级的呼声,进行充分交流和对话,既可以充分了解民意,又可以在上下级之间、下属的同级之间进行面对面的交流和协调,避免领导在决策过程中的官僚主义,同时大幅度减少上下级之间和同级之间的争议与纠纷。

　　在经过上下级之间、下属的同级之间的充分协调之后,各级管理的下一个联系成分是合同关系。流域水利机构与灌溉系统管理局之间的合同关系在国家内部调节范围内应该规定一定的计划体制,合同中一般既确定水量的取得,又确定双方的义务,并指出可能变动的次序。供水单位应该保证双方商定的水保证指标。灌溉系统管理局与用水户协会之间也确定了类似的关系,而且他们也依据一定的经济相互关系和相应的制裁。

　　如果灌溉系统管理局是流域水利机构的分支机构,则流域水利机构与用水户协会之间只有合同关系。同时,"从上到下"的管理线路就形成了用水户协会的公众管理:用水户协会—渠道委员会(系统委员会或理事会)—流域水利机构的公益理事会。除制度性的联系机制外,还有管理、法律、经济等联系工具。

　　内部垂直关系的协调不仅在农业灌溉部门很有必要,在工业、电力、商业等部门的水管理中也很有必要。这种管理结构可以充分发挥水资源一体化管理的优越性。

## 3.4 水资源管理的共同参与原则

水资源作为公共资源,对其管理的责任不仅落实在政府授权的水资源管理部门,还应该依靠广大用水户和社会各界的共同参与。广泛吸引社会机构和利益相关方(地方权力机关、所有涉水机构以及用水户的代表等)共同参与水管理是实施水资源一体化管理又一项重要原则。必须在公民、社会与国家的相互关系层面上看待水资源管理问题。公众参与被认为可以形成透明和公开的氛围,而在这种氛围下所通过的决策不符合社会利益的概率会大大降低。公众参与的目的是让社会公众了解当地水资源的现状,水资源开发、利用和保护规划及其合理性与科学性,让社会公众参与水资源的管理全过程,让利益相关方有机会维护自身的利益。当通过水资源的开发、利用、管理、配置、节约和保护等方面的决策时,必须邀请社会公众和利益相关方参加有关讨论,倾听他们的意见和建议,通过他们积极参与决策过程,形成透明和公开的氛围,使得社会公众理解和支持水管部门的决定,使有关决策更加科学合理。公众参与决策是在缺水不断增长的条件下,保护生态环境和社会发展,公正而负责任地解决分水问题的平台,也是社会民主法制与政治文明的具体表现。公众参与决策的水平越高,地方或部门利己主义的机会就越少,从而对社会利益的营私舞弊和淡漠的情况也就越少。

由于水不仅属于水管机构,而且是社会财富,很显然,公众参与是水资源一体化管理的最重要组成部分。公众参与是社会成员对水资源管理中的各种决策及其贯彻执行的参与,是对水资源的民主管理,体现了政府执政为民的开放精神,也反映出政府越来越自信的心态。随着水权制度的建立、健全和完善,取水、用水关系到用水者的切身利益,公众参与意味着社会成员有机会通过正常渠道表达自己的意见,维护自身的利益,有机会为谋取社会共同利益而施展和贡献自己的才能,可以有效地加强对政府的监督。

公众参与是防止任何形式"水利己主义"的最重要因素。过去用行政方式管理水资源是用"行政水利己主义"威胁用水户,行政区域机构的领导利用体制为自己谋利,这样就形成了营私舞弊、恣意妄为和侵犯其他地区权利的条件。以流域为单元实行一体化管理的本身并不保证真实的水资源一体化管理,因为会造成"职业的水利己主义"。在缺少公众监督的情况下,水利机构自己制订分水计划,自己确定限额,自己修整和自己检查自己。因此,公众参与水管理是考虑各方利益的公正或平等的保障。

公众参与是水行政主管部门同公众之间的一种双向交流,建立公众参与的正常机制,既可以使社会公众能及时了解水资源问题的信息,促使社会公众选择并推动水资源管理走可持续发展的道路;又可以使水行政主管部门了解社情民意,使其对水资源管理的决策更符合民意,这对水资源一体化管理的顺利实施是非常必要的。

公众参与的方式多种多样,包括建立用水户协会,直接向水行政主管部门提出意见、建议、建立信息交流机制等。在中亚各国,共同参与是通过建立有代表性的机构来实现相应系统管理的领导,也就是水管理机构的代表、各个经济部门(市政公用供水、灌溉农业、工业、养鱼业、水路运输等)以及地方权力机关、自然保护机构、社会非生产机构的用水户代表共同建立与水资源管理机构平行的"渠道(系统)用水户协会(或用水户联盟)"、流域委员会等形式的机构。一般来说,流域和子流域的水资源管理委员会应该有区域(或地区)、大型用水户和水资源保护机构的代表。渠道系统以及二、三级渠道水管理委员会应该由水利机构、相关的用水户联盟或用水户协会以及其他机构的代表组成。广泛的代表性意味着所有感兴趣各方积极参与水资源的管理过程。在系统或单条渠道所服务的区域范围内,用水户联盟或委员会在水关系和水资源管理与利用方面协调法人与自然人的活动,在所有感兴趣各方代表广泛参与的情况下,活动的主要目的是贯彻执行水资源一体化管理原则。

公众参与水资源管理体制建立之后,用水户和其他感兴趣主体的代表不仅积极参与用私有资金和其他资金来源修建的供排水工程的检查与监督,而且参与水资源的利用、管理、配置、节约和保护。公众参与不仅可以使水管部门了解公众的看法、意见和建议,能够集思广益,为维护公众的切身利益找到依据,确保水资源管理措施的可行、合理,而且能够保证水利机构工作的透明,防止过去的行政官僚体制变成新的带有水利己主义的专业部门官僚制度。

在平水年,由于水资源短缺,在制定分水原则和分水方式时公众参与特别重要。因为仅有工程方式显然是不够的,特别是现在用水户的数量大大增加。如果用水户协会是由成千甚至上万个用水户组成,那么水资源的管理过程将是非常困难的。如果不把二级渠道所控制土地的用水户分组或使农场主合作,任何用水户协会都不能有效地管理水。在费尔干纳盆地,示范用水户协会的每一条农场内部渠道都被分成几十个管理段。这说明,在这一级组织平等和稳定的分水是多么的复杂。

现在,在中亚各国,公众参与可以解决在用水户协会级所存在的一些重要问题。过去,在复杂的用水实践中,一级用水户(大型农场或集体农庄)一般在满足了自己的需要后才按照自己的意愿向二级用水户(小农场或私营农场)供水。在一级用水户与二级用水户的相互关系方面,即使有分水合同也不能保证供水,大型农场经常侵犯小农场的用水权利,而且一级用水户对违反农场主的用水保障不承担任何物质责任。现在,按照水文地理边界组建用水户协会,这样一级、二级用水户同属于一个用水户协会,协会本身与水管机构(地区水利局或灌溉系统管理局)是合同关系,而且所有用水户在水资源保障上是一样的等级,由用水户协会出面协调一级、二级用水户的关系,在发挥用水户协会职能的条件下,小农场(二级用水户)的状况发生了变化。无论是在渠首还是渠尾,协会在自己的成员之间会均匀地分配所得到的水资源,从而达到了用水保障和稳定性。

在发达国家,吸引公众参与的交流工具多种多样,包括网络、公共图书馆、流域(广播、电视)热线服务、社区信息服务等。

(1)网络。

网站是流域管理者和利益相关者共享与得到信息的基本工具。如在线讨论,鼓励利益相关者定期交流和反馈意见。网站通过编辑和检索讨论主题,为将来的参考咨询建立文档。交互式网站建立了各种各样媒体的大量信息,如声音、图像、影片、照片和数据以及文本文件,通过轻轻点击,就可轻易方便地获取。许多流域网站粘贴了有关最佳水资源管理实践的信息,以及赞成与反对双方的争论细节。一些网站还提供了友好的用户决策支持和模拟工具。

（2）公共图书馆。

公共图书馆保存了许多流域信息。通常,图书馆收集有关流域管理的各种资料,包括流域水资源的信息,相关的报告、战略和计划等。重要的是,图书馆管理员们是分类专家,能够系统地将资料分类,供利益相关者查阅。

大学图书馆在发达国家和发展中国家作为研究报告的馆藏地,收集和保存了大量的文献,范围从专业的国际出版物到一般的信息。因此,大学图书馆经常是流域信息交流计划的合作者。

从用户的角度来看,流域文件进入并馆藏在图书馆,便于咨询、借阅和拷贝。特别是在大学的图书馆里,个人或流域管理组织能够简单快捷地进行数字化的访问。因此,许多流域组织大力发展他们自己的文献中心并对公众、学生和科学家开放。

（3）流域(广播、电视)热线服务。

热线服务在发达国家很普及,弥补了人们有限的读写能力以及上网的受限性,民众愿意收听口头信息。例如,商人几乎没有时间去接受正规教育和培训计划,他们想快速地从可靠的渠道得到有关水资源管理的问题的答问。流域机构的热线服务给来电者建议和信息,例如,实施中的土地与水资源管理计划、流域自然资源的状态、成本分摊、对于农民的最佳管理方案,流域管理机构和流域监督等热点问题。

（4）社区信息服务。

社区信息服务提供流域信息的汇总和其他一系列服务。这些服务中心使用了(广播电视)热线直播节目,并履行分发报告、对邮件列表进行维护、通过传真和邮件进行升级、发展并维护网站、运营社会教育节目、发展并执行合作协议等职能。

总之,在水资源一体化管理中,公众参与是政策制定和解决公众所关心的切身利益问题的基础和先决条件。公众参与有多种形式,有的国家是建立用水户协会,让利益相关者参与水资源管理,但这毕竟受到协会规模的限制,参与者还是少数。发达国家采用网络、图书馆、广播、电视、社区信息服务、问卷调查等形式,几乎能让每一个人都可以参与讨论和交流,是真正意义上的公众参与,从而使水资源管理决策更加完善,更易于执行。

# 3.5 公益用水优先原则

通过与所有利益相关者和社会公众广泛协商水资源管理原则之后,下一步就是要制订流域内水资源的优化配置方案。水资源的优化配置是指在流域或区域内,采用工程措施或非工程措施,对有限的不同形式的水资源进行科学合理的分配,其最终目的就是实现水资源的可持续利用,保证社会经济和生态环境与水资源的协调发展。水资源优化配置的实质就是要提高水资源的利用效率,一方面是提高水的分配效率和利用率,合理解决各部门和各行业(包括环境和生态用水)之间的竞争用水问题;另一方面则是提高水的利用效益,促使经济部门各个行业的单位用水量能取得最大的经济效益,使得有限的水资源通过水市场机制和调控补偿机制实现水资源利益在流域内各种用户之间的公平分配。

从流域级(国家级)的用水需求来看,可以粗略地分为两大部分:一是公益用水部分,二是经济用水部分。公益用水部分主要是指居民生活饮用水(包括所有城乡居民饮用水和卫生用水)、生态环境用水和保证粮食安全用水,经济用水部分主要是指工业各部门用水、农业养殖用水、水力发电用水、河流运输用水等。从水资源的配置原则来说,优先保证公益用水部分的供水,剩余水量供给各经济部门竞争使用。

在公益用水领域中,水资源配置首先要从水量和水质上保证居民的生活饮用水权利,满足人类生活的基本用水需求,保障社会稳定,尤其是在连续枯水年和特枯年要优先保障居民生活的基本用水。这既体现了社会以民为本的原则,又体现了时代的文明与进步。稳定的供水不仅要体现在同代用水户之间"人人共享"的权利,还要体现在代际之间的公平配置。

水与生态系统密切相关。在生态系统运行中,水以不同的形态不断运动,为各种生物的生存繁衍提供物质、能量及环境。为了保证河流生物多样性和生物繁殖率的最佳条件,维护生态环境系统的稳定和健康,应该确立维持河流生命的基本水量,绝不允许河流断流现象的出现。这个基本水量至少要满足以下三个要求中的任何一个要求:一是在枯水季节,通过从上游水库放水,使河流下游主河槽达到维系水生生物正常生长和多样性的流动径流量,按照特纳特(Don Tennant)河流最小环境流量的计算方法,要求河流最低流量不低于河流正常流量的10%;二是满足最低入海水量(对入海河流而言)或散失水量(对内陆河流而言)的要求,吴季松认为,10%的入海水量是保证河口生态系统的最低生态水量,而10%~15%的散失水量是保证内陆河不逐渐缩短和尾闾生态系统的最低生态水量;三是为了满足河口地区主体生物繁殖率和天然动植物群落新陈代谢对淡水补给要求的基本水量,人类维持生活、生产和生态的河道外用水,一般不应超过河流径流量的40%。这样既可以保证河道内生态系统的动态平衡,维持河流的健康生命,又可以使河道径流量得到合理的利用。

可能有人不理解为什么把"保证粮食安全用水"列入公益用水部分,而且优先于其他经济部门的用水要保证供应。统计资料表明,从20世纪70年代中期开始,在发达国家以及一些发展中国家,随着社会经济的迅速发展,农业用水呈逐渐减少趋势,大量的农业用水被工业用水和生活用水所挤占,这是确实存在的事实,也是新兴国家的发展方向。最近十多年来,在中国、印度等新兴国家的总用水量中,农业用水的比重也在逐年下降,而工业用水的比重逐年增加。但是,现在世界上除极少数石油资源极其丰富的国家(沙特、科威特等)外,还没有哪个国家靠进口粮食来养活本国的居民。对于中亚各国,特别是对于人口众多的中国、印度、马来西亚和一些非洲国家来说,不"保证粮食安全用水"就意味着饥饿和死亡,那将是一场人类的极大灾难。完全靠进口粮食来养活这些国家的人民是不可想象的,当今世界不可能做到。因此,保证这些国家的粮食安全用水是必须的,是不可或缺的。

在满足公益部门用水的基础上,流域内的剩余水量供给经济部门使用。流域水资源管理委员会在分配经济部门可用水量时,只是把水按照所商定的比例分配给各国(省或州)主管部门,实行总量控制,不会指定配给哪个行业或不配给哪个行业。在经济部门可用水量的配置中,提出以公平竞争为原则。因为对于缺水国家或地区来说,水资源作为国家综合国力的有机组成部分,是不可替代的生产资料,理应受市场经济规律支配。在市场经济中,水资源通过市场实行有效配置,其核心是价格,通过价格的作用,使有限的水资源向能够发挥最大生产效益的领域配置,这样整个社会生产力就能得到提高。

流域内各国(省或州)通过市场竞争机制和调控补偿机制来分配经济部门的可用水量,鼓励提高用水效率。在公平竞争的基础上,对于某些地区或某些行业出现的可用水量短缺问题,可以通过开展节约用水、污水处理再回用等非常规水源或地区间的水权交易市场来解决,或者通过调整产业结构与调整生产力布局来解决,最大限度地发挥可用水资源的综合效益和市场效益,提高单位水资源的经济产出。各国(省或州)可以协调各行业的竞争性用水,鼓励发展高效节水产业,不断提高水的利用率,严格限制需水增长势头,发挥市场配置水资源的作用,并通过工程措施改变水资源天然时空分布与生产力布局不相适应的被动局面,减少工程系统在水资源调控过程中的损失,在宏观层面上实现水资源开发利用的低成本,在微观层面上每个单项水资源工程投资少、见效快,提高水资源的开发效率,确保多种水资源的合理使用,使有限的水资源尽可能多地创造社会财富。

总体而言,用公益优先原则来配置水资源的结果对某个地区或某个部门的效益或利益虽然不是最高、最好的,但对整个水资源分配体系来说,其总体效益是最高、最好的,即存在局部最优和全局最优的问题,要按照公益优先原则来配置水资源,就必须要实行水资源的统一管理,以全流域为重,树立整体观念,让有限的水资源既能可持续利用,又能发挥社会经济与生态环境的最大综合效益。

# 3.6 水质污染防控与生态修复相结合的原则

从保护流域生态系统稳定的角度来认识水质污染的防控,坚持水质污染防控与生态修复相结合的原则。保护流域生态稳定要从两个方面理解和行动,即防止水的有害作用和保证自然生态综合体对水的需求。从生态学的角度来看,水具有高流动性,对自然综合体的各种要素有压制作用,对各种化学成分有溶解稀释作用。自然循环和自然-人为循环稳定性的重要保障条件是要在数量上使得水源与经济利用区相互作用的消极后果极小化。为此,建议采用以下方式,即原则上让彼此联系保持稳定作为自然保护的标准,使得水源区的水质和经济利用区的污染物的积累维持在稳定或下降趋势中。换句话说,流域内生态健康平安的标准如下:

(1)经济利用区的污染及其对生态系统的影响程度不能超过允许范围,有毒污染物的积累动态应该是负数,亦即必须保证经济利用区域内污染程度逐渐降低;

(2)在河流流域的所有区域,水源处的污染物含量从源头到河口对利用该水源的所有用水户来说不能超过极限允许浓度;

(3)流域内人为的生态负荷强度应该以不破坏维持生物多样性和生物繁殖率的最佳条件为依据。

保持生态对水的需求问题具有重要意义。自然综合体的要求是动植物界及其美学质量稳定性的基础。重要的是让大小河流保持维护自然动植物群落的可能性,同时在其本质上仍然是对社会有吸引力的主体。然而,当前现实是大量的水流主体丧失了自己与生俱来的本质,因此我们的任务是要结束这样痛心的历史。

水资源一体化管理应该严格遵守自然生态对水的需求,水生态管理享有优先权。从

生态系统的立场出发,在水资源管理的实践中必须考虑以下原则:

(1)在流域范围内水、土地和其他自然资源应该看做是共同利用、管理、保护和发展的整体。国家、部门、地方和低级用水户都应该分摊相应的责任和义务。为了稳定的发展,利用一系列限制措施和执行保护措施,充分考虑流域所有水资源、土地和其他自然资源的承载能力,协调一致地开展人类经济活动。

(2)从控制人类活动着手,控制危害水质和生态系统的外部污染物的过量输入。对工业污染的防治,必须逐步调整偏重末端治理的现状,从源头抓起,调整城市经济结构、工业产业结构、产品结构,提倡清洁生产。对城市生活污水进行妥善收集、处理和排放,应强化一级处理,条件具备时再实施二级处理。应降低污水中营养物质的浓度,控制水体富营养化水平;清点所有形式的污染源和污染扩散范围,防止污染和消除其扩散。同时减少有机物质输入量,控制有机污染。在法律、标准和国际协定的基础上,国家承担责任,并利用其自然保护、水利机构和用水户的社会动员,实施生态和卫生以及水道保护标准,严格执行河道放水的控制条件。

(3)在水资源一体化管理中要强化生态系统的用水份量。自然保护机构作为平等的参与者参与各级水管理部门制定决策。作为水资源一体化管理的最高等级,应该伴随着水生态管理的应用。这种管理首先考虑和遵循生态需求,评估生态服务业和把"流域委员会"变成"流域自然综合体委员会",后者当然会把维持自然综合体稳定性放在自己活动的第一位。

(4)水资源管理应该基于生态允许取水区的刚性原则,以便防止可能的不可逆要求。如果超过这个水平,用水户应该给流域基金会作出自己的贡献,作为自己过多利用自然资源应该进行补偿的措施。例如,对于咸海流域,从水源地的总取水量建议值是 780 亿 $m^3$,而现在取水量为 1 060 亿 $m^3$,过去(1990 年以前)是 1 260 亿 $m^3$。如果每一个超过生态允许取水量的用水户给河流流域生态保护基金会提供资金,则可以用这些资金在全流域实现改善生态条件的工程。

(5)为了保护天然的河流和水道,对于相应的季节,从水库放水和河流的径流量不能小于夏天的流量和大于多年平均的冬季流量。遵守这条规则可以预防把河流变成污水下水道。三角洲和河口、活水和封闭水域等自然项目的需水量应该考虑生物繁殖率和生态稳定性来确定。

(6)在自然保护综合体中,地表水、地下水和排水的相互关系是水土改良管理非常敏感的话题。灌溉或冲洗盐碱地的水不仅导致水损失及恶化水质,而且导致土地资源的退化和土壤肥沃性的损失。此外,灌溉和排水的不平衡将导致灌溉面积内水损失的增加和农作物生长的不平衡。为了及时发现系统管理中的这些缺点,必须加强土壤改良的服务工作,装备相应的设备和观测仪器,广泛应用土壤信息系统和远程土地状况评估与监测的控制方法;还要考虑到土地的盐碱化和沼泽化是灌溉农作物减产与用水效率低下的主要因素之一,由于减产而提高了水的消耗量。

(7)生态观念不仅要写进流域级而且要写进亚流域或地区级水资源一体化管理的计划和纲要中。在每一个系统、每一条渠道或每一个用水户协会都要有解决自然综合体的位置。要开展生态修复工作,以达到改善水体功能和恢复水生态系统良性循环的目的。

城市水生态系统对外界干扰具有调节能力,但这种调节能力不是无限的。当干扰超过生态平衡阈值时,生态系统丧失恢复能力;当干扰强度小于生态平衡阈值时,系统在恢复力的作用下,可实现自我调节,从而保持生态系统的稳定性。可以通过物理方法、化学方法和生态方法对水生态系统进行改善和修复。

显而易见,现在生态系统的需水量仅靠满足剩余原则(在满足经济需要后剩余水量的供给)是不够的。保证生态系统的需水量应该是水资源一体化管理范围内活动的优先方向之一。

## 3.7　信息保障原则

水资源管理需要各种各样的信息。在没有信息的情况下,无论是任何涉水事务,还是任何涉水工程,都不能管理。因为我们不知道将会发生什么,对其需要什么样的资源,它的相互关系怎样转化,怎样相互作用。只有在掌握了足够的涉水信息情况下,我们才能知道前面等待着我们的是什么,我们应该做什么样的决策。水资源管理的失策不仅威胁到足够供水量的中断,而且有可能造成洪灾、旱灾、疾病、歉收、饥饿、生产停产以及许多其他不幸事件甚至灾难。因此,充足的涉水信息是水资源管理的基础,水资源管理的信息保障是水资源一体化管理的重要原则之一。

随着社会经济发展和人类对物质生活需求的不断提高,人们对水的需求量越来越大,对水资源信息的准确性和实时性要求也越来越高,而传统的水资源信息管理不仅很难满足越来越高的要求,而且存在明显的不足。因为获取基本的水文及其他有关信息受到严格的限制,对此在世界不同地区可能出于如下理由:①国家安全。某些信息被认为对国家利益至关重要,因而严格限制获取基本数据。②数据完整性。在处理水文信息的过程中,需要进行大量的质量检查,以确保信息的一致性和代表性,由于在完成测试方面存在延误,主管部门不愿公布尚未充分测试的信息。③价值和费用。数据的收集费用高昂并可能具有较高的商业价值,因此在某些情况下规定要为获取数据支付适当的费用。上述这些原因导致水资源数据收集得不充足,与水务有关的社会经济发展数据经常缺失,这些数据不连续、不可靠或者不完全;水资源数据与水务有关的社会经济发展数据没有进行必要的整合、分析和比较等。由于水资源监控设施不足,取用水底数不清,计划用水和节约用水始终没有得到充分解决。

水资源信息是履行水资源管理工作职能、强化水管理的需要。水资源信息不仅包括水资源量与质的信息,而且包括水资源治理、开发、利用、配置、节约、保护的全方位信息以及水资源供给、使用、排放的全过程信息,通过这些信息可以全面反映全社会对水资源开发利用行为的监督管理水平。水资源信息在加强流域及区域水资源动态监测、开展水资源监控体系建设以及提供水资源信息、服务于水资源决策和公共服务等方面将发挥重要作用,能够为各级政府减轻水资源短缺灾害、气候变化和应急供水事件应对、重大水资源调度配置的工程建设、主体功能区划及区域开发、水资源开发利用等方面提供适时准确的水资源信息服务。

水资源信息管理是加强总量控制、提高水资源配置与调度水平的需要。建立总量控制制度,通过水资源共享的合理配置与调度,保障经济社会的可持续发展是水资源管理的重要内容。由于水资源调配涉及农业灌溉、发电、防洪、生态环境、城乡生活和工业供水等诸多方面,涉及上下游、左右岸、干支流、地区之间、部门之间的利益,问题非常复杂。所以,只有借助科学高效的决策支持手段,才能加强水资源监测设施建设,实时掌握来水和用水动态,深化资源配置方案的研究,提高水资源预测预报能力,才能保证相关决策的科学性和精细化,增强水资源配置的合理性。

吸引利益共享者参与水资源管理的原则要求普遍提高政治家、水行业决策者、专业人员、感兴趣团体和公众对水管理的认识,并得到他们对水资源管理的支持。这就需要有透明的水资源信息,为他们提供及时准确的信息就是一个必备的先决条件。利益相关者在水资源一体化管理过程中共享水管理信息被公认为是最佳的管理方法之一。这是因为信息共享能够在合作伙伴中建立信心,并加强他们之间的合作;有利于提高公开性、透明度和人们对水资源一体化管理符合各方最大利益的信心;能够改善各个利益相关者的工作效率和效果,因为信息共享可使他们了解全局,不会因缺乏对其主要工作领域之外其他水资源综合管理要素的详细了解而受到阻碍。信息交流系统一方面可以解决不同用水类别和项目之间的机会成本问题及折中方案,另一方面可解决社会投资问题。为了鼓励利益共享者参与水资源管理,而且为了使参与程序更为有效,应向利益相关者公布水资源和水供求的官方调查结果与总量数据、最新的用水及排污排放记录、水权以及水权受益者和相应的分水量,让利益相关者完全获得所需的信息。保证信息的公开透明才能达到公平与公正。信息的开放和共享是达到水资源一体化管理的关键。

综上所述,要对水资源进行一体化、定量化、精细化、科学化管理,就必须有足够全面的、与时俱进的、准确无误的涉水信息保障。加强水资源信息保障建设,包括水资源与水环境信息的采集、传输、存储、处理和利用,对重点用水户进行实时监控,对水资源开发利用进行有效和及时评价,对总量进行控制、进行定额管理以及水权分配,提高水资源与水环境信息的应用水平和共享程度,才能为社会经济发展打下良好的基础。

水资源与水环境监测方面的信息保障是指能充分利用现代信息技术开发和利用所有涉水信息,以全面提高水资源管理的效能和效益。这就需要采用现代化的计算机网络技术,建立水资源信息管理系统,为水资源管理部门及利益共享者提供全方位的信息服务。

(1)所谓足够全面的涉水信息,是指不仅包括所有必要的主体信息,即通常所说的"水资源的量与质",如气候和水文数据,"地表水"、"地下水"、"回归水"、"外来水"、"过境水"的水量与水质等信息,而且包括"水需求",水需求不仅是指"生活饮用供水","水力发电"、"灌溉与排水"、"水产养殖"、"各种工业供水"、"水运发展"等方面的信息,还要包括"生态环境"、"自然环境"、"生物多样性"、"生物产量"等信息,水利基础设施系统运行数据,包括水库、引水渠、地下水取水系统等;取水许可证的信息,包括准确的取水位置、允许抽取的水量、取水许可条件、取水目的等;各个取水许可证的实际取水量信息(包括取水时间);向水体排污的许可证信息,包括准确的排污位置、排污水质、排污许可条件、排放目的等;各个排污许可证实际排放信息,包括污染物的性质、数量、对受纳水体的影响等。此外,"气候变化"、"土地资源"、"社会经济发展"等信息也是必不可少的。信息取决于水资源一体化管理的方向,成单元的系统信息是最好的。虽然其中许多信息是行政管理信息,但是将这些信息与水文信息相结合很重要,因为它们可能会影响到对水文数据的理解及其对基本水文系统的解释。

(2)所谓与时俱进的涉水信息,是指时间序列。从时间角度来看,信息系统由三个时间段组成:回溯信息、现在信息和未来信息。回溯序列的长度取决于指定管理任务和分析结果。在信息系统中,水文和气象资料建议包括已有观测序列的整个长度。因为对解决预报任务、循环周期评估、极端现象的概率等问题,观测序列越长就越可靠。对土地状态、植被覆盖和土壤肥沃度的长序列观测也很重要,但是考虑到这些物体指数变化性质比较平缓,在信息系统中,如果观测序列足够长的话,它们可以不按每年的数据保存,如按照5年甚至10年的数据保存。社会经济指标最好是按照最低限度保存,在最近25~30年,因为在经济上回溯序列的长度决定了社会经济分析和预报可靠性。考虑到水利工程完成时间较长,其未来效益的评估应该建立在过去序列的基础上,因此序列长度至少要超过预报期限的1.5~2.0倍。现在信息是指当前各标的物状态,通过实测等方式获得。未来信息是指未来各标的物的发展变化,以及社会经济发展规划的要求,通过预测预报和分析评估获得。

(3)所谓准确无误的涉水信息,是指信息的可靠性,上述这些信息应该是经过验证的,具有一定保证率的可靠信息。

把这些信息做成单元系统,在该系统中,信息数据按照专题分类组成大的系统单元输入计算机,建立水资源信息管理系统。这样,如果是整个流域(或一个国家)的水资源信息,这个系统就是整个流域(或一个国家)的水资源信息管理系统。这样的水资源信息管理系统建成后,对整个流域(或国家)的水资源管理决策来说是极其重要的,一方面该系统可供所有感兴趣各方查询所需要的信息,提供水情、水质信息查询服务;另一方面为管理机构采取决策措施提供依据。利用该系统具有以下优势:①通过提高水资源开发利用科学决策水平,更有效地减轻水旱灾害的损失;②更科学地调度水资源;③更合理地开发水资源;④更充分地发挥水利工程的效益;⑤更快捷地提高管理人员的素质。

可喜的是,这几年随着水资源一体化管理的深入发展,绝大多数对水管理系统的研究都强烈主张实行数据共享。已经有40个国家(主要为欧洲和中亚国家)和欧洲共同体签署了《奥胡斯公约》(即《联合国欧洲经济委员会(UNECE)有关获取信息,公众参与决策和诉诸法律的环境问题公约》),41个国家批准了该公约。这个公约授予了公众针对政府就地方、国家和跨界环境事务所做的决策过程获取信息、参与和付诸法律的权利。它强调公众和政府之间的相互沟通。世界银行和亚洲开发银行都在大力推动环境监测方面的数据共享,欧盟对此提出了相关要求。中亚各国已经把建立水资源管理信息系统作为大事来抓,并研制出一些水资源信息管理系统,且在水资源一体化管理的示范试验中得到广泛应用。

# 3.8　合理用水和节约用水原则

合理用水和节约用水是在可持续发展理念的指导下,统筹考虑社会、经济、生态环境的协调发展及其对水资源的要求,水资源开发利用对可持续发展的影响,统一进行地表水与地下水、水质与水量、局部与全局、近期利益与长远利益、环境退化与改善相结合的水资源一体化管理的重要原则之一。合理用水和节约用水对世界所有国家来说都具有重要的现实意义和深远的影响,对水资源比较贫乏的国家和地区更是必然的选择。若能全面做到合理用水和节约用水,将意味着水资源管理和利用已进入了一个动态的、多目标的、集成化的发展阶段。合理、高效、可持续的水资源开发利用与一体化管理已成为全球大多数国家的共识。所以,全球许多国家都已颁布了合理用水和节约用水的法律法规,研制出了许多行之有效的节水技术与工艺,特别是以色列、德国、美国、日本、英国、印度等非常重视节水技术和设备的开发、节水器具的改进与提高、旧设备和旧工艺的改造等方面的科学技术的应用研究,依靠科技进一步提高了城乡节水工作的效率。

无论是公益用水领域还是经济各部门的用水,都要按照合理用水和节约用水的原则,尽一切可能节约用水,提高用水的潜在效率。合理用水和节约用水的根本目的是提高城乡的合理用水水平,减少新水的取用和不必要的排放;提高人民群众生活的用水质量,切实保护人类赖以生存的水资源环境;在全社会真正形成一个水资源可持续利用的良好环境,造福人类,造福子孙后代。只有将节约机制引入水资源保护、开发和合理利用中来,将法律法规约束和经济手段相结合,充分利用价格杠杆抑制和杜绝浪费、自律和他律同时作用于合理用水和节约用水的管理,逐步步入合理用水和节约用水的轨道,形成良性循环,才能使合理用水和节约用水事业的发展取得决定性的成果,使人们真正认识到合理用水的必要性、节约用水的重要性、浪费水的危害性、破坏水的危险性、缺水的严重性,并以此来调动人们保护水资源,维护水秩序,爱护水环境的积极性。增强人们科学用水、合理用水、节约用水的自觉性。

合理用水和节约用水包括以下几个方面:

(1)在水资源的开发上,力求防洪与抗旱并举。要充分考虑流域和区域的水源条件,采用技术上可行、经济上合理、环境上无害和社会政治上可接受的措施和手段对水资源的数量、质量进行调节和控制。除在河流上、中游修建水资源调蓄工程外,汛期尽可能把雨洪水拦蓄在上、中游流域,而在下游流域则采取措施把水回灌到地下,设法抬高地下水位,减少直接入海的排放,把洪水变成旱季可用的资源,努力加强水资源的季度调节、年度调节和多年调节,维持水资源的可持续开发。

(2)在水资源的利用上,减少当前和未来的用水量。节约水资源,保证社会发展、经济建设和生态环境的用水需求,要充分考虑一水多用和重复使用的可能性,使各产业部门的用水结构合理化,高效、合理地利用有限的水量;根据国民经济发展与水源条件及开发利用程度,利用工程措施与非工程措施,建立合理、高效和可持续发展的水资源利用技术与模式,如地表水、地下水联合调度、污水资源化等;利用先进的技术、设施与手段提高水资源的利用效率;调整地区间的用水差异,避免用水不公及其他与用水相关的社会问题,为社会和谐、经济发展和环境改善服务。

(3)在水资源的配置上,从流域全局出发,实行水资源总量控制和定额管理。除公益用水和生态用水优先保障外,根据流域内经济部门的可用水量来调整产业结构和生产力布局。服从国民经济总收益最大的原则,对国民经济各部门实行平等竞争用水,即原则上哪个部门用水效益最大,就把可用水量配置给哪个部门,以此来建立最优化的社会生产力布局和产业结构,使得社会生产力和产业结构的发展与水资源条件相适应,实现以水定生产、以水定规模、以水定经济结构和生产力布局。

(4)在水资源的管理上,应当加强对节约用水的管理,厉行节约用水,促进节水事业的发展。第一,要加强节水宣传和教育,普及节水科学知识,增强全民节水意识,制定节约用水的奖惩措施。第二,应当设立节约用水科技发展基金,专门用于节约用水技术的研究,节约用水设备、设施、器具的研制和开发,以及节约用水先进技术的推广应用,淘汰落后的旧工艺和旧设备,提高节约用水的科学技术水平。第三,流域主管部门应当根据不同时期供水平衡的要求和流域可用水量的监测数据,在当年年底前核定并下达各用水单位下一年的年度和月度用水计划指标,用水计划指标的执行情况按月考核,严格限额供水。第四,做好水的循环利用工作。在用水单位水的重复利用率、用水单耗达到规定的行业指标的情况下,因生产经营发展需要合理增加用水计划指标的,经用水主管部门批准,并按规定交纳增容费后,可以增加用水计划指标。第五,采用先进的用水付费系统,制定奖励性的分级计费以及对超标用水进行罚款制裁的管理规定,即按照行业先进标准,制定单位用水量的标准定额,对低于单位用水标准定额的按照低一级的收费标准计算水费,而对于超过单位用水标准定额的按照高一级的收费标准计算水费或者对超标部分加倍收费。

(5)在水资源的保护上,要保护好水环境,维护河流生态平衡。即需水和用水的调节应在保证自然生态环境良性发展的基础上进行,有效利用水闸对河道径流的调节功能,最大限度地发挥现有水利工程在防洪、防污调度中的作用;维持河流的生态基流,严防河流断流,防止水源区的生态退化和劣变;严禁把各种污水直接排入河流,把河流变成下水道,依据河流水环境容量对水域实施纳污总量控制;避免地下水过度开采和地下水污染。人类的经济活动应该限制在流域水资源承载能力和生态平衡的范围之内。

(6)在水资源的节约上,发展节水型工业和农业,建设节水型社会。做好各种工业生产用水的回收利用工作,重复利用工业内部已使用过的水(包括再生水),即一水多次循环,反复利用,减少排水量,严禁溢流;加强供水管道的检漏工作,避免城市供水的不必要损失;推广应用节水型家用设备和器具,减少城乡居民生活用水量;应用完善的农业节水灌溉技术和工艺,减少农田灌溉用水和非生产性用水;在所有用水领域推广应用先进的节水技术、设备、设施、器具和工艺等。

从国内外的合理用水和节约用水实践来看,尽管各国制定了名目繁多的法规,这其中尤以我国为多,我国从国家到各有关部委再到地方政府制定了大量的节水和合理用水法规,然而通过仔细研读这些法规,发现尚有不够完善的地方,例如缺少各个地区和各个行业的用水标准定额或标准定额过高。为此,建议根据不同行业的特点,制定或重新审定各个行业的用水标准定额。众所周知,按照世界先进水平现有的用水定额都大大超标,正是这些过高的用水定额导致很大的用水损失和排水负荷。应该重新审定这些指标,给完成这些指标的用水户提供减免水税费的优惠,对超过用水指标的用水户提高用水税费的征收等级或处以罚款。

总之,合理用水和节约用水在水资源的开发、利用、配置、管理、保护和节约等各个方面必须实行统筹规划,把用水问题,特别是把节水工作纳入社会经济发展规划,建立一体化的水资源规划、开发、利用、管理与保护体系、决策机制与技术手段,特别是合理调整城乡供水价格,采用先进的用水付费机制,认真贯彻开源节流并重方针,加强节水的科学管理,全面开展节水工作,建设节水型社会。通过多种途径开辟水源,加强污废水处理,搞好污废水回用,保障水资源的可持续利用,让每一滴水发挥出最大的社会经济效益。

综上所述,上述 8 项原则是一个不可分割的整体,它们构成了一个完整的水资源一体化管理系统。通过各种经济手段、法规标准和行为规范,采取合理而有效的措施,按照这 8 项原则在流域范围内实施水资源一体化管理,其实质就是要在保障水资源可持续利用的基础上,实现水资源综合开发、优化配置、高效利用和有效保护的科学组合和最佳的社会、经济和生态环境综合效益,统筹安排好生活、生产、生态三者的用水,保证社会、经济、生态环境与水资源的协调发展,更好地服务于国民经济各类产业和各个领域,为国民经济和社会发展的各项目标和任务提供支撑和保障。同时让水资源管理进入一个全新的、动态的、多目标的、集成化的发展阶段。

## 参 考 文 献

[1] В. А. Духовный, В. И. Соколов, Х. Мантритилаке. Интегрированное управлениеводными ресурсами:от теории к реалвной практике——опыт пентралвной азии. http://www.cawater-info. net/library/rus/iwrm/iwrm_monograph_part_5. pdf.

[2] 谢新民,蒋云钟,闫继军. 流域水资源实时监控管理系统研究. http://www.zstpc.org/P0_analecta View1. do? analectaID = 120.

[3] 董哲仁. 莱茵河:治理保护与国际合作[M]. 郑州:黄河水利出版社,2005.

[4] 郑兵,綦海云. 浅谈公众参与在加强水资源管理中的作用. http://www.bzwater.gov.cn/Article_ Show. asp? ArticleID = 3027.

[5] 中国水资源优化配置研究的进展与展望. http://www.lunwentianxia.com/product.free.9209081.1/.

[6] 王浩. 我国水资源合理配置的现状和未来. http://www.hwcc.com.cn 20070731.

[7] 发展循环经济,建设节约型社会. 国外节水经验印度独特的节水之道. http://www.pds.cn/Html/ city_intro/zhuanti/loopeco/tbbd/89779. html.

[8] 中国环境与发展国际合作委员会综合管理课题组. 推进流域综合管理 重建中国生命之河. 2004-10-29.

[9] 全球过半大河"喊渴",警惕未来"水战争". http://www.tahe.gov.cn/zhuanti/sf/sf4. asp.

# 4 水资源一体化管理规划

水资源一体化管理规划是为了合理开发、利用、配置、保护和管理水资源,防止水旱灾害而制订的中长期发展计划。编制水资源一体化管理规划的过程实际上是对未来水资源管理进行决策的过程。规划成果是水资源管理决策的结果,水资源一体化管理规划一经批准,即具有准法规的地位,是各级政府从事水资源开发、利用、配置、保护和管理的纲领性政策指导文件和基本依据。因此,对未来的社会经济发展和生态环境保护具有极为重要的意义。

## 4.1 水资源一体化管理规划概述

与传统的水资源规划不同的是,水资源一体化管理规划以流域为单元,即便是全国性的水资源管理规划,也是在各流域水资源一体化管理规划的基础上进行的。水资源一体化管理规划注重统筹兼顾,即统筹考虑社会、经济和生态环境的用水需求,保证水的需求与供给平衡;依据水资源承载能力和水环境承载能力,注重需水管理,追求社会、经济和生态环境的综合效益,必须达到可持续发展的目标要求。

流域水资源规划是在正确评估和分析流域现状的基础上进行的,即流域内社会经济发展现状、流域的特征、水量现状、水质现状、被保护区域现状、人类活动影响流域水资源状况、现有法规的效果等。规划必须包括所有以上分析的结果,根据这些方面的分析结果,制定社会经济发展目标,用数学模型研究各种预案,提出保证水资源开发利用的总布局和实施方案,促进社会和经济向前发展。流域水资源一体化管理规划除上述评估和分析社会经济发展现状外,还要正确评估和分析生态环境的现状,考虑生态环境的用水因素、应对气候变化的因素和技术进步的因素,在提出社会经济发展目标的同时,要制定修复生态环境或保持生态平衡的措施和应对气候变化的措施,提出保证水资源优化配置、高效利用和有效保护的实施方案,促进社会经济和生态环境的协调发展,以水资源的可持续利用支撑社会经济的可持续发展。另外,必须对流域内的用水进行经济分析,这将使人们对可能采取的各种措施的成本效益进行合理讨论。所有利益相关者都应积极参加规划编制的整个过程,在规划的准备阶段和编制阶段,要多次召开研讨会和协调会,让他们充分表达自己的意见和索求。同时,应该利用各种与社会公众交流沟通的工具(如网站、报告会、热线服务、社区信息服务),公开而广泛地征求各个部门、企事业单位和个人、非政府组织、社会公众的意见和建议,而不是像传统水资源规划那样,只有水利部门自己编制规划(闭门造车),外人不得参加,也很少有征求意见和建议的程序。编制水资源一体化管理规划是公开的,严格杜绝闭门造车的情况。

编制水资源一体化管理规划的过程大致可划分为三个阶段,即准备阶段、研制阶段和审批阶段。

（1）规划的准备阶段。在准备阶段一般应做好以下主要工作：

①规划的启动。向上级主管部门宣传编制水资源一体化管理规划的重要性和必要性，制定编制该规划的预算，寻觅赞助商，筹集或申请专项资金等。

②成立领导小组。以中亚国家为例，中亚各国成立了水资源一体化管理国家协调和支持小组，小组组长由政府首脑（副总理或副首相）兼任，水主管部门主要负责人任副组长，成员包括涉水部门的主要负责人，即工业、农业、环境保护、自然资源利用与保护等部门负责人。

③成立由各部门的专家组成的规划工作团队。

④收集相关资料。即收集水资源一体化管理规划所需要的各学科的数据，包括水资源、社会经济和生态环境的信息，进行水资源开发和利用现状的分析与评价，与水资源开发有关的经济、社会和生态环境问题的分析与评价，规划未来水的需求量和供给量，明确水资源管理存在的问题和挑战。

（2）规划的研制阶段。在研制阶段应做好以下主要工作：

①利用水资源数学模型研究各种管理方案，通过情景定制和分析来评估水资源供给与需求的关系，明确水资源一体化管理各种方案所能达到的战略目标，必须保证在人类社会经济发展的用水需求与维持生态环境稳定之间达到平衡，制订总体布局和实施方案，其要点是达到水资源可持续利用的目标。

②初步协调，召开有多方利益相关者参加的研讨会，以建立战略目标的共识。

③规划的编制，一般由各部门的专家编写，内容包括愿景和目标的陈述、组织措施（体制、机制的变革）、方针政策的制定、具体行动（工程措施和非工程措施）和步骤等，形成各部门单项规划的初稿。

④再次协调，召开规划工作团队全体成员会议，交流各部门单项规划的初稿，协调规划的内容，进行情景分析，形成水资源一体化管理总规划的框架，并且根据各方协调商定的意见和建议进行总规划的修改；召开领导小组全体成员会议，就总规划的内容在领导层进行协调并达成共识，形成水资源一体化管理总规划的初稿。

⑤把总规划的初稿散发给所有利益相关者，解释和说明利益相关者的疑问，征求所有利益相关者的意见和建议，吸取合理化建议，对总规划进行修改。

⑥最终协调，召开规划工作团队全体成员会议，协商确定总规划修改内容并进行修改，形成总规划的修改稿，召开领导小组全体成员会议，确认总规划的修改稿，最终形成水资源一体化管理规划文件。

（3）规划的审批阶段。通过前面的各项步骤、研究活动、领导小组和规划工作团队的研讨决定以及相关技术部门的投入而编制出的水资源一体化管理规划由领导小组向政府申报，并请政府对水资源一体化管理规划进行审查、验收和认可，而后正式批准生效，作为今后一段时期水资源管理必须遵照执行的战略指导文件和基本依据。

在规划的实施过程中要进行监测与评估，及时向利益相关者反馈信息，并为下一轮的规划制定提供依据。

水资源一体化管理规划的基本过程参见全球水伙伴绘制的图示（见图4-1）。图4-1中还显示了需要根据对规划实施情况的监测与评估结果定期修订水资源一体化管理规划。

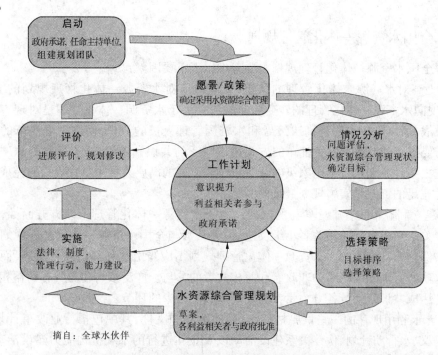

摘自：全球水伙伴

**图 4-1　编制水资源一体化管理规划的基本过程**

与传统的水资源规划相比，水资源一体化管理规划更加具有战略性。水资源一体化战略规划和传统规划之间的差异见表4-1。

**表 4-1　水资源一体化战略规划与传统规划的差异**

| 传统规划（"计划"方式） | 战略规划（"过程"方式） |
| --- | --- |
| 1.一般基于当前已知的问题 | 1.往往更具有预见性和预防性 |
| 2.假设行业/子行业将不断发展来满足预测的需求（按照目标制定计划） | 2.以适应不断变化的外部环境和内部行业/子行业的能力为目标（前瞻性） |
| 3.侧重于主要由政府机构负责的工作活动 | 3.侧重于政府、私营与合作组织的目标与成果 |
| 4.往往以部门为基础，既不统一也不全面（各部门编制自己的规划） | 4.着眼于综合性和整体性（综合所有规划） |
| 5.注重工程措施 | 5.均衡地采用工程措施和非工程措施 |
| 6.往往由部门的规划单位编制规划（不公开和自上而下） | 6.政府、非政府和公众通过公开对话来制定目标和选择行动（参与式且自下而上） |
| 7.往往设置固定的时间表和目标（刚性的） | 7.为动态的、反复进行的过程（灵活的） |
| 8.常常不能解决跨部门跨地区的问题 | 8.强调交流、合作、协作和反馈 |
| 9.往往重复过去的规划模式 | 9.加强团队合作（伙伴关系）并提供新的学习机会 |
| 10.生成数据和正式的统计记录而不是解释和评价信息 | 10.要求提供信息，进行监测和评价并报告执行情况，以使反复进行的战略规划最终可获得预期效果 |

### 4.1.1 全国水资源一体化管理规划

开展全国水资源一体化管理规划需要考虑以下重要因素：

（1）提高对水资源一体化管理的认识，争取政府对水资源一体化管理规划的支持。然而，实现向水资源一体化管理的转变并非易事。由于水资源一体化管理是对现有工作方式的挑战，所以第一步要提高决策者和水资源管理人员的认识，使之理解变革的必要性。对需要进行的改革及实行变革的方式达成广泛的共识和谅解，是实行水资源一体化管理的先决条件。确定一个国家级的牵头单位或重要的高层人员来负责规划的完成并且为其提供充足的资源是实施规划最重要的第一步。

（2）建立利益相关者广泛参与的框架。由于水资源一体化管理牵涉方方面面，所以建立伙伴关系和多方利益相关者小组及论坛，为其参与全国水资源一体化管理规划的编制创造条件是非常重要的。水资源一体化管理规划不应当由水利部门独自完成，而是需要有水行业所有重要的政府和非政府利益相关者的参与。广泛参与和与所有利益相关者的沟通是达成共识和动员各方力量参与规划的必不可少的环节。

（3）善于利用现存的一些重要材料、有用的活动和文件，其中包括行业改革计划、法律改革建议、水行动计划、伙伴关系建设活动以及正在进行的水利机构能力建设活动等。这些相关的文件、活动或过程对水资源一体化管理规划过程大有裨益。

（4）确定水资源管理面临的问题及挑战应分析其轻重缓急，并在利益相关者之间建立共识。最终目标是在人类生计和发展的需求与水资源可持续利用之间达到平衡。

（5）确定为解决重点问题需要开展哪些水资源管理工作，可以包括制定跨界水域的国际合作政策、水量分配和污水排放许可、水资源评价、监测、执法、调解冲突、培训以及提供信息等。

（6）根据解决主要的水资源问题所需要开展的工作，确定各级（中央、地方和社区）的管理潜力和制约因素。

（7）编制水资源一体化管理框架战略和规划，其内容要包括完善政策、法律和投资机制（即水资源管理的制度框架）的具体行动与步骤，还应包括机构的作用、水资源管理机构的能力以及它们所要使用的管理方法等。对于供水和卫生服务，还要为平衡公共与私营部门的参与、相应地修改监管框架以及确定融资和税费方案提出指导性意见。

（8）确保在政府最高层面上通过水资源一体化管理规划。水资源一体化管理规划通常要提出远远超出单一部门职责范围的行动建议，并可能会建议对中央政府机构进行改革。因此，在可以实现部际协作的层面上通过水资源一体化管理规划是很有必要的。

（9）启动能力建设。一旦设计出水资源一体化管理框架，就可以确定现有机构内部能力建设的优先领域。应把编制规划的过程本身视为在实践中学习的能力建设过程。虽然可能需要聘请外部专家提供帮助，但是应充分利用本地专家。

（10）规划项目的执行方案和融资战略。规划制定以后要迅速执行才能发挥作用。应当在对水务服务进行改革的同时，在体制结构、人力资源开发、知识开发和适用管理手段应用能力建设方面执行所规划的变革。规划还会影响到预算和法律，应在有关报告中提出需要进行的改革和可能需要的费用。应当为预算的分配或调整提供根据,并考虑需要由外部资助机构和捐助机构提供的支持。

将水体评价体系作为水资源一体化管理规划过程的一个组成部分,其目的是定量客观地描述现有河流系统哪里出现了问题,以及可以采取何种可行的纠正错误的措施。水体评价体系也为评价水资源一体化管理规划的影响提供了一个框架,并且为判断措施方案实现其目标的情况提供了一种手段。

任何水资源一体化管理的过程都必须有明确的目标,即通过水资源一体化管理将要取得的结果通常涉及环境(良好的河流生态质量)、水量管理(如在不破坏环境的情况下有效和高效地利用水资源)、满足水需求等。所有目标都可以量化,因此需要进行事先评估,以确定水资源一体化管理规划所需的措施以及衡量规划实施是否成功的方法。

水资源一体化管理规划的监测与评估是一项重要的工作。应当指出的是,大多数国家的水行业都开展了许多规划活动。这些规划的实施往往是分散而不系统的。然而,规划的监测与评估工作开展得却很少。所有的规划都应当定期审核,以便为规划的管理提供反馈。

## 4.1.2 水资源一体化管理规划中的气候变化问题

在水资源一体化管理规划中特别提出应对气候变化问题,因为这是近年来新提出的课题。在传统水资源规划和其他类似的规划中,从未考虑过这种情况。根据专家们研究气候变化对水资源分布的影响的结果,气候变化对水资源分布的影响趋势是,水多的流域水会越来越多,而水少的流域水则越来越少。这样,在水资源一体化管理规划中就必须要考虑水资源的这种变化趋势,提出相应对策。然而,目前尚没有研究出切实可行的方案,唯一可行的是增加应对水旱灾害的"安全系数",制定预防措施。这是用水资源一体化管理作为应对气候变化工具的主要论点。所以,在编制水资源一体化管理规划过程中,应考虑以下内容:

(1)在规划准备阶段,就要提出气候变化对水资源的影响问题,应作为主要论点之一提出来;收集气候变化对水资源影响的信息并进行影响分析,这有利于决策者推进需求管理策略,否则这些策略可能在政治上很难实施。

(2)在规划编制阶段,应对气候变化的措施是附加因素,需要提出适应措施。建议在水资源一体化管理过程中应减少适应措施对减灾目标的负面影响,可引入预期或"预防"方式,作为水资源一体化管理策略的基础。

(3)在水资源一体化管理规划实施期间,用各项指标衡量结果,评估规划中提出的适应措施是否有效,并提出改进的建议。

## 4.1.3 地方水资源一体化管理规划

地方级水资源一体化管理应该是按照水文边界划定的区域开展规划工作。单纯以行政区为基础开展水资源规划会出现很多问题。水资源一体化管理的基本原则之一是在水文边界基础上进行规划。

流域水资源一体化管理规划与前面所述的国家级规划类似,只是存在管理级别上的差异。应该指出的是,流域级水资源一体化管理规划是全国水资源一体化管理规划的基础。编制流域级规划应该采用类似于编制国家级规划的模式,否则全国规划也得不到好的效果,尤其是在地方上正在积极实行水需求管理之类的措施情况下更是如此。从中亚"费尔干纳盆地水资源一体化管理"示范试验的结果来看,水资源一体化管理可以应用于任何特定的大小渠道或河流流域,与实际或预期的水资源压力是否严重、水量多少、水质好坏等问题无关,经常是在问题或困难很普遍的地方才采用水资源一体化管理的方法。

### 4.1.4 水资源一体化管理规划实施过程中的评估和监测

对水资源一体化管理规划执行情况进行监测与评估是非常重要的,需要在规划中作出安排。世界上普遍认为需要保持规划的"开放性",即随着外部条件发生变化,在实施规划的过程中出现了问题或发现规划的某些方面比预期的更为成功,而对规划进行定期审查和更新。为了密切关注这些变化或问题,需要认真地对反映规划的执行情况及成功与否的关键指标进行监测。

为了有效地开展规划的审查,重要的是为规划执行情况的监测与评估制定一套深思熟虑的策略,需要事先确定监测参数,并且制订一个适当的数据收集计划来为规划审查及时提供准确、可靠的数据。

数据收集计划可包括水资源一体化管理规划的各项内容的执行情况和规划措施的影响指标。

采用何种指标反映规划各项内容的执行情况显然要取决于这些内容的性质。对于工程措施,可以采用承包的合同数目或资金支付额。对于改变土地利用方式以保持水土和减少暴雨径流之类的措施,可以采用接受了相关财政补贴的家庭数目作为监测指标,也可采用实施了土地管理措施流域的泥沙含量测量值作为监测指标。

一旦就规划执行监测指标达成了一致意见,则重要的是建立一套完整的数据收集系统,以提供便于清晰判断指标的数据。这些数据需要足够详细并及时提供,以便评价规划活动产生的影响和效果,确保各项工作按照计划进行,以实现规划的总体目标。

更重要的是要详细考虑规划的监测体系并列入规划,从而为衡量规划的影响和效力提供适用数据。为此,在规划中应将"监测与评估"列为单独的一项内容。

应当按照商定的报告计划提交规划执行监测报告,并免费提供给利益相关者。通常采用年度报告的形式,在报告中要总结所采取的措施,对比规划目标来衡量实际进展,利用规划的监测与评估给出的关键指标来反映规划的效果。

综上所述,一份完善的水资源一体化管理规划需要建立领导小组和编制规划的团队,筹集必要的资金;以水文地理单元(流域)为基础来开展规划工作。首先,要全面收集流域水资源、社会经济和生态环境的资料并以透明的方式进行分析评估,设置明确的长远目标和近期目标;其次,要吸引利益相关者参与水资源一体化管理规划的全过程,与利益相关者协商确定规划内容;再次,要采用综合性的水资源开发和管理方案(包括工程性措施和非工程性措施);最后,确定各种管理指标和要求,各方协商一致的水资源一体化管理规划要得到政府的批准和确认。作为水资源管理文件,规划应力求易于被利益相关者所理解和接受,使得他们愿意自觉地执行规划,或者把规划作为自己的行为规范。在规划执行期间进行必要的监测和评估工作,并且用监测结果进行规划的评价,定期进行审核、修订或更新,以适应条件的变化。

# 4.2 水资源评价

## 4.2.1 水资源知识库

制定水资源一体化管理规划首先要做好水资源的调查评估工作。水资源调查评估的主要目的有三个:一是摸清水资源的量与质及其在人类活动影响下的发展变化情况及动态趋势。二是确定水资源可供利用的量与质。只有准确掌握水资源的量与质以及变动趋势,才能为合理开发、利用、管理、保护水资源提供科学的决策依据。三是建立水资源知识库。建立知识库的目的是对规划和监测以及与其他利益相关者协调所需的水资源信息进行汇编。

水资源一体化管理的信息管理应包括:

(1)提供基本的水文数据,如降水和其他气象数据、河流流量、河流水位和水质、地下水位和水质、水库水位和泄水量等;

(2)为进一步了解流域的水文系统而提供信息;

(3)为了解水资源利用的模式及由人类活动导致的天然水流系统变化而提供信息;

(4)协助预测未来可能的河流流态或可利用水量,为实时水管理决策提供依据;

(5)监测水管理活动对流域及地下水体的影响;

(6)为利益相关者参与水管理过程提供相关信息;

(7)对水资源一体化管理规划的实施情况进行监测,根据监测结果对规划的影响和修改问题进行讨论,改善未来的规划实施效果。

在许多国家,完善的水资源知识库所需要包括的资料数据来自于不同的机构,通常都是政府部门。这就常常带来如何解决数据共享以及数据之间矛盾的问题。水资源一体化管理的一个重要方面是建立利益相关者协商参与程序,以解决这些问题。

## 4.2.2 水资源的量与质的评价

河流水量的一个独特问题是径流的多变性,河流缺水可能是取水过度造成的,但也可能是发生干旱造成的。在这种情况下,也许需要开展数年的监测工作,才能对河流系统的状况进行准确的评价。

传统的水量评估包括水汽输送、降水、蒸发、地表水资源、地下水资源和水资源总量评估。地表水资源量是占自然可再生水资源的主要部分,地表水量是在河流系统的关键位置布置的水文站进行流量测量和统计计算的,一般应计算入海、出境、入境的水量和可利用水量,同时进行时空分布特性和人类活动对河川径流的影响的分析,并且将河流流量与需要的环境流量相比较。定量计算需要的环境流量对水量评价大有帮助。环境流量是河流维持栖息地所需的最小流量,在常年水道通常设置在大约95%的水平上(在自然条件下,约95%时间的流量超过此流量),但也可以通过栖息地评价或者模拟更具体地确定河段的低流量,从而确定在河流水位下降过程中开始对栖息地产生实际影响的水位。对于地下水,关键问题是地下水位与含水层特征的关系。地下水量评价需要考虑的因素包括补给特性、地下水侧向运动、与河流的关系以及取水量等。进行地下水资源的评价需要充分了解含水层的类型、范围和性质,以提高评价的可靠性。地下水量包括计算补给量、排泄量和可开采量。流域内水资源总量的计算应在地表水量和地下水量的基础上进行,主要包括降水、地表水、地下水关系的分析,总量计算应扣除地表水和地下水的重复计算部分,然后计算可用水量。随着现代污水处理技术的发展,污水处理量大大增加,因此在流域水资源总量中也要计算污水处理量和可回用水量。

传统的水质评估包括天然水的浑浊度(含沙量)、天然水的化学特征和水污染状况的评价。天然水的浑浊度分析计算主要是河流输沙量、含沙量及其时程分布和地区分布。天然水的化学特征分析主要是天然水的化学类型及地区分布、化学成分的年内与年际变化、河流离子径流量、离子径流量模数及地区分布。水污染状况的评估包括污染源调查与评价、地表水质量评价、地表水污染负荷总量控制、地下水质量评价、水质量化趋势分析和预测、水污染危害及经济损失分析、不同水质的可供水量计算及其适用性的分析以及污水处理量和回用量的分析。

现在的问题是即便是在同一个流域内,水资源的量与质在时空分布上也很不均匀,因此水资源实时动态监测非常重要。只有掌握随时变化的水量供需信息,才能科学、准确地进行水资源的优化配置;只有掌握瞬时变化的水质信息,才能对环境质量进行动态评价和有效监督,才有可能应对水污染突发事件。而监测的内容既包括水量和水质等信息,也包括与水资源配置有关的用水信息。

水资源实时评估主要是指对某一时段的水资源数量、质量及其时空分布特征以及水资源开发利用状况等进行实时分析和评价,确定水资源及其开发利用形势和存在的问题等。

(1)水量实时评价。根据雨量、河川径流、地下水位、污水处理量和可回用量等实时监测资料等,通过与历史同期的对比分析,确定和评价水量及丰枯形势。

(2)水质实时评价。通常都要测定多个物理参数、化学参数和生物参数(如温度、pH值、总溶解固体、需氧量、含氮量和重金属含量等),并与相应水体类型允许的上限值进行比对。根据实测的河流、水库、引水渠的水质实时观测资料、地下水水质实时监测资料等,通过对不同的水污染类型(主要包括水体富营养化、泥沙污染、石油污染与废水污染及热污染和固体漂浮物污染等)的分析,并与历史同期进行对比,确定地表水和地下水的水质状况及污染态势。其主要评价内容包括:污染程度、范围及主要污染物,水质,重要河流污染负荷及削减量等。

(3)污水处理和回用的实时评价。随着人口的增长并向城市聚集,社会经济不断发展和生活水平的提高,工业和生活用水量不断增加,与之相应的污水排放量越来越大,这就要求建设更多的污水处理厂,提高污水处理能力。通过对污水处理量、处理率和处理效果的实时监测,确定和评价净化水的适用性与利用量,尽可能扩大净化水的利用范围,减少新鲜水的取用量。

(4)水资源开发利用实时评价。通过对各取水口取水量、开采机井抽水量和地下水水位等实时监测资料,对供用水量进行实时评价,通过与历史同期的对比分析,实时分析和评价各种水利工程的供水量、不同行业的实际用水量,供用水结构、节水水平,水资源开发利用程度以及流域内水资源进一步开发潜力,并实时圈定地下水的开采潜力区、采补平衡区和超采区等。

(5)生态评价。在水体生态状况的评价中通常要对水生物和底泥进行详细研究,如对底栖植物、水生植物和大型无脊椎动物进行抽样调查。然后,把观测数据与期望值进行比较而得到水体的健康指数。可以根据多个不同的采样方法计算该指数,以提供一个比较可靠的生态系统健康指数。这就需要研究确定特定物种的期望值。虽然生态抽样是确定水体状况的最佳途径,但是通常没有大量可靠的背景资料或完善的技术来对数据进行解释。这是一个正在成长的学科,许多监测机构正在进行大量研究以建立有效的生态监测系统。

(6)用水和需求预测评价。水资源开发利用率越高,正确了解用水的时间和空间变化就越重要。对于用水,既需要了解总用水量,也需要了解各种类别的用水量。水是从一个源头输送给最终"消费者"的。需要了解未消耗的水量并估计或判断其最终去向。此外,还需要知道实际消耗并从整个水系统中"损失"掉的水量。对这些数据往往是知之甚少,需要更加努力地纠正这种情况。这些信息是任何水需求管理计划都必不可少的。掌握的资料越多,水需求管理计划的设计就会越完善,获得成效的可能性就越大。对于所有的水资源规划来说,需求预测都是一个不可或缺的要素。需求预测要根据当前用水数据、需求管理计划以及对人口变化、经济发展以及灌溉农业发展的预测进行。

(7)其他评价。还可能有若干其他水管理问题对流域管理评价产生重要影响。比如:洪水风险(涉及不同量级与历时的洪水发生概率及相关的灾害分析)、水涝和盐碱化对农业的影响以及地下水枯竭或水质恶化等。在这些问题比较严重的地方,应当根据其中一个或几个问题的现状指标对流域的状况进行评价。

## 4.2.3 水资源可利用量的计算

根据流域水资源的调查评估和实时监测资料,我们就可以计算出流域的可利用水量。可利用水量包括自然的和非自然的两部分。自然部分包括:一是河道内的最大可能外调水量,亦即在保证预留河道生态基流的情况下,河道内的最大可能外调水量;二是在维持采补平衡前提下的地下水可开采量以及当地的集雨水量等。非自然部分主要是指非常规的可利用水量,包括通过节水、水的循环使用、中水回用、海水淡化等获得的水量。

由于流域的自然条件不同,其可利用水量也不一样。对于中亚阿姆河和锡尔河以及大多数内陆河流域来说,其上游地区是产流区,下游地区是用水消耗区(我国的黄河也是如此)。在计算各国(省或州)的可利用水量时,过境水资源是当地可利用水量的重要组成部分。尤其是在水资源短缺的流域,产流区和非产流区的居民应该享有平等的基本生活用水权。因此,在计算流域水资源可利用量时,既要考虑产流区,又要考虑非产流区。由于地理交通原因,非产流区往往是经济比较发达、耗水量比较大的地区,对非产流区的用水保障要给予充分重视。非产流区水资源可利用量的确定要考虑多种因素:一是本地的地下水可开采量、集雨水量以及对过境水的需求;二是过境河段内生态基流的预留;三是过境区下游相关地区对过境水的需求和下游河道内的生态基流预留。要保证流域水资源可利用量上下游统筹兼顾,保障下游地区居民生活的用水权和不侵犯河流的生态基流。

计算流域和区域可利用水量时,除考虑产流区和非产流区因素外,还应考虑工程因素。许多产流区建设了大量的水资源调蓄工程。这些工程大多数是由国家(阿姆河和锡尔河上游水库大多数是苏联)兴建的。然而,在可利用水量计算中,上游国家(省或州)认为水库工程位于其境内,工程蓄水占用了其大量的土地,所以要求占有水库的调蓄水量;而下游国家则坚决反对这种观点,要求公平分享调蓄水量。从水资源归全流域(国家)所有和流域水资源一体化管理的理念出发,虽然在上游国家境内建立了调蓄水库,但他们不能完全拥有水库调蓄水量的全部水权,流域(国家)有权进行水资源的统一调度和配置,下游地区应该分享部分调蓄水量。

综上所述,要从全流域的角度对河流水文、水资源、入河排污口污染物等信息进行实时监测,根据监测数据进行综合评估流域内水量、水质、生态基流、水污染防治、污水处理的状态,结合流域内产流区和非产流区的实际情况,明确水库调蓄水量的分享原则,根据流域内各地区社会经济发展和生态环境的需要,综合评价流域内居民生活、工农业生产及生态环境的需水量,从生态、社会、经济可持续发展的角度,合理配置各地区的水量,明确水权所属,实现总量控制,限额管理,达到水资源和水环境的一体化管理。

### 4.2.4 水资源模型

水资源系统包括了影响水资源可利用量及其利用的全部流域特征。任何流域的水循环都是由降水和蒸发蒸腾所推动的(它们是主要的输入或驱动力),且受到水资源利用的强烈影响。天然流域的特征包括面积、地形、地质、土地利用、土壤、形状和河网等。

在水资源评价中,数学模型主要用于水资源管理和开发情景方案的评估,即模拟不同水资源管理或开发情景方案对流域各个部分的水资源可利用量的影响。通常模型的运用要与统计技术相结合,以对情景方案的影响进行定量分析,还可以开展其他形式的分析工作,比如经济分析。模型可以用于综合分析复杂的过程和相互作用,加深理解,提供其他方法所不具备的对情景方案影响的洞察力。

模型可以用容易被广大利益相关者理解的方式来确定问题和制约因素。应把模型视为决策支持系统(DSS)的一部分。

流域水资源模拟模型也可以用于确定需要增加监测活动的区域,并且可以用来测试模型结果对模型的输入或控制各个方面不确定性的敏感性。理解模型输入不确定性对所产生结果的影响,有助于对特定管理或发展战略的稳健性进行评价,并对评价与之相关的风险有所帮助,从而改进整个决策过程。

大多数水资源系统的模拟模型侧重于水量。尽管存在把主要的水量模块与"水质模块"相耦合的模型,水质问题仍然常常是单独进行模拟或分析。

最后,模拟模型常常被用做水资源分配规则及决策设计的辅助工具。

# 4.3 水需求管理

传统的水资源管理可以统称为供水管理,其主要的特征是根据工农业用水需求,建立大中型水利工程来实现水资源供需平衡,它为缓解甚至彻底解决水资源供需矛盾发挥了重要作用。随着水利工程不断兴建,工程难度愈来愈大,成本也不断增加,而且随着径流开发加大,带来了一系列的生态环境问题,水资源供需矛盾也不断加剧,完全依靠增加工程解决水资源问题已经成为不可能,运用综合手段缓解水资源供需矛盾成为一种必然。供水管理的最大缺陷是忽略了用水者节水的可能性,它将水资源供需矛盾的解决寄托在水源供给上,其结果是水资源浪费的增加和用水效率的低下。必须在水资源一体化管理的框架内把供水管理改为需水管理。水需求管理是水资源一体化管理的最重要方法之一。水需求管理是指通过法律、行政、经济、科技、教育等手段,控制用水总量、提高用水效率、培育节水文化,从而充分激发供水者及用水户的节水主动性,改变社会用水结构与方式,抑制水需求的过度膨胀,在经济布局、产业发展、结构调整中,把水资源要素作为重要的约束性、控制性、先导性指标,着力提高水资源利用效率和效益,最终实现水资源供需平衡及可持续利用的理念、方法及行为。在大多数情况下,水需求管理是以提高供水和用水效率为目的的,以水资源的可持续利用支撑经济社会的可持续发展。水需求管理是一个综合的管理行为,包括两方面内容:一方面是行政措施、经济手段、有利环境、直接技术和自我管理,强调水需求管理的执行能力和约束条件;另一方面是法律保障、技术支持和文化教育,强调水资源管理的社会背景与技术条件。它们之间紧密联系的体系共同构成了水需求管理的框架。

行政措施包括用水总量控制、配额、定额、许可证、公开信息、示范项目。

经济手段包括水价、污染费、水市场、转让、水银行。

有利环境包括体制和法规改革、公共事业改革、私有化、影响主要用水户的宏观经济及行业经济政策。

直接减少用水量的技术包括渠道衬砌、渗漏探测和维修、自来水厂现代化改造、循环用水、灌溉技术、新型作物等。

自我管理包括节水道德、文化的宣传教育、民主管理等。

水资源需求管理中最重要的行政措施就是利用总量控制、配额、定额、许可证、公开信息、示范项目这些管理工具。这些管理工具以流域的可用水量在各用水户和各行业之间合理配置水资源为基础。明确确定各用水户的用水定额,既是限制,也是向用水户提供了一种保障,即用水户能够获得公平的、经协商同意的可用水量份额。进而农民和其他用水户就可以计划以最佳方式来利用该部分水量,满足他们自身的需求。中亚各国采用用水配额和计划用水的方式(详见本书 6.3 节),被认为是一种较好的管理方式。

经济手段是一种激励措施,激励取用水户自动调节其取用水行为,从而实现水资源需求管理的目标。经济手段在水资源管理实践中起到了非常关键的作用。人们普遍认同通过收费来实现成本的全回收,但水的外部成本和机会成本远远超出了其直接成本(一般为 10 倍或者更多),但几乎不太可能实现这部分成本的全回收。从供水预测和供水工程的规划来说,必须考虑供水成本、水价和一定水价下的销路。如果供水成本较高、用户难以承受较高的水价,就可能出现供水没有销路的问题。"引黄济青"工程就是一例。由于引黄供水成本太高,青岛市一般情况下不愿用引黄工程来供水。这说明该工程在经济上是不合理的。从水资源需求预测来说,必须考虑水价对水资源需求的影响。水价不仅会影响用水定额,也会影响用水户的规模。较高的水价必然会抑制高耗水的用户的发展。从短期来看,最好是通过水资源费来收回水资源管理成本,通过灌溉服务费来收回灌溉的运行及维护成本,通过向生活和工业用水户征收水费来收回全部供水成本。

水需求管理的有利环境同水资源一体化管理一样,水资源一体化管理所要求的体制改革和法规建设同样适用于水需求管理,这里不再赘述。

水需求管理的支撑技术以水资源评价、规划、节约及保护的技术为主,辅以水量水质监测技术、水价制定技术及经济分析技术等,为水需求管理的决策制定及目标实现提供全方位、多来源的技术支撑。另外,由于气候变化对社会经济及生态系统的水需求影响日趋明显,气候变化影响分析与应对也是水需求管理中的重要内容。水需求管理的方法及技术体系如图 4-2 所示。

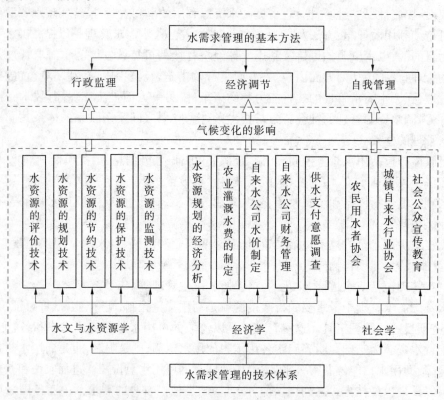

图 4-2　水需求管理的方法及技术体系

在水需求管理实践中,用水量最大的是农业灌溉用水和城市生活用水及工业用水。节水的最大潜力就在这些行业。因此,世界各国在这些行业采用一系列技术措施是必然的选择,同时是正确的选择。尤其是城市供水管网中的渗漏控制技术和灌溉系统的渠道衬砌技术得到了人们的高度重视。这些技术措施非常重要,在很多时候,节水正是通过这些措施得以实现的。法律法规、激励措施和意识提升都是为了鼓励人们采取这些技术措施,因为这些技术措施可以给人们带来直接的巨大效益。

城市水需求管理的效果相当清楚,能够带来直接收益——降低漏水量、节约水处理成本、节约新建管网成本、节约提水和抽水成本等。这既节约了水量也节约了能源,同时降低了供水公司的碳排放。城市用水总量低于灌溉用水量，因此其节水潜力也相对较小。但城市节水仍然非常重要，且随着城市化的迅速发展，这一点也会变得越来越重要。从经济角度来说，所节约水量的价值会更高一些，因为大多数情况下我们"节约"下来的水量都是经过处理后的、可作为饮用水供应的水量。

城市水需求管理的目的包括：阻止用水浪费，限制用水量，降低投资；确保生活供水能够公平覆盖到每个用水户；确保供水系统是可持续的；确保可用水量的高效与公平分配。

城市水需求管理的技术措施包括供给侧措施和需求侧行动。供给侧措施是指供水压力管理、渗漏控制技术措施、供水管网翻新等；需求侧行动是指限制用水量，由自来水公司协助用水户降低用水量以及一些由用水户发起的活动等。工业要运用先进技术和工艺，增加循环用水次数，开发和推广工业节水技术；生活用水要规定用水设施如自来水龙头、冲厕和淋浴喷头的节水标准以及保证用水效率水平的技术参数等。

农业灌溉的用水量更大，但农业灌溉水需求管理会产生更多的间接影响，因为很多"损失水量"都可以为下游用水户再利用。但这并不是指无需提高用水效率，而是指水需求管理措施对当地的影响和从全局角度出发、对流域的整体影响会有所不同。虽然局部灌溉系统"非常低效"，但流域整体的用水效率可能已经非常高了，因此必须采取措施减少流向含盐地下水或海水的渗漏水量或者减少无效蒸发。

农业要改革按定额灌溉的传统模式，必须研究采取大气水、地表水、地下水和土壤水联合运用的科学灌溉方法。农业节水的技术措施包括：改变作物类型，种植新型作物和新品种，如将喜水作物改种耐旱作物；农艺措施和灌溉技术，墒情监测，优化灌溉方法，采用管道输水、喷灌、滴灌、渗灌等节水技术；在渠道管理中使用实时数据信息，耕种技术，包括土地平整和覆膜；渠道衬砌和维护，因地制宜地推广适合当地情况的渠道衬砌，防止渗漏等。

自我管理，提高工农业用水效率，离不开社会公众的参与，一切技术和措施最终通过社会公众的实践来实现，社会公众是节约用水的主体，其行为和素质在某种程度上决定了节水效率的提高。因此，建立社会公众参与管理决策的民主管理机制是节水环节不可缺少的重要因素之一。所以，大力宣传节水文化和进行节水道德教育，提高社会公众的节水意识，培养节水道德，提倡节约用水的自我管理是水需求管理的重要措施。

研究表明，水价在平衡供需中的灵活性与"杠杆"作用表现明显，水价提高或水权交易等经济措施可促使人们主动节水。但是，水价提高到一定程度后，对于穷人，其用水已经减少到最低限度，再提水价就威胁到他们的生存条件和基本的用水权利，而对于富人，不会为多付点水费而改变用水习惯，减少用水需求。这时，水需求管理的经济手段遇到瓶颈，又一次遇到阻碍。在这种情况下，通过节水道德与伦理来约束仍然具有节水潜力人群的用水行为、激发其进一步节水的主动性就成为水需求管理的必要措施。

水需求的自我管理，主要指通过树立正确的水资源价值观与节水道德观，从社会伦理与责任层面，进一步激发用水主体节水的内生动力，并通过用水主体参与式管理与用水社会组织的自主治理，促进用水户节水主观能动性的充分发挥与实践，进而从根本上推动需水管理，进一步优化人们的用水行为选择，实现用水需求的减少。

水需求的自我管理包含两层含义：一是用水者根据自己对于节水道德或义务的价值

判断,出于社会责任的考虑来抑制需求,减少不合理的用水;二是在人们普遍接受的节水道德规范下,通过特定用水组织的协调管理,实现多用水户用水互相监督,使不合理的水需求的进一步降低。

水需求自我管理依赖于人们对于水资源价值及稀缺性的理性认识和充分重视,并且需要将人们的节水意愿转化为实际行动的制度条件与激励机制。因此,水需求自我管理的有效实施需要诸多前提条件,包括社会节水道德规范的宣传与树立、用水户节水的激励与补偿机制、用水信息的社会发布以及参与式管理制度的建立等。通过需水自我管理,可大大降低水资源管理的行政成本,有效避免市场机制在水需求管理中的局限,形成用水者的内生节水动力,从根本上降低不合理用水需求,促进水需求管理的实施。但是,由于人类对于更好生活及发展水平的不断追逐,通过道德规范和参与式管理来实现自主管理,需要全社会共同努力,以人为本、不断宣传教育,这是一个长期的过程。

(1)培养节水意识,形成节水文化。

需求管理的宣传教育不仅是对社会各阶层节水知识与理念的宣传,也通过对社会资源的深入挖掘形成节水的道德、文化并予以传承。

节水型社会的水道德观能够潜移默化地影响到人们的用水行为与方式,有助于在全社会形成一种爱水、节水、与自然和谐相处的新风尚,为节水型社会提供永久的精神动力。培养节水型社会的水道德观要充分利用舆论的宣传和引导,通过掀起全民水道德观的培养活动,将节水行为化为公众健康的水道德观念,使社会公众接受节水型社会的水道德观。水需求管理的宣传教育非一朝一夕之功,要通过对用水主体长期的、多方位的宣传教育,促使用水个体获取节水的伦理道德价值取向,示例正确的节水道德观。只有当正确的节水观深入人心,并成为人们日常的行为准则,才能使得全民积极主动地采取节水行为。

(2)重视需水管理的民主要求,开展参与式管理。

利益相关者的利益分析从供给管理向需求管理过渡,必然使利益相关者的利益关系发生变化。因此,在体制改革过程中,要充分考虑利益相关者的意见,并组织有条件的用水户参与到政策的制定中来。为了使利益相关者更好地参与进来,必须注重利益相关者的参与能力的建设。世界银行推荐的改革水管理体制,建立新型的经济自立灌排区和用水户协会来实施水需求自我管理是一种较好的管理形式,中亚的示范试验证明了这一点,我国安徽淠史杭灌区的试点也表明,基本实现了支渠以下的自我管理、自动维修、自主供水、自发交费、按 $1 m^3$ 结算的有效管理机制,充分调动了农户参与管理的积极性,无论是在供水管理、工程管理还是水费计收方面都取得了较好的成绩。

## 参 考 文 献

[1] 黄强,乔西现,刘晓黎. 江河流域水资源统一管理理论与实践[M]. 北京:中国水利水电出版社,2008.

[2] 中英合作水资源需求管理项目. 水资源综合管理方法汇编:综述报告 1:水资源综合管理. 2010-05. http://www.wrdmap.org/bqcg/201006/P020100624446566206519.pdf.

[3] В. А. Духовный, В. И. Соколов, Х. Мантритилаке. Интегрнрованное управдениеводньми: от теории к реадьной практике——опытцентрадьнойазии. http://www.cawater–info.net/library/rus/

iwrm/iwrm_monograph_part_3. pdf.

［4］中英合作水资源需求管理项目. 水资源综合管理方法汇编:综述报告 2:水资源需求管理. 2010-05.
http：∥www. 21ask. com/htmls/v469314. html.

［5］赵乐乐,王建永. 黄河水资源需求管理浅析. http：∥www. china001. com/show_hdr. php？ xname = PP-
DDMV0&dname = QLTGG41&xpos = 20.

# 5　水资源一体化管理的体制建设

　　水资源管理体制是水资源管理的机构设置与权限划分等方面的体系和制度的总称。一个健全、合理的水资源管理体制,是合理开发利用和有效保护水资源以及防治水害的重要保证。水资源管理体制是与一个国家的社会经济发展状况、水资源供求矛盾和国家的政治体制及水资源管理的历史沿革密切相关的。不同国家、不同历史时期的水资源管理体制是不相同的。目前,世界各国的水资源管理体制可分为3种类型,即集中管理、分散管理和介于这两者之间的综合性流域管理机构。集中管理是由国家设立专门机构对水资源实行统一管理,或者由国家指定某一机构对水资源进行归口管理,协调各部门的水资源开发利用。分散管理是由国家各有关部门按分工职责对水资源进行分别管理,或者将水资源管理权交给地方政府,国家只制定法令和政策。综合性流域管理机构基本上是按照河流水系设立,对流域地表水、地下水、水量和水质实行统一规划、统一管理和统一经营,依法向流域内水资源和水环境用户征收水资源费和经营性收费。

## 5.1　国外水资源管理体制

　　美国水资源管理体制在近几十年呈一种由分散走向集中,又由集中走向分散,现在又趋向集中的管理模式。加拿大近几年对水资源管理机构进行了改革,强化了对水资源的一体化管理。国外水资源管理体制的主要特点是:成立专门水管理机构,将原来分布于政府诸多机构的水管理权集中于一个或少数几个机构。荷兰的水资源管理体制也是经过重组和整合,逐渐地走上了水资源一体化管理的道路。德国和英国没有独立的国家水资源管理机构,由流域和州管理水资源的开发和利用。埃及在水资源的管理上实行集中统一管理。无论是地表水、地下水还是废水都由水资源灌溉部实行统一管理与分配,并实行立法管理。国外典型国家水资源管理体制见表5-1。

表 5-1　国外典型国家水资源管理体制

| 国家 | 管理体制特点 | 机构设置 |
|---|---|---|
| 美国 | 流域综合开发利用 | 陆军工程师团,垦务局,田纳西河流域管理局,农业部水土保持局,地质调查局,洲水资源局等 |
| 日本 | 治水同兴利分开,实行多部门管理 | 国土交通省河川局,国土交通省国土水资源局,国土交通省都市地域整备局,农林水产省,经济产业省,厚生劳动省,环境省 |
| 英国 | 流域统一管理 | 环境署(英格兰和威尔士),国家水利局(苏格兰),环境部供水处(北爱尔兰) |
| 法国 | 以流域为基础的三级协商管理 | 国家水委员会,流域委员会,地方水委员会 |
| 德国 | 流域管理 | 流域委员会和河流管理局 |

| 国家 | 管理体制特点 | 机构设置 |
|---|---|---|
| 加拿大 | 国家和州政府共同管理 | 环境部,农业部,草原牧场复兴管理局,卫生部 |
| 澳大利亚 | 以州为核心的流域统一管理 | 水资源理事会,州级水管理机构,区域或地方级水管理局,联邦水质研究院 |
| 奥地利 | 国家管理水资源 | 国家水务管理局,联邦级、省级和地方级水管理局,联邦水质研究院 |
| 西班牙 | 流域统一管理 | 流域行政管理局,用水户协会 |
| 瑞士 | 国家和地方政府共同管理 | 联邦环境保护办公室,联邦水利保护委员会,联邦公共卫生办公室 |
| 南斯拉夫 | 联邦政府和共和国及自治省政府共同管理 | 联邦水机构,社区用水户协会 |
| 捷克共和国和斯洛伐克共和国 | 国家管理水资源 | 林业和水管理部 |
| 丹麦 | 国家管理水资源 | 环境部,地方委员会,县级委员会 |
| 比利时 | 水资源管理由国家转为地方 | 自然保护委员会,建设和农业部,公共卫生部,地区委员会,省级供排水部门,国家农工联合会和能源部 |
| 瑞典 | 国家管理水资源 | 地质研究院,水文气象研究院,国家环境保护局,国家渔业局,国家食品行政管理局 |
| 芬兰 | 国家管理水资源 | 环境部,地区办公室,市镇环境局 |
| 意大利 | 国家管理水资源 | 公共工程和水力发电部、农业部、工业部和公共卫生部共同负责 |
| 荷兰 | 中央和地方政府共同管理 | 中央级由交通和公共工程部负责,地方水理事会,水公司 |
| 墨西哥 | 国家管理水资源 | 国家水利委员会,国家水利委员会地方办公室,灌区水利委员会,灌区执行委员会,流域理事会,地下水委员会,用水户协会 |
| 智利 | 分散式水管理 | 公共工程部,水域管理总局,国家灌溉委员会,用水户协会 |
| 印度 | 中央和地方政府共同管理 | 国家水资源委员会,水资源部,农业部,中央水污染防治与控制局,中央地下水管理局,联邦防洪局,各流域委员会 |
| 朝鲜 | 中央和地方政府共同管理 | 建设部,水资源开发公司,农业开发公司,国家农业合作社和农林开发公司 |
| 埃及 | 国家管理水资源 | 公共工程与水资源部,尼罗河最高委员会,土地垦殖协调委员会 |
| 以色列 | 国家管理水资源 | 农业部,水利委员会,国家水管局,地区水管局 |
| 乌干达 | 国家统一管理水资源 | 国家水开发委员会 |
| 摩洛哥 | 国家管理水资源 | 国家水利管理局(国土整治、水资源与环境部水务国务秘书处) |

**注**:本表资料来自李晶、宋守度、姜斌等编著的《水权与水价——国外经验研究与中国改革方向探讨》,北京:中国发展出版社,2003:354。

由表5-1可以看出,无论是发达国家,还是发展中国家,水资源管理机构并非是统一的模式,可以说是五花八门,各具特色。有的权利相对集中,但大多数还是分散在各个部门管理。在水资源管理体制上,以流域为单元实施统一管理的管理体制具有一定的代表性。许多国家多年来在流域范围内规划水资源的管理,建立了各种类型的河流流域管理机构。流域机构的多样化反映了流域独特的自然人文特点、历史变化和国家政治体制。流域管理机构是流域一体化管理的执行、监督与技术支撑的主体,但不同的流域管理机构在授权与管理方式上有较大的差别。具体到一个国家某一流域的流域管理机构究竟应采取何种组织形式,不仅取决于流域本身的自然状况和社会经济状况,还要适应本国政治、经济体制和社会经济发展总体战略要求。从总体上看,世界上各种流域机构大体可分为三种类型:

(1)流域综合开发机构。这种流域机构以美国田纳西河流域管理局为代表。它由国家通过立法赋予其统一规划、开发、利用和保护流域内各种自然资源等权限,以河流的综合开发为先导,通过控制洪水、开发航运、生产电力、完善基础设施、合理利用土地资源等措施,促进流域的经济发展。这种流域管理体制是个实实在在的水资源一体化管理体制,负有广泛的社会经济发展责任。它既拥有政府机关的特权,又具有私人企业的灵活性和主动性。这种模式在发展中国家受到广泛推广。印度、墨西哥、斯里兰卡、阿富汗、巴西、哥伦比亚等国相继建立起类似的以改善流域经济为目的的流域管理局,但是至今为止尚未出现明显成功的案例,即使在美国,建立类似田纳西河流域管理局的建议,如成立哥伦比亚流域管理局,也因遭到强烈反对而被束之高阁。

(2)流域规划和协调机构。是由国家立法或由河流流经地区的政府和有关部门通过协议建立的河流协调组织。它遵循协调一致或多数同意的原则,其主要职责是根据协议对流域内各州的水资源开发利用进行规划和协调。这类流域机构以法国的6大流域管理局和澳大利亚墨累-达令河流域为代表。墨累-达令河流域管理机构为墨累-达令河流域部长会议(由各签约州分别代表水资源、土地资源和环境的三位部长组成)、墨累-达令河流域委员会(由各签约州派2名代表水资源、土地资源和环境的委员和1名独立委员长组成)、委员会办公室(1名执行首长和40名工作人员)。在水资源权属管理方面,流域机构主要负责州际间的分水,制定流域管理预算,协调各州的行为,近年来还扩展到其他自然资源的管理等。

(3)综合性流域机构。这类机构的职权既不像田纳西河流域管理局那样广泛,也不像墨累-达令河流域委员会那样狭窄或单一。英国泰晤士河水务局是这类综合性流域机构的典型代表。它负责流域的统一规划、统一管理和统一经营。其职责不仅是建设、管理和经营河道及水工程,而且负责市政供水和污水处理系统,确定流域水质标准,颁发取水和排水(污)许可证,制定流域管理规章制度,管理流域内水文水情监测预报系统、防洪、供水、排水(污)、水产和水上娱乐等。它是一个拥有部分行政职能的非赢利性的经济实体。欧盟各国和东欧一些国家已普遍实行这种综合性流域管理模式。

水资源一体化管理的管理体制是在总结以上三种流域管理方式的基础上,吸收了它们的长处,以流域为单元建立流域委员会和流域管理局(处),流域委员会由水利部门的代表和所有利益相关方(即地方政府、工业、农业、自然保护等部门及大型用水户)的代表组成。简要地说,流域委员会是个决策机构,它的任务是确定流域水质标准,确定水量分配,颁发取水和排水(污)许可证,制定流域管理预算和规章制度,确定供水价格、水资源保护等一系列问题;而流域管理局是个执行机构,它按照流域委员会的决定,处理流域管理的日常事务,包括河流或渠道的维护、水量计量、水费收缴等。下面简要介绍中亚国家近年来所建立的水资源一体化管理体制。

## 5.2 中亚创立的水资源一体化管理体制

苏联解体后,围绕着水资源的分配、使用和流域生态保护等问题,中亚各国经历了从冲突、争吵到走向协调、合作的艰难历程。其水资源管理的特点是具有复杂的多边作用:首先是打破了旧的指令管理体制,其次是用水户的性质和结构发生了很大的变化,由旧的封闭体制走向开放的政策,用水户、供水户和其他感兴趣主体之间的市场关系得到发展以及全球化和产品价格的变化等。这一切使得用水户数量大大增加,而水利机构和感兴趣主体的财政条件减弱,水资源的开发、维护、监测、管理和改进过程非常复杂且相互分离。为了在中亚五国实现水资源一体化管理,中亚各国先后创建了跨国水利协调委员会、咸海国际基金会等机构来协调解决中亚水资源问题,并为此签订了一系列协议,设立了许多发展项目和技术协助项目。与此同时,国际机构,特别是联合国开发计划署和全球水伙伴以及俄罗斯、挪威、瑞士等发达国家,也很关注中亚地区水资源问题的现状及其解决进程。这些机构和国家一方面在中亚地区投资建设相关水利设施,帮助该地区合理规划和利用水资源;另一方面又投入大量资金帮助中亚各国引进近年来在西方发达国家形成的水资源一体化管理理念,对中亚各国的水资源管理体制进行改革,创立了一种新型的水资源一体化管理的管理体制。就水资源管理来说,现在中亚地区总体上已逐渐过渡到以下五级形式的水资源管理体制:

(1)国际级——跨国水利协调委员会和拯救咸海国际基金会。这两个机构主要是由中亚五国水利机构的领导组成的,他们(有时甚至是国家总统或政府首脑)代表本国政府就中亚地区的涉水问题进行协商、谈判并签署协定、协议、纲要和合同等,并把所签署的文件交给阿姆河流域水利联合公司和(或)锡尔河流域水利联合公司执行。

(2)地区流域级——阿姆河流域水利联合公司和锡尔河流域水利联合公司。这两个公司是由苏联时期成立的"阿姆河流域水资源管理局"和"锡尔河流域水资源管理局"改组而建立的。这两个公司在得到跨国水利协调委员会和(或)拯救咸海国际基金会授权后,按照所签署的文件管理所隶属区域(河流流域、灌溉系统、行政单元)的水资源和水利工程。

(3)国家级——国家水利总管机构。在中亚五国,现在授权的国家水资源管理机构是:哈萨克斯坦农业部水资源委员会,吉尔吉斯斯坦农业、水利和加工工业部水利司,塔吉克斯坦土壤改良和水利部,土库曼斯坦水利部和乌兹别克斯坦农业和水利部水利总局,它们代表本国政府管理国家所有的水资源和水利工程。

(4)国家流域级——流域委员会和流域水利管理局。他们按照流域水文地理边界管理本流域的水资源和水利工程。因此,有时是跨州或跨国的组织或机构。

(5)地方级——(州/区水利局、需水户和用水户)。他们按照灌溉系统(渠道)的水文地理边界管理本系统的水资源和水利工程,因此有时是跨区或跨州的组织或机构。

中亚在水资源管理中吸引了许多其他机构在不同水平上的参与,如在国际级中有欧亚经济共同体、中亚和外高加索水伙伴、上海合作组织等机构积极参与,它们把地区水资源管理作为合作基础上的一个共同政治要素。在地区内部,拯救咸海国际基金会和跨国水利协调委员会具有特别重要的作用。

在国家级中有各国的议会、政府、一系列与水利有直接或间接关系或利益的部门(国家自然资源管理机构、紧急情况部、地质、水文地质、各种经济部门),它们都积极参与水管理工作。在国家流域级有流域委员会。地方级有灌溉系统水委员会、渠道水委员会、用水户协会/用水户组织。对于所有感兴趣各方的参与,必须要建立一种制度,通过制度它们可以代表和坚持自己的利益。这些机构既是咨询机构,也是协调主要用水户、国家联合公司和社会单位行动的机构。

在中亚各国内部,水资源垂直管理等级包括所有命名机构,它们是中亚地区各国不同层面的法定和执行机构(如国家级、州级、区级等机构)。由于中亚各国社会经济发展不平衡,特别是自然地理环境和水资源条件很不一样,在水资源管理体制和一体化管理进度上也有差别。下面简要介绍中亚各国的水资源管理体制和组织机构。

## 5.2.1 哈萨克斯坦

哈萨克斯坦 2003 年通过了新水法。新水法把全国划分成 8 个流域,并规定水资源管理以流域管理原则为基础,同时规定要建立流域水利管理局和流域委员会。按照新水法的要求,从 2005 年 7 月成立巴尔喀什 - 阿拉湖流域的流域水利管理局和流域委员会起,经过所在流域内各州的所有感兴趣部门的反复协商,到 2007 年 12 月乌拉尔 - 里海流域水利管理局和流域委员会的成立,标志着哈萨克斯坦的 8 个流域水利管理局和流域委员会已全部组建完毕。这样,哈萨克斯坦现在已实现向水资源一体化管理体制过渡,它包括 4 级:

(1)国家级——水资源委员会;

(2)流域级——流域水利管理局,流域委员会;

(3)区(县)级——国有水利企业,渠道水委员会;

(4)用水户——用水户组织(用水户协会、用水户农业生产合作社、农业生产者和其他用水户)。

新水法明确了从国家政府到地方各级水管理机构的职责和任务。新水法规定,哈萨克斯坦政府的职责是:①研制水资源利用和保护国家政策的主要方向;②组织属于国家所有的水工建筑物的管理;③确定进行国家用水统计、国家水志编撰和水利设施国家监督的程序,确认市场化供水水源最重要的供水系统的清单;④确定水资源综合利用与保护;⑤编制水资源的总体规划以及确认流域规划的研制程序等 12 项权限。

水资源委员会是哈萨克斯坦政府在水资源利用和保护方面的授权机构。水资源委员会的职责是:①参与研制和实施水资源利用与保护方面的国家政策;②制订涉水经济部门的发展纲要;③总体上根据国家主要河流流域和其他水利设施制定水资源综合利用和保护的规划;④商定经济部门的单位用水标准;⑤确认共同用水的标准规则;⑥按照哈萨克斯坦法律确定的程序,进行专项用水活动许可证的停止或颁发;⑦确认流域和州(州级市、首都)的用水额度等25项权限。

新水法规定,流域水利管理局是水资源利用和保护方面的区域授权机构,其活动往往扩展到两个以上州属区域,因此在所在州应有分支机构。流域管理局的主要职能和任务是:①按照流域原则,综合管理水文地理边界内的水资源;②为了达到积极的经济效益,理智、公正和生态可持续地用水,协调涉水主体的用水活动和水关系;③在相应的流域范围内,根据远景规划和发展纲要,制定和实施恢复与保护水利设施的流域协定;④进行水资源利用和保护、自然人和法人遵守哈萨克斯坦水法的国家监督;⑤按照不同流域,与环境保护部门和地下资源研究和利用部门进行国家水资源统计、国家水志编制和国家水利设施监测;⑥按照哈萨克斯坦法律确定的程序,进行专项用水许可证的停止或颁发以及流域水资源利用、管理和用水分配、取供水计划的确定、用水限额的确定、水工建筑物和水库安全技术状态的监督等21项权限。

此外,在哈萨克斯坦还存在一些大型水利项目的独立运行管理企业,如巴尔托盖水库管理局、阿尔马廷大运河管理局、额尔齐斯-卡拉干达运河管理局等国有企业。这些企业与流域管理局平级,直属水资源委员会领导。

在水资源利用和保护方面地方代表机构和执行机构的权限:

地方代表机构:①考虑地区条件的特点,确定共同用水的准则;②确认水利设施合理利用和保护的地区规划并进行执行情况的检查;③确定共同所有的水利建筑物的可利用的和不可利用的程序;④确认地表水资源的水价。

地方执行机构:①管理共同所有的水工建筑物,实施保护措施;②根据与流域管理局所达成的协议,确定饮用水供水水源的水保护区和卫生保护带;③根据与水资源利用和保护的授权机构所达成的协议,把水利设施提供给单个用户和公众使用;④参加流域委员会和流域协定的工作;⑤研制水利设施合理利用和保护的地区规划并保证其实施;⑥落实水利设施合理利用和保护的流域规划等11项任务。

1999年在州水资源委员会的基础上成立了14个具有水利经营权的州级国有水利企业,它们按照行政区域原则进行水利活动,对州内水利枢纽、首部取水建筑物、干渠、水库、泵站、组合输水管的运行进行管理。他们既要接受州政府的领导,也要接受流域管理局的指导。区及跨区的水利系统由州级国有企业管理,它们靠供水服务获得资金,完全依据经济核算进行生产活动。

在保证灌溉用水、集排水的排放和水工建筑物维修方面,水利系统的管理与个体和农业生产合作社、用水户、用水合作社的相互关系是以合同为基础,对用水服务收费。

## 5.2.2 乌兹别克斯坦

最近几年,乌兹别克斯坦通过修改水法,在水法中树立了水资源一体化管理的科学理念。为了执行2003年乌兹别克斯坦颁发的"关于改善经营管理机构的体制"总统令和"关于完善水利管理的组织机构"的枢密院决定,要求按照河流流域、水文地理边界和灌溉系统的原则来管理水资源。文件明确指出,按照乌兹别克斯坦宪法成立的政权机构与自治机构(指用水户协会)有义务解决水资源管理问题,包括协调在其管辖区域内用水主体的活动和相互关系。应在各种水资源管理级别(流域级、灌溉系统级和渠道级)建立公众委员会(流域委员会、用水户协会联盟和用水户协会),并且让他们积极参与水资源管理的全过程。现在正在准备新的水法草案和用水户协会法。这些法规将明确规定要对用水和灌溉服务收费。

现在,乌兹别克斯坦把原来230多个从事水资源管理的机构经过一系列的改组和归并,建立了73个水利管理机构,由农业和水利部水利管理总局直接领导10个灌溉系统流域管理局,1个费尔干纳盆地干渠系统管理局和7个跨境干渠管理局,把原有的52个灌溉系统管理处,14个地区泵站、动力和通信管理局,13个水文地质土壤改良考察团归并到相应的灌溉系统流域管理局。

乌兹别克斯坦政府决定建立公共机构,以吸引感兴趣部门、专业团体、著名专家和学者参与水资源管理。在农业和水利部机关建立水土资源合理利用委员会,其成员包括在水土资源利用方面著名的学者、专家以及实践者。

建立了国家灌溉和排水委员会,其成员包括感兴趣部门的领导,从事水土资源利用和保护的经济部门的著名学者和专家。

为了更充分地保证决策的透明度和集体领导制,在灌溉系统流域管理局建立了水利委员会,水利委员会的成员包括灌溉系统流域管理局的领导、相应的州农业和水利管理局领导、独立水利机构、国家自然委员会地区机构和农民及农场主组织协会的领导以及著名的学者和专家等。在灌溉系统管理处也建立了渠道水委员会,水委员会的成员包括灌溉系统管理处的领导、干渠(系统)管理处的领导、相应的区农业和水利管理处处长、独立水利机构的领导、有经验的高级专家以及用水户(用水户协会)代表。

### 5.2.3 吉尔吉斯斯坦

吉尔吉斯斯坦仍然保留着部门管理原则。

水利管理机构包括国家级、州级和区级。水利司以下设定流域管理局(全国有7个流域水利管理局)代替州级和40个区级水利管理处,流域界限与州的区域边界基本上相吻合。

国家级、州级和区级水资源管理是农业、水利和加工工业部水利司的特权。过去水利部门是独立的部门,1996年为了合并预算和更好地协调它们的活动才并入农业、水利和加工工业部。

为了实施水资源一体化管理,吉尔吉斯斯坦水利管理的组织机构包括:

(1)国家水资源管理机构。按照吉尔吉斯斯坦水法,这种机构称为"国家水行政机构"。

(2)在农业部、水利部中保留水利司及灌溉排水机构。

(3)国家水利检查局。该局设在水利司,行使加强水利设施和水资源利用的国家监督功能。

(4)国家水委员会。协调所有与水资源利用有关的部门的活动。在委员会中,吸引所有对水资源管理感兴趣的各方,包括大众媒体和非政府组织的代表参与工作。

(5)各级灌溉与排水委员会以及大坝安全委员会。

按照吉尔吉斯斯坦过渡到水资源一体化管理的路线图,以上机构在 2008 年完成组建工作,并开始执行其相应的职能。

为了在水资源一体化管理实施过程中进行监督,必须在国家级建立国家水利委员会、在流域级建立流域水利委员会、在区级建立灌溉系统和渠道水委员会。

按照吉尔吉斯斯坦过渡到水资源一体化管理的路线图,以上机构在 2009 年完成组建工作,并应制订相应的工作计划。

根据"费尔干纳水资源一体化管理"方案,建立了阿拉万阿克布林渠道水利委员会,该委员会的工作经验首先推广到吉尔吉斯斯坦费尔干纳地区的其他各州,在 2009 ~ 2010 年推广到全国的剩余地区。

## 5.2.4 塔吉克斯坦

在实施水资源一体化管理之前,塔吉克斯坦按照传统的行政区域原则进行水资源管理,社会公众不能参与。

在土壤改良和水利部的机构中有以下机构发挥职能:2 个州级国家水利管理局,5 个区域级国家水利管理局,42 个区级及跨区级国家水利管理处。各级国家水利管理局在水工建筑物和取水设施、输水、分水和多余地下水排水、灌溉、土地保护和水利设施防洪排涝的管理中发挥着自己的作用。各级国家水利管理局都有负责泵站运行、垂直排水井、输电和通信线路以及水文地质和土壤改良的专业分部。

在过渡到水资源一体化管理时水资源管理机构分为:

国家级——土壤改良和水利部。同时建立国家水协调委员会,促进水资源合理利用和保护的国家各类公共联合团体代表公共部门参与该委员会工作。国家灌溉和排水委员会是个非政府组织,它联合各个科研、设计、生产、商务和其他所有对水资源合理利用和保护感兴趣的机构将在该委员会中起到特别的作用。

第 2 级——流域级。水资源一体化管理应该以流域边界为原则,国家主要水道:即锡尔河、泽拉夫尚河、瓦赫什河、喷赤河都要建立流域水利管理局。在这方面已经采取了实际步骤,例如,在哈特隆斯克州由两个分散的区域水利管理局合并成一个;在拉什兹克盆地,瓦赫什河流域上游段成立了拉什兹克水利管理局。还要把州和区域水利管理机构变成国家主要水道流域管理局。州级国有组织、公共团体、商务机构和其他跨部门的代表以流域水利委员会的形式参与工作。

第 3 级——灌溉系统管理处和大型渠道管理处。区级国家水利管理处要按照流域原则扩大,形成灌溉系统管理处。成立分水和供水的灌溉系统用水户协会,跨部门的代表以渠道水委员会的形式参加工作。

第 4 级——用水户组织。成立以各种所有制形式的大型农业企业用水户协会和用水户联盟作为公共组织,在这些协会和联盟中所有感兴趣各方都有代表。作为费尔干纳水资源一体化管理示范试验,2004 年建立了霍贾巴克尔干渠道水委员会,该渠道水委员会成功的工作经验将在全国推广。

### 5.2.5 土库曼斯坦

按照 2004 年 11 月 1 日生效的新水法,土库曼斯坦内阁以及经特别授权的水资源利用调节国家机构和其他机构,即土库曼斯坦水利部和自然保护部进行水资源利用和保护方面的国家管理。土库曼斯坦按照行政区划原则进行水资源管理(卡拉库姆运河除外),而且在地方上仍然能碰到指令性管理方式。应该指出,行政区划的水资源管理制度不能保证在整个水文地理网络内的有效管理和均衡的用水保障。通常在平水年,渠道末端用水户出现不能平衡供水的情况。

土库曼斯坦的水资源管理是基于三级管理的体制:国家级——水利部,省级——水利联合公司,区级——水利管理处。在农场级还没有组织用水户协会或用水户联合体之类的自治性水资源管理机构,依据行政区的水管理专家与用水户签订合同进行用水管理。

应该指出的是,土库曼斯坦具有按照流域原则管理水资源的经验。例如,土库曼斯坦的主要水动脉——卡拉库姆运河的管理是卡拉库姆运河联合公司,该公司具有不仅跨区而且跨州的特性。服务于三个行政区的捷詹河灌溉系统管理局还在发挥职能。土库曼河运行联合体也都是按照流域原则建立的。所以,水资源一体化管理的发展应由土库曼斯坦水利部所属的流域管理局负责。

水资源一体化管理原则首先应该在土库曼咸海沿岸地区(达绍古济州)应用,这里水保障问题错综复杂,因此最好以一两个示范系统为实例组织水资源一体化管理的体制。土库曼斯坦必须制定新的国家水政策,完善和改进水资源管理的组织机构,改革财政体制。

从以上所述中可以看出,哈萨克斯坦和乌兹别克斯坦已经形成水资源一体化管理体制,吉尔吉斯斯坦和塔吉克斯坦正在向水资源一体化管理体制过渡,按照这两个国家的水资源一体化管理路线图,相应的管理机构应在 2010 年完成组建。虽然土库曼斯坦的水资源管理体制暂时没有改变,但是按照水资源一体化管理原则改革现有水管理体制的呼声不绝于耳。所以,从整个中亚地区来说,水资源一体化管理体制已见雏形。特别是在国际级和地区流域级,已完全按照这种管理体制行动,不仅建立了管理机构和规章制度,而且人员、设备、各种主要检测仪器等都已配置完毕。现在正在酝酿建立中亚水-能源财团,即国与国之间水的输出补偿机制。只要这种机制成功建立,中亚的国际级和地区流域级水资源一体化管理体制就完全实现了。到那时,中亚在水资源管理上就不会有大的矛盾和冲突,因为水资源一体化管理是一种行之有效的管理体系。经过最近几年的实践和努力,水资源一体化管理的活动成效显著,用水效益大大提高,生态环境也有所改善。各国所开展的水资源一体化管理活动也越来越务实,人们节水意识明显提高,水资源一体化管理已显现出应有的活力和生气。

## 5.3 示范渠道水资源一体化管理的体制建设

渠道水管理机构是水资源管理机构中最重要的环节,因为它具有承上启下的作用。对上,它承担着贯彻落实国家制定的水资源方针政策和流域制定的流域发展规划的责任,执行或完成水资源合理利用和保护的各项任务,维护渠道水工建筑物和检测仪器及设备的工作状态。对下,渠道水管理机构直接面对着各种用水户的用水需求,丰水年要把多余的水排出去,有时甚至要把某个低洼地段作为滞洪区,销纳部分洪水,而贫水年,要按照来水量和用水户的等级制订公平合理的分水计划并进行供水,保证做到公平、有效且生态安全的水管理。所谓公平的水管理,是指所有能用的水源都能被利用,所有各种社会团体的用水需求都应受到同等关注。这就意味着所采取的任何决定都应该符合所有团体的利益,而不是仅仅符合个人或小集团的利益。然而,在中亚条件下,以前渠道水管理机构的官员们代表国家控制着分水管理权,按照职责和义务他们应该捍卫社会进步的民主基础,理应公平合理地分配水量,但实践表明,官员们往往为了个人或小集团(或地方)的利益,常常出现用水的营私舞弊和部门(或地方)利己主义。因此,部门之间:地方与地方之间常常出现激烈的用水冲突,甚至是流血事件。由此可见,不公平的水管理风险很大,有可能导致贫穷增加、生态灾难和社会不稳定。

为了消除不公平的水管理风险,人们普遍认为,在水资源管理过程中,公众参与可以创造透明和公正的氛围。让用水户享有广泛的知情权,能够改善水管理的质量,使分水更加公平合理。公众参与水管理意味着水管理过程的民主化,亦即在水管理过程中,水管理机构要把决策权交给用水户代表。公众参与越广泛,其决策过程就越民主,所做出的决策就越能代表民意,而营私舞弊的情况就会越少,不符合公众利益的决策概率就会大大下降。所以,这是一种不允许地方或部门用水利己主义的理想方式。在水资源日益短缺的条件下,考虑到保证自然生态和社会发展,公众参与是公正而负责任地解决分水问题的民主管理平台。因此,必须创造条件让所有感兴趣的人直接(或通过其代表)参与水管理的决策过程。所以,通过建立新型的渠道水管理机构——用水户组织,引导公众参与水管理过程,这既是民主管理的必然结果,也是社会进步的具体体现。

## 5.3.1 渠道用水户联盟

在所选定的阿拉万阿克布林渠道、南费尔干纳干渠和霍贾巴克尔干渠道进行水资源一体化管理示范试验的过程中,为了让广大用水户参与渠道的用水管理,提出了建立渠道用水户联盟的设想。亦即在二、三级渠道和大型渠道(干渠)的各个水工段(南费尔干纳干渠被分成 10 个水工段)建立用水户协会,而整条渠道建立用水户联盟。渠道用水户联盟是由所有对水资源公平合理利用感兴趣的各部门(地方权力机构、农业、生态、饮用水供水、水力发电、水产养殖等等)的代表联合组成的非国有非商业的公益性机构。建立用水户联盟的目的是各个部门在权利平等的基础上通过自己在用水户联盟的代表参与水管理决策过程并坚持和维护本部门的利益,亦即执行共同的技术和经济政策,保证在渠道范围内进行公正、稳定、均匀、有效且生态安全的分水管理。用水户联盟的使命是考虑社会因素和生态因素,协调所有用水户及涉水主体的活动,以达到水土资源利用的最大经济效益。在这种情况下,水资源是由用水户自己所推选出来的那些领导人来进行管理,这些领导人不是上面派来的,而是来自基层,是用水户的代表。用水户当然会推选最公正、最有专业技能而且知道当地条件的人来管理水资源。

考虑到跨农场的渠道和农场之间的干渠必须要按照水文地理原则进行水管理,以便

减轻管理难度,进行有效的分水监测和评估,研究决定按照水文地理原则建立用水户协会。这时应坚持以下原则:

(1)一个用水户协会只由一个灌溉水源供水;

(2)一个用水户协会位于一个水工段范围内,如果很难改变用水户协会的边界,则要研究改变水工段边界的可能性;

(3)一个用水户协会位于一个行政区范围内(在跨区渠道上建立的用水户协会除外);

(4)一个用水户协会包括渠道两岸的土地;

(5)其他用水户应包括在用水户协会内;

(6)一个用水户协会的灌溉面积要超过 1 500 ~ 2 000 hm²;

(7)要根据所商定和所确认的计划实现水文地理原则;

(8)渠道用水户和管理处的工作人员应参加水文地理原则计划的研制;

(9)水文地理原则的计划要在用水户协会委员会和水工段委员会的董事会会议上讨论;

(10)水文地理原则的计划要在渠道用水户联盟董事会的扩大会议上确认,且水利机构的代表要参加该会议。

由这些原则可以看出,这把水文地理原则与公众参与原则有机地结合在一起,亦即把水管理机构与灌溉系统范围联系在一起,促使水土问题综合解决。应该指出的是,水文地理原则本身不能使管理者的决策更公平合理,它只是创造了决策更公平合理的前提条件,能不能实际做到公平合理,这既取决于一系列主客观因素,又取决于用水户在决策过程中的参与程度,同时要看管理者的素质。为此,应该自下而上推选那些诚实可靠、大公无私的人进入用水户协会或渠道用水户联盟。这样,渠道用水户联盟应该由直接用水户代表、水利机构代表、地方权力机构代表和示范渠道控制区内其他涉水机构的代表组成。渠道用水户联盟作为法人授权在渠道范围内代表社会团体参与水管理决策过程,水利部门和地方领导作为"感兴趣主体"进入渠道用水户联盟,作为渠道用水户联盟成员发挥决定性作用。示范渠道用水户联盟的组织结构如图5-1 所示。

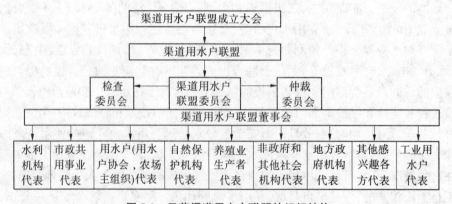

**图5-1 示范渠道用水户联盟的组织结构**

在渠道用水户联盟实施过程中,考虑到示范试验结束后社会公众参与渠道用水户联盟的法律地位和成员委任的问题,要求中亚各国准许渠道用水户联盟进行法律登记,以便保证社会公众参与渠道用水户联盟管理渠道水分配的合法性。

渠道用水户联盟根据在示范渠道用水户成立大会上通过的章程进行活动。决定先在各水工段建立用水户协会,并拥有法律地位。然后分级召开成立大会,用水户们确认渠道用水户联盟章程。在所有示范渠道上农业用水户是渠道用水户联盟的创造者,其他用水户根据其申请可以成为渠道用水户联盟的成员。在渠道用水户全体(或代表)大会上,讨论、修改和通过渠道用水户联盟章程,选举产生渠道用水户联盟委员会及其成员,选举渠道用水户联盟委员会主任,亦即渠道用水户联盟董事会董事长;成立渠道用水户联盟及其执行机构——渠道管理处,选举产生渠道用水户检查委员会、仲裁委员会和董事会。在渠道用水户联盟登记得到授权后行使水管理的各项职能。

渠道用水户联盟委员会:在渠道用水户联盟成立大会之后召开渠道用水户联盟委员会会议,会上选举董事会成员,委托董事会成员准备渠道用水户联盟年度工作计划。

渠道用水户联盟董事会:联盟董事会在其会议上审查年度工作计划并把它交给联盟委员会确认。在联盟委员会讨论并确认之后将按照该计划开展工作。

渠道用水户联盟委员会主任,即董事会董事长:在渠道用水户代表全体会议上选举产生,任期 3 年。对农业用水量占渠道总用水量绝大多数(如 90%)的情况来说,应该优先推选渠道下游段的用水户代表担任委员会主任。如果委员会认为委员会主任不在工作状态或不能胜任其所担任的职能,可以根据委员会主任的辞职报告和委员会的决定变动其职务。委员会有权用无记名投票选举其他人担任委员会主任职务。

仲裁委员会:负责解决用水户之间以及用水户与渠道管理处之间的争议问题和冲突情况是渠道仲裁委员会的重要职能。仲裁委员会有向联盟委员会汇报的义务。

检查委员会:负责检查联盟委员会活动财政支出的资金等问题。

## 5.3.2 渠道用水户联盟的成立及其主要任务

2005 年以来,在先后召开的"费尔干纳水资源一体化管理"示范渠道用水户和其他有关各方代表的全体大会上,先后成立了南费尔干纳干渠用水户联盟、阿拉万阿克布林渠道用水户联盟和霍贾巴克尔干渠道用水户联盟,通过了渠道用水户联盟章程和渠道管理处章程等一系列法规性文件,选举产生了渠道用水户联盟委员会及董事会、检查委员会和仲裁委员会。同时,有关各国通过了一系列确认渠道用水户联盟权利的法规文件,并按照法律程序,示范渠道用水户联盟在所属国家司法部进行了注册登记,从而具有法人地位。

在用水户和所有有关各方广泛参加的情况下,渠道用水户联盟委员会的主要职责是应用水资源一体化管理的方法和原则,贯彻执行上级机构制定的水管理方针和技术政策,与水利机构的代表和渠道管理处一起协调渠道范围内所有用水户的各项活动。具体地说,渠道用水户联盟委员会具有以下职能:

(1)研制示范渠道区域内灌溉和土壤改良的发展战略;

(2)协调分水计划和定额;

(3)检查分水的公平性、稳定性、均匀性和有效性原则的执行情况;

(4)协调渠道的技术维护和维修计划;

(5)协调渠道管理处的支出预算;

(6)吸引必要的补充资金来源;

(7)在渠道管理区内外提供水管理的咨询服务,组织和协调用水户协会和其他用水户的活动。

### 5.3.3 渠道水委员

众所周知,原有的渠道水管理机构——渠道管理处代表国家行使管理职能,而且渠道管理处直接服从上级水利机构的领导。现在不能人为地强行把国家管理方式转变成公众参与的团体管理方式。这就需要一个授权共同管理的过渡阶段,亦即把国家管理的部分权力和责任授让给渠道用水户联盟。由于水的可控制性越来越低,水土改良系统恶化,农业改革使得用水户数量急剧增加、供配水问题更加复杂、水管理机构财政资金短缺、灌溉和用水服务费收缴更加困难等种种原因,使得原管理机构愿意把部分管理权和责任交给用水户联盟。这样,渠道用水户联盟与上级水利机构(对渠道管理处而言)签订共同领导(所谓共同领导是指渠道用水户联盟 + 上级水利机构)渠道管理处的合同,由渠道用水户联盟和水利机构的代表共同组建渠道水委员会及其董事会,渠道水委员会作为既代表国家水利机构又代表社会团体的法人机构领导渠道管理处。渠道管理处融入渠道水委员会成为一个统一的组织,在这个组织中渠道用水户联盟全体大会及其委员会是领导机构,而渠道管理处是负责日常活动的执行机构。未来,这种共同(国家 + 团体)管理模式可能变成团体管理模式,到那时渠道管理处融入渠道用水户联盟且成为它的一个部分,渠道水委员会就没必要存在了,团体管理的职能由渠道用水户联盟委员会执行,而渠道管理处则是渠道用水户联盟的执行机构。这种共同管理的过渡阶段的时间取决于中亚国家的民主进程。

在渠道水委员会的董事会中,初期其成员主要是水利机构和用水户联盟的代表,而且来自用水户联盟的代表主要是农业用水户。这样,现在已成立的三条示范渠道水委员会的董事会均由 7 名董事组成,其中 3 名来自用水户联盟,3 名来自水利机构,而董事长均由渠道管理处处长兼任。未来,在必要时董事会可以扩大到其他利益相关者,亦即在渠道水委员会成员中,除董事会成员外,地方权力机构的代表和非政府机构的代表,如水力发电、自然保护、市政公用等感兴趣各方的代表可以进入渠道水委员会。

渠道水委员会的职能如下:

(1)在渠道范围内远景供、用水发展计划、分水计划和限额的制订、审查和确认;

(2)根据水的供求关系,示范渠道公正的旬配水限额的确定;

(3)旬配水限额执行情况的检查;

(4)提高用水户供水服务费的收缴率;

(5)参与水保护区生态、饮用水供水等问题的解决;

(6)参与供用水之间、供水方之间和用水户之间冲突情况和纠纷问题的预防和调解。

### 5.3.4 渠道管理处的组织机构和任务

在水资源一体化管理的条件下,示范渠道的日常管理由渠道管理处实施。为此,在调节示范渠道水资源分配和利用方面,渠道管理处负责执行渠道用水户联盟委员会与上级水利机构(一般指流域水利机构)一起商定的技术政策和发展规划。

渠道管理处在管理渠道的基础设施时起执行机构的作用,保证完成必要的运行配套工作,把渠道系统的基础设施维护在工作状态,保证发挥农庄间渠系的功能,进行必要的维修维护工作,按照用水户的申请,考虑气候和其他特点,保证平等而公正地向所有用水户供水。

为了进行一般的渠道管理活动,渠道管理处与渠道用水户联盟委员会签订相应的协议,该协议要得到上级水利机构的确认和渠道用水户联盟全体大会的赞同。

在渠道管理处的组成中建立了一系列生产和业务部门,总工程师是副经理,总工程师领导一系列职能部门和一些专家。

渠道管理处的下级是水工段和运行段。水工段的线路工作人员是以主任工程师或段长为首的额定人员,他们在所属水工段范围内,实施直接分水和分水计量工作,监控用水,完成渠道基础设施的维护和检修工作。渠道管理处的管理结构如图5-2所示。

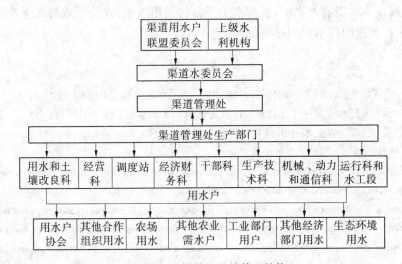

**图5-2 渠道管理处的管理结构**

渠道管理处的职能和主要任务是:

(1)保证水资源有目的地合理利用,遵守已确定的总体上按照渠道系统的用水顺序;

(2)根据渠系合理地管理水资源,提高用水效率;

(3)保证渠系和水工建筑物的技术可靠性;

(4)做到渠系的安全运行并维持在工作状态;

(5)进行真实的水量计量和取、供水报告;

(6)应用节水工艺,提高效益和有目的利用所划拨的资金、物质技术资源、技术和设备;

(7)与渠道用水户联盟共同研制短期和长期渠道运行和发展计划,并使计划得到上级水利机构确认,计划执行情况接受上级检查。

为了完成上述任务,渠道管理处要实现以下职能:

（1）编制年度计划：确定水的需求量和当地水资源量，考虑到分水上限的分水和配水量，排水和水质监测；

（2）配水计划的实施和校正：确定水库蓄水量，按计划供水；

（3）执行情况的检查：水量计量的组织，节水的评估；

（4）水库和渠首建筑物、干渠和配水管网、排水设施、测水站等工程和设施的维护和运行；

（5）引导用水户和社会公众参与水资源的管理和利用过程；

（6）建立信息系统和资料库；

（7）应用完善用水和节水物质奖励的方法；

（8）保证系统维护和发展的资金来源的稳定性。

总体来说，示范渠道管理处是按照国家法律、部门标准文件和本机关的文件实施自己的职能。

示范渠道的经验表明，公众通过用水户联盟参与水管理决策可以达到更高的水管理质量，大大减少了水资源的损失，提高水土资源的利用效益，改善土地的水土改良状态，在整个灌溉系统范围内用水户团体更加团结。

## 参 考 文 献

[1] 杨立信. 中亚创立的水资源一体化管理体制[J]. 水利水电快报,2010(6)：1-5.

[2] 杨立信. 示范渠道水资源一体化管理的体制建设[J]. 水利水电快报,2011(7)：1-5.

[3] 李周，包晓斌，杨东生. 国外水资源管理状况与发展趋势. http：// iqte. cass. cn/iqteweb_old/hjzx/lt00016. htm.

[4] Организационная структура управления водным хозяйством в странах Центральной Азии. http：// www. cawater-info. net/library/rus/spm/02. pdf.

[5] Кошматов Б. Т. Организационная структура управления водными ресурсами всрнах централъной азии и пути его соверщЕнствовАния. http：// www. icwc-aral. uz/15years/pdf/koshmatov_ru. pdf.

[6] А. К. Кеншимов. Управление водными ресурсами в казахстане: перспективы применения плана иувр и реализация положений волного кодекса на нациОнальном иьассейиовомуровнях. http：// www. icwc-aral. uz/15years/pdf/kenshimov_ru. pdf.

[7] Н. К. Кипшакбаев, Предложения по проекту стратегического планирования реализации принципов ИУВР（национальный отчет, Республика Казахстан）. http：// www. cawater-info. net/library/rus/spm/03. pdf.

[8] Управление водными ресурсами по бассейновому принципу. http：// www. unesco. kz/science/2009/IWRM_course/6_bassin_managment. pdf.

[9] В. А. Духовный, В. И. Соколов, Х. Мантритилаке. Интегрированное управление водными ресурсами: от теории к реальной практике. —опыт центральной азии. http：// www. cawater-info. net/library/rus/iwrm/iwrm_monograph_part_5. pdf.

[10] МКВК, SDC, IWMI, НИЦ МКВК. Проект 《Интегрированное управление водными ресурсами в Ферганской долине（ИУВР-Фергана）》, Руководство по использованию концепции интегриРОВАННОГО управления водными ресурсами для пилотных каналов. Ташкент-февраль 2005 г. http：// www. cawater-info. net/ library/iwrm. htm.

［11］ IWMI，НИЦ МКВК. Проект《ИУВР-Фергана》№ 1.3 Роль общественного участия в повышении справедливости и эффективности управления водой . http: // www. cawater-info. net/library/rus/ iwrm/iwrm 34. pdf.

［12］ IWMI，НИЦ МКВК. ПРОЕКТ 《ИУВР-ФЕРГАНА》 № 4.1 Создание и организация работысоюз а водопользователей каналов ( СВК ) . http: // iwrm. icwc-aral. uz/pdf/brochures/35. pdf.

［13］ IWMI，НИЦ МКВК. ПРОЕКТ 《ИУВР-ФЕРГАНА》 № 4.2 Создание и организация работы водного комитета канала ( ВКК ). http: // www. cawater-info. net/library/rus/iwrm/iwrm36. pdf.

# 6 水资源一体化管理的主要指标

水资源一体化管理是当前国际国内水资源管理领域的重要课题。但是,什么样的水资源管理是一体化管理,如何衡量和用什么样的指标来度量水资源一体化管理却是当前面临的重要技术性难题。为了采纳正确的水资源管理决策,必须要拥有一系列反映被管理项目现状的指标。本章结合国内外(特别是中亚国家)水资源一体化管理的经验和研究成果,对水资源一体化管理的主要指标体系进行粗浅的分析。

从荷兰人 1985 年第一次提出水资源一体化管理概念以来,水资源一体化管理至今不过 26 年的历史。26 年来,虽然水资源一体化管理理念在世界各国得到了快速的发展,但是只有最近几年国外才提出了水资源一体化管理的一些指标和指标体系,然而得到公认或较好应用的却很少。目前,国外已有的水资源一体化管理指标种类繁多,形式各异,如有反映各种水利活动的水管理指标,也有反映与水有关的技术、工艺、经济等涉水指标,更有反映生态环境的指标。尽管全球水伙伴把我国列为水资源一体化管理的一类国家,跟荷兰、法国等平起平坐。实际上中国对于水资源一体化管理的研究尚集中在概念、理论、评价方法的探讨中,缺少衡量水资源一体化管理的指标体系及定量分析方法。

## 6.1 社会经济、水资源、生态环境复合系统的关系

水资源一体化管理的最终目标是实现水资源的可持续利用,它不仅考虑现有的水资源开发利用与社会经济和生态环境的相适应情况,还要考虑水资源能够支持未来的社会经济发展和生态环境的稳定,即水资源的可持续利用。因此,水资源一体化管理既要分析现有的又要维持未来的社会经济、水资源、生态环境三大系统的关系。为了形象地阐明三大系统的关系,有人绘制了一幅简略图(见图 6-1)。图 6-1 虽然简明扼要地描述了三大系

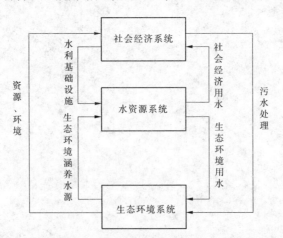

**图 6-1 社会经济－水资源－生态环境复合系统关系简略图**

统的相互依存、相互作用、相互影响的关系,但是从图 6-1 中还看不出三大系统本身的内在联系。所以,必须建立一个指标体系来予以说明。

# 6.2 水资源一体化管理的主要指标

由于水资源一体化管理是以整个流域为对象的,而整个流域的社会经济、水资源、生态环境这个复合系统结构复杂、层次多变,子系统之间既有相互作用,又有相互间的输入和输出。某些层次、某些元素及某些子系统的改变可能导致整个系统由优到劣或由劣到优的变化。因此,要在众多的指标中筛选出那些最灵敏的、便于度量且内涵丰富的主导性指标作为评价指标确实不是一件容易的事。从整个流域的三大系统来看,目前还不可能用几个指标就能描述这个系统的状态和变化,因而需要用多个指标组成一个有机的整体,通过建立指标体系来描述这个系统的发展状况。这样从水资源一体化管理的角度来看,我们把整个流域的社会经济、水资源、生态环境 3 大系统分成 3 个层次,每个层次又分为若干个组成部分(或子层次),每个组成部分都有明确的管理任务,每一项管理任务都用若干个管理指标来进行评估(见表 6-1)。因为是研究水资源一体化管理的指标体系,所以在社会经济、水资源、生态环境 3 大系统中只列出了与水管理有关的主要组成部分。

## 6.2.1 社会经济系统

从表 6-1 中可以看出,对于社会经济系统来说,最重要的无非是用水需求。水管理部门在接到社会经济各部门的用水需求后,根据现有可用水量,若不能完全满足所有用水户的用水需求,则要分别对所有用水户的需水量进行评估,分级供水。而城乡居民饮用水则是重中之重,无论在什么情况下,不仅在水量上要优先保证,而且水质也必须达到饮用标准所要求的指标,这是水管理部门充分体现以人为本的社会职责。而对于每一个社会成员来说,节约用水则是应尽的职责和义务。一般来说,人均用水量是衡量一个社区对其居民进行节水教育程度的体现,也是每个居民对水资源珍惜程度的体现。粮食生产用水最重要的指标应该是单位产量用水量。现在,在中亚各国,小麦是每千克用水 1 m³ 左右,而水稻是每千克用水 4 m³ 左右。因此,最近几年乌兹别克斯坦和哈萨克斯坦扩大了小麦的种植面积,而缩减了水稻的种植面积。而经济部门(这里主要是指工业、水电、水运、除粮食外的农业经济作物、水产养殖业等部门)用水一般是用经济效益指标来衡量,采用市场竞争机制。当然,最好是能重复利用水,如供给发电的水,发电后再供给工业部门重复使用,这样用水的经济效益就大大提高了。对于这个系统的各组成部分,除表 6-1 中所列出的主要指标外,还可以列出其他一些指标,如供水的时间、地点、需水量(对于某些用水户取代水量要求的水位)等。

## 6.2.2 水资源系统

在水资源系统中,由于管理任务比较多,作者把它分成水利基础设施、水资源规划与计划、可用水资源评估和水资源管理决策与监督 4 个子层次,每个层次由若干项管理任务组成。

表 6-1　水资源一体化管理组成部分及其主要指标

| 层次 | 组成部分 | 管理任务 | 管理指标 |
|---|---|---|---|
| 社会经济系统 | 生活饮用水需求 | 保证优先供水 | 城乡居民生活饮用水动态指标、水质、水量、人均用水量、节约用水等指标 |
| | 粮食生产用水需求 | 保证供水 | 粮食部门总用水量、亩均用水量、单位产量用水量、水利用率 |
| | 经济部门用水需求 | 用市场竞争机制和调控补偿机制供水 | 经济部门总用水量、单位产值用水量、单位经济效益 |
| 水资源系统 | 水利基础设施 | 调蓄工程运行 | 调蓄水量、调蓄能力、调蓄水量占水资源总量的比例、投资回收率 |
| | | 供用水工程运行 | 渗漏水量、无效供用水损耗、供水效率 |
| | | 工程管理保障 | 建筑物工作能力的保障率、各种工程有效利用率、利用时间 |
| | 水资源规划与计划 | 供需水平衡 | 需水量、供水量、耗水标准 |
| | | 可持续发展 | 可开发水量、动态需水量、动态用水量、可持续用水指数 |
| | | 气候变化的影响 | 气候变化对水资源的影响程度、水量变化幅度 |
| | | 长期变化适应性 | 动态可供水量、满足后代人需求的需水量 |
| | 可用水资源评估 | 地表水监测、开发、保护 | 水量、水质、水情、再生性、水位变化 |
| | | 地下水监测、开发、保护 | 埋藏深度、开采难易度、水量、水质、水位变化 |
| | | 净化水（再生水） | 净化水水量、水质、利用量 |
| | | 合理用水和节水 | 水的重复利用率、用水效率 |
| | 水资源管理决策与监督 | 水资源分配 | 标准、限额、用水分量、定额 |
| | | 协调各方的立场 | 各方共同参与的广泛性、积极性、协调能力 |
| | | 信息公开与透明 | 公平性、公正性与合理性 |
| | | 供水服务 | 均匀性、稳定性、时效性、水保证率 |
| | | 正常管理的可能性 | 来自所有供配水关键枢纽的正常信息采集、信息处理、正常管理的可操作性 |
| 生态环境系统 | 生态环境用水需求 | 保证供水 | 生态环境用水动态指标、生态环境缺水量、生态放水量、水质 |
| | 河流断流 | 保护河流生命健康 | 入海水量、散失水量、维持河槽生物多样性的基本水量、满足水质功能的基本水量 |
| | 污废水排放 | 污水、废水排放的回收与处理 | 污水、废水排放量与处理量、处理率、污水净化能力、水质等级 |
| | 水体环境 | 防止水体污染 | 水体理化指标、生态环境稳定性、污染类别、污染物浓度、水质等级 |
| | 水体生态 | 水生态保护与修复 | 生物多样性、浮游植物量、浮游动物量、底栖生物量、水质等级 |
| | 水土流失 | 水土保持 | 水土流失面积、水土流失比例、土壤侵蚀模数、植被覆盖率 |
| | 土地沙化 | 生态环境保护 | 沙化面积、沙漠化比例、植树造林面积、干旱时间、需水量、缺水量 |

在水利基础设施(水库、渠道、水工建筑物、输水管等)子层次中,仅列出了供、蓄水工程及其管理方面的任务和指标,而没有罗列工程建设方面的任务和指标。供、蓄水工程的关键任务是运行和维护,运行包括所需工况的维护、建筑物设计参数的维护及其维修、工况现代化以及必须进行的改造等。运行质量除表6-1中所列出的指标外,还可以用物质和资金消耗量、效率及基础设施的使用期限这类指标来衡量。

在水资源规划与计划子层次中,除供需水平衡和可持续发展任务及其相关指标外,还列出了长期变化适应性的任务,这里除考虑水源的长期变化(包括气候变化)对水资源的影响外,还要考虑子孙万代的用水需求,给后代人留有开发和利用水资源的余地。

在可用水资源评估子层次中,列出了所有可用水资源(包括地表水、地下水、净化水以及其他能用的水)的主要任务是监测(统计)、保护和开发,列出了任务解决程度的关键指标,从水源处的水量(或水位)角度来看是水资源的再生性、水质指标以及这些参数的实时变化幅度。本子层次中还把节水作为一项重要的任务单独列出,因为在社会经济用水的任何一项任务中,甚至包括在生态环境用水中,合理用水和节约用水都是必然的选择,而且潜力很大,即便是在发达国家节水都作为一项重要指令来贯彻执行,从工农业生产到居民生活饮用,从节水技术到节水器皿都得到了迅速的推广应用。节水指标主要是通过用水的重复利用率和用水效率来衡量。

在水资源管理决策与监督子层次中,管理任务包括分水程序、直接供水服务和正常水管理本身。最困难的任务是分水,换句话说,就是要在水资源供需之间寻求平衡。为此,要尽最大可能吸引所有感兴趣各方到分水协定的谈判中来,并且要制定所有各方都能接受的分水章程(条例)和管理规程。在制定用水分量(限额或定额)时,必须坚持信息公开透明,杜绝任何形式"水利己主义"和营私舞弊行为。对这项任务的建议指标是公平、公正和合理准则。水资源管理过程的下一项任务是从水源处向用户供水,亦即提供供水服务。对执行这些服务的质量评价指标是在最小无效水损失下供水的均匀性、稳定性,供水保证率和及时性,亦即在所核定的用水指标范围内,水管理部门应该提供及时准确的服务。在这个子层次中,最后一项任务是进入正常管理的可能性。一般来说,在制定了分水章程和管理规定的情况下,只要这些章程和规定符合绝大多数人的利益并得到他们的认可,水管理部门认真贯彻执行这些章程和规定,进入正常管理是完全可能的,也是应当的。这里最重要的指标是来自所有供配水关键枢纽的正常信息采集和处理。

此外,在水资源管理过程中应该确定水平衡主要因素和用水分量的变化前景以及用水对这些变化的适应机制。当然,管理结果也应该进行正常的登记、分析和效益评估。在管理中还有一系列形成管理的财政、物质和干部基础的保证要素。管理过程的每个组成部分要解决特定的任务并用相应的指标来评估,这些指标在实践中可以跟踪执行指定目标和任务的管理和监督过程以及评估完成这些任务的质量。

## 6.2.3 生态环境系统

在生态环境系统中,我们共列出了生态环境用水需求、河流断流、污废水排放、水体环境、水体生态、水土流失和土地沙化等7个管理组成部分,对每一项管理任务都列出了相应的建议指标。当然,如果要细分的话,还可以列出一些。在这里,生态环境用水需求和河流断流这两个组成部分的主要任务是解决满足生态环境用水量的问题,特别对于河流断流来说,坚决杜绝这种情况的发生,亦即在河流的流动水量只能维持河槽生物多样性的需要时,要坚决关闭所有水闸等取水设施,维持河流的基本径流量,保护河流生命健康。污废水排放、水体环境和水体生态这3个组成部分主要是解决水质问题,水质好了,一切问题就迎刃而解了。同时,污废水的处理还增加了可用水量。因此,对于这3个组成部分,水质是最重要的衡量指标。水土流失和土地沙化这两个组成部分的直接原因是气候变化。由于气候变化,水旱灾害越来越频繁。强降雨和长期干旱导致水土流失和土地沙化,从而给生态环境造成很大破坏。人类现在还没有掌握直接干预强对流天气的技术,所以只能在退耕还林还草、植树造林、修筑淤地坝、增加植被覆盖率和水土保持等方面做些有益于生态环境的工作。植树造林面积和增加植被覆盖率是最重要的衡量指标。

对于上述指标系统,中亚水资源管理专家杜霍夫内 B. A.等还建议补充以下几个指标:

(1)工程管理保障(要完成必须的修复工程量)、主要资产(指水库堤坝、输水渠道等)的老化和恢复指标、高质量的干部保障、满足管理所需要的财政资金的要求、干部培训保证等;

(2)科技进步指标、运行机构现有的技术装备与世界先进技术水平相适应性(计算机化、建筑物自动化、交通装备水平、从水文站点获得信息的在线系统等);

(3)反映水质实际状态与标准相一致程度的生态指标、生态放水的执行情况、冰川和侵蚀危险区的状态、生物繁殖率指标(有代表性的单独生物体的存在)等。

# 6.3　一些管理质量指标的计算

杜霍夫内 B. A.、米尔扎耶夫 H. H.等建议,对于供水和配水管理质量指标的计算,可以按照已编写的计算程序进行,他们特别推荐以下指标:水保证率系数、稳定性系数、供水均匀性系数、技术效率系数、单位供水量。

## 6.3.1　水保证率系数的计算

$$水保证率系数 = 实际供水／计划供水 \qquad (6\text{-}1)$$

从生物观点来看,水保证率系数等于1的情况是最佳的。在实践中,水保证率系数不总是准确反映保证农作物的耗水程度。这与分析目的有关,要计算从上游到下游不同水管理等级(包括最终用水户)的水保证率系数。

对于单一渠道或多条支渠来说,水保证率取决于从示范渠道取水支渠的数量和组成,可以是农场、用水户协会、区、州、示范渠道的平衡段甚至整个示范渠道的控制区,这都可以计算水保证率系数。

对于计算期来说,以旬计算,可以计算任何时间段如年度、植物生长期、非植物生长期、部分植物生长期或非植物生长期(季度)的水保证率系数。

水保证率系数的计算示例如下。

**例1**　对于单一支渠(见表6-2),计算期为四月的上、中、下3个旬期,其水保证率系

数 $= (58.3 + 66.1 + 79.0)/(58.3 + 82.9 + 114.9) = 203.4/256.1 = 0.79$。

表6-2　单一支渠水保证率系数的计算

| 指标 | 计量单位 | 四月 | | | 整个计算期 |
|------|---------|------|------|------|-----------|
| | | 上旬 | 中旬 | 下旬 | |
| 计划供水量 | 万 m³ | 58.3 | 82.9 | 114.9 | 256.1 |
| 实际供水量 | 万 m³ | 58.3 | 66.1 | 79.0 | 203.4 |
| 水保证率 | 万 m³ | 1.0 | 0.80 | 0.69 | 0.79 |

**例2**　对于示范渠道(见表6-3),计算期为四月的上、中、下三个旬期,其水保证率系数 $= (4\,513.6 + 4\,988.9 + 5\,218.3)/(3\,518.4 + 3\,759.5 + 5\,618.2) = 14\,720.8/12\,896.1 = 1.14$。

表6-3　示范渠道水保证率系数的计算

| 指标 | 计量单位 | 四月 | | | 整个计算期 |
|------|---------|------|------|------|-----------|
| | | 上旬 | 中旬 | 下旬 | |
| 计划供水量 | 万 m³ | 3 518.4 | 3 759.5 | 5 618.2 | 12 896.1 |
| 实际供水量 | 万 m³ | 4 513.6 | 4 988.9 | 5 218.3 | 14 720.8 |
| 水保证率 | 万 m³ | 1.28 | 1.33 | 0.93 | 1.14 |

## 6.3.2　稳定性系数的计算

对于单一支渠,日稳定性系数可以确定为:

$$KCC = 1 - 流量日观测值与日平均流量的均方差 / 日平均流量 \qquad (6-2)$$

日稳定性系数表示一昼夜内在某个控制水文站流量的稳定水平,其稳定性系数最大值等于1。

日取水稳定性系数的计算示例(见表6-4)如下。

表6-4　计算日取水稳定性系数的原始资料

| 观测时间（h） | $Q$ | $Q - Q_{cp}$ | $(Q - Q_{cp})^2$ | $\dfrac{\sum (Q - Q_{cp})^2}{24 + 1}$ | $\sqrt{6.191}$ |
|------|------|------|------|------|------|
| 1 | 52.2 | +2.18 | 4.767 | | |
| 2 | 52.2 | +2.18 | 4.767 | | |
| 24 | 45.9 | -4.12 | 46.947 | | |
| 平均 | 50.02 | | | 6.191 | 2.48 |
| 总和 | 1 200 | | 154.77 | | |

注:$Q$ 为观测日内某时段的流量,m³/s;$Q_{cp}$ 为日平均流量,m³/s。

日取水稳定性系数 $= 1 - 2.48/50.02 = 0.95$

对于单一支渠,旬稳定系数可用类似的方法确定:

$$旬稳定性系数 = 1 - 日平均流量与旬平均流量的均方差/旬平均流量 \quad (6\text{-}3)$$

旬取水稳定性系数的计算示例(见表6-5)如下。

表6-5　计算旬供水稳定性系数的原始资料

| 日 | $Q$ | $Q - Q_{cp}$ | $(Q - Q_{cp})^2$ | $\dfrac{\sum(Q-Q_{cp})^2}{11}$ | 0.003 273 |
|---|---|---|---|---|---|
| 11 | 0.8 | −0.02 | 0.000 4 | | |
| 12 | 0.8 | −0.02 | 0.000 4 | | |
| 19 | 0.8 | −0.02 | 0.000 4 | | |
| 20 | 0.8 | −0.02 | 0.000 4 | | |
| 平均 | 0.82 | | | 0.036 | |
| 总和 | 8.2 | | | 0.003 273 | 0.057 |

注:$Q$ 为日平均流量,$m^3/s$;$Q_{cp}$ 为旬平均流量,$m^3/s$。

旬供水稳定性系数 $= 1 - 0.057/0.82 = 0.93$。

## 6.3.3　供水均匀性系数的计算

对于单一支渠或多条支渠(农场、用水户协会、区、州等等)供水均匀性系数确定为:

$$供水均匀性系数 = 1 - 单一支渠或(多条支渠)水保证率与渠道水保证率$$
$$之差的绝对值/示范渠道水保证率 \quad (6\text{-}4)$$

现在,按比例原则是源于社会公平原则的配水主要原则。供水均匀性系数是评价用水户之间实际配水公平性的准则。均匀性系数的最大值等于1。均匀性系数越高,则示范渠道配水过程就越公平。

$$示范渠道供水均匀性系数 = 示范渠道用水户供水均匀性系数的算术平均值 \quad (6\text{-}5)$$

供水均匀性系数的计算示例(见表6-6)如下。

对于某条支渠,计算期为4月的上、中、下3个旬期,其均匀性系数 $= 1 - 0.79/0.83 = 0.95$。

表6-6　单一渠道供水均匀性系数的计算

| 指标 | 4月 | | | 整个计算期 |
|---|---|---|---|---|
| | 上旬 | 中旬 | 下旬 | |
| 单一渠道水保证率 | 1.00 | 0.80 | 0.69 | 0.79 |
| 示范渠道水保证率 | 0.80 | 0.78 | 0.90 | 0.83 |
| 单一渠道的供水均匀性 | 0.75 | 0.97 | 0.77 | 0.95 |

例3　对于示范渠道(见表6-7),计算期为4月的上、中、下3个旬期,旬均匀性系数 $= (0.7 + 0.8 + 0.9)/3 = 0.8$;在计算期内示范渠道旬均匀性 $= (0.8 + 0.9 + 1.0)/3 = 0.9$。

表 6-7　示范渠道供水均匀性系数的计算

| 指标 | 4 月 | | | 整个计算期 |
|---|---|---|---|---|
| | 上旬 | 中旬 | 下旬 | |
| 旬均匀性 | 0.70 | 0.80 | 0.90 | 0.80 |
| 计算期内旬均匀性 | 0.80 | 0.90 | 1.00 | 0.90 |

在配水实践中,通常存在"渠首—渠尾"问题,位于灌溉水源上游的用水户用水保障好于位于下游的用水户。"渠首—渠尾"均匀性系数反映了沿渠道长度配水的公平性。

"渠首 — 渠尾"均匀性系数 = 1 − (示范渠道末端 25% 用水户与渠首 25% 用水户的用水保证率之差的绝对值/(渠道末端 25% 用水户的用水保证率)　　(6-6)

"渠首—渠尾"供水均匀性系数的计算示例见表 6-8。

"渠首—渠尾"供水均匀性系数 = 1 − |0.76 − 0.93|/0.76 = 0.78

表 6-8　计算"渠首—渠尾"供水均匀性系数的原始资料

| 渠首段 | | | 渠尾段 | | |
|---|---|---|---|---|---|
| 序号 | 用水户 | 水保证率系数 | 序号 | 用水户 | 水保证率系数 |
| 1 | 乌兹别克斯坦 | 0.94 | 6 | 乌鲁克贝克 | 0.92 |
| 2 | 里什坦 | 0.94 | 7 | 塔什干 | 0.86 |
| 3 | 胡绕博德 | 0.88 | 8 | 库奇科尔奇 | 0.58 |
| 4 | 法尔哈德 | 0.96 | 9 | 艾尔加舍夫 | 0.71 |
| 5 | 图尔基耶夫 | 0.91 | 10 | 纳沃伊 | 0.73 |
| | 平均 | 0.93 | | 平均 | 0.76 |

## 6.3.4　技术效率系数的计算

技术效率系数 = (供水 + 过境输水 + 排水)/(渠首取水 + 区间来水量)　　(6-7)

原则上,技术效率系数的最大值不可能大于 1,但是在配水实践中,由于在示范渠道中考虑到分散来水量,发生技术效率系数大于 1 的情况是非常复杂的。

示范渠道的取水可能是靠示范渠道的渠首取水和区间来水量形成的。例如,南费尔干纳渠道的取水是从沙赫里汗塞的渠首取水以及靠阿克布拉塞、阿拉万塞、别沙利什塞、马尔基兰塞的区间来水量和卡尔基东斯科水库的补水形成的。

示范渠道技术效率系数的计算示例(见表 6-9)如下。

计算期为 4 月的上、中、下三个旬期,则

技术效率系数 = (14 720.8 + 345.6 + 968.0)/17 031.7 = 0.94

表 6-9　示范渠道技术效率系数的计算

| 指标 | 计量单位 | 4月 | | | 整个计算期 |
|---|---|---|---|---|---|
| 旬 | | 上旬 | 中旬 | 下旬 | |
| 示范渠道的渠首取水 | 万 m³ | 5 406.5 | 5 456.2 | 6 169.0 | 17 031.7 |
| 示范渠道的供水量 | 万 m³ | 4 513.6 | 4 988.9 | 5 218.3 | 14 720.8 |
| 示范渠道的过境输水 | 万 m³ | | | 345.6 | 345.6 |
| 示范渠道的放水 | 万 m³ | 258.7 | 202.4 | 524.9 | 986.0 |
| 示范渠道的区间来水量 | 万 m³ | 0 | 0 | 0 | 0 |
| 示范渠道的技术效率系数 | | 0.88 | 0.95 | 0.99 | 0.94 |

## 6.3.5　单位供水量的计算

$$单位供水量 = 供水量/灌溉面积 \tag{6-8}$$

单位供水量取决于原始信息,实际单位供水量与计划单位供水量是有差别的。从农作物的角度来看,所确定的单位供水量指标具有最大的价值。

在配水实践中,由于缺少或者很少有农场内的水量统计,一般没有这样的信息,即使有,其可信度也很低。因此,一般用"单位供水量/公顷"。下面列举单一渠道和多条渠道单位供水量的计算示例。

单位供水量的计算示例(见表6-10)如下。

对于单一支渠,计算期为4月的上、中、下3个旬期,则

$$单位供水量 = (583.2 + 829.4 + 790.6) \times 1\,000/1\,691 = 1\,303(m^3/hm^2)$$

对于多条支渠,计算期为4月的上、中、下3个旬期,则

$$单位供水量 = (2\,120.9 + 2\,678.4 + 2\,589.4) \times 1\,000/5\,777 = 1\,280(m^3/hm^2)$$

表 6-10　单位供水量的计算

| 指标 | 计量单位 | 项目 | 4月 | | | 整个计算期 |
|---|---|---|---|---|---|---|
| | | | 上旬 | 中旬 | 下旬 | |
| 供水量 | 1 000 m³ | 单一支渠 | 583.2 | 829.4 | 790.6 | 2 203.2 |
| | | 多条支渠 | 2 120.9 | 2 678.4 | 2 589.4 | 7 388.7 |
| 灌溉面积 | hm² | 单一支渠 | | 1 691 | | |
| | | 多条支渠 | | 5 777 | | |
| 单位供水量 | 1 000 m³ | 单一支渠 | 0.34 | 0.49 | 0.47 | 1.30 |
| | | 多条支渠 | 0.37 | 0.46 | 0.45 | 1.28 |

分水指标应该用于评估水管理的质量。在"费尔干纳水资源—体化管理"项目范围内系统地进行过这样的评估。评估是以 2003～2007 年度主要指标比较方式进行的(见表6-11)。

表 6-11　"费尔干纳水资源—体化管理"项目试验渠道的配水指标

| 试验渠道 | 年份 | 实际供水量<br>（亿 m³） | 水保证率<br>（%） | 均匀性<br>（%） | 稳定性<br>（%） | 效率系数<br>（%） | 单位供水量<br>（万 m³/hm²） |
|---|---|---|---|---|---|---|---|
| 南费尔干纳渠道 | 2003 | 10.53 | 112 | 60 | 85 | 81 | 1.26 |
| | 2004 | 9.25 | 93 | 89 | 87 | 88 | 1.10 |
| | 2005 | 8.71 | 85 | 94 | 85 | 87 | 1.03 |
| | 2006 | 8.16 | 77 | 94 | 84 | 89 | 0.92 |
| | 2007 | 6.43 | 68 | 92 | 84 | 86 | 0.72 |
| 阿拉万阿克布林渠道 | 2003 | 0.83 | 74 | 45 | 70 | 54 | 1.31 |
| | 2004 | 0.66 | 88 | 63 | 91 | 53 | 0.98 |
| | 2005 | 0.57 | 77 | 69 | 84 | 54 | 0.85 |
| | 2006 | 0.54 | 75 | 74 | 81 | 59 | 0.80 |
| | 2007 | 0.64 | 83 | 82 | 90 | 59 | 0.83 |
| 霍贾巴克尔干渠道 | 2003 | 1.16 | 82 | 36 | 41 | 80 | 1.44 |
| | 2004 | 1.13 | 85 | 82 | 58 | 78 | 1.58 |
| | 2005 | 1.15 | 86 | 73 | 64 | 78 | 1.65 |
| | 2006 | 0.90 | 69 | 80 | 54 | 80 | 1.21 |
| | 2007 | 0.88 | 67 | 77 | 62 | 81 | 1.18 |

在用水户协会级用类似的方式进行评估，其结果见表 6-12。

表 6-12　在用水户协会级的试验项目的评估

| 用水户协会 | 年份 | 实际供水量<br>（亿 m³） | 水保证率<br>（%） | 均匀性<br>（%） | 稳定性<br>（%） | 单位供水量<br>（万 m³/hm²） |
|---|---|---|---|---|---|---|
| 阿克巴拉巴德 | 2004 | 2.57 | 88 | 95 | 87 | 0.91 |
| | 2005 | 2.31 | 80 | 94 | 86 | 0.82 |
| | 2006 | 2.25 | 75 | 97 | 82 | 0.80 |
| | 2007 | 1.80 | 64 | 94 | 83 | 0.59 |
| 扎帕拉克 | 2004 | 1.19 | 72 | 82 | 98 | 0.63 |
| | 2005 | 0.91 | 56 | 73 | 87 | 0.49 |
| | 2006 | 1.07 | 65 | 88 | 83 | 0.57 |
| | 2007 | 1.24 | 83 | 99 | 95 | 0.66 |
| 泽拉夫尚 | 2004 | 0.67 | 61 | 72 | 59 | 0.83 |
| | 2005 | 0.76 | 69 | 81 | 56 | 0.94 |
| | 2006 | 0.72 | 66 | 96 | 49 | 0.89 |
| | 2007 | 0.58 | 46 | 69 | 49 | 0.65 |

但是,本节所论述的这些指标都不是水资源一体化管理的指标,而只能算做渠道、用水户协会、甚至只是灌溉系统的水管理指标。实际上,我们需要对一体化管理结果、经济效果以及它对千年发展最终目标影响进行综合评估,而这种综合评估可以根据上述的指标来进行。例如,根据在农作物面积类似结构情况下系统首部供水效率与水的潜在效率值的对比、根据水利系统首部供水量与农作物生长需水量的比例等来进行评估。在综合水利系统中这个指标可以根据所有用水户对工艺需水量的总和取水量来计算。

通过对水资源一体化管理指标的总结,可以认为,这些指标旨在按照水资源一体化管理的主要原则来保证管理、改进管理和发展管理以及评估其实施效果和改善结果。这些指标不是单纯的计算值,而是依据水管理部门水资源一体化进展程度确定的。这些指标不是达到已确定的管理原则,而是在客观上保证管理过程向前发展的形式,其优点是不容置疑的。从效果分析来看,它们使水管理部门提高了财政稳定性、加强了信息交流和监督,并创造了管理潜力。

## 参 考 文 献

[1] В. А. Духовный, В. И. Соколов, Х. Мантритилаке. ИНТЕГРИРОВАННОЕ УПРАВЛЕНИЕ ВОДНЫМИ РЕСУРСАМИ: ОТ ТЕОРИИ К РЕАЛЬНОЙ ПРАКТИКЕ. —ОПЫТ ЦЕНТРАЛЬНОЙ АЗИИ. http://www.cawater-info.net/library/rus/iwrm/iwrm_monograph_.

[2] 冯海霞,习迎霞,徐跃通. 基于 PSR 概念模型的水资源可持续利用指标体系研究[J]. 水资源研究, 2002(2):13-15.

[3] 水资源可持续利用指标体系探讨. http://www.wenmi114.com/wenmi/lunwen/jingjilunwen/2007-03-19/.html.

[4] IWMI,НИЦ МКВК,SDC;Проект《ИУВР-Фергана》Показатели водораспределения. http://www.cawater-info.net/library/rus/iwrm/iwrm 37.pdf.

# 7 水资源一体化管理的工具

## 7.1 水资源一体化管理现有工具的简介

水资源一体化管理的工具有很多种。按照全球水伙伴的说法,法律法规、方针政策、人才培训、水资源评估、管理规划、开发利用、节约与保护到水价机制、信息交换、冲突调解等都是水资源一体化管理的工具,本书不一一论述。本章着重介绍全球水伙伴推荐的水资源一体化管理工具箱和中亚地区现在使用的水资源一体化管理工具,然后选择几种常用的重点工具做更进一步的论述。

### 7.1.1 全球水伙伴推荐的水资源一体化管理工具箱

全球水伙伴于 2002 年研制并出版了水资源一体化管理使用的工具手册,而且该手册已被翻译成多种文字(已知的有中文、俄文、法文和德文)出版发行。在所发表的手册中汇集了 50 多种各种各样的工具。每种工具都以真实案例加以阐述,举例说明在特定的组合和背景下工具如何发挥作用。每种工具的特性在手册中是这样描述的:由于各国或各个地区政治、社会、经济条件很不一样,在水利领域专家们所遇到的问题也多种多样。在既定的情况和形势下,用户可以根据自己的需要和当地的情况来选择或修改某些工具及其适当的组合,使其能在本国或本地区发挥作用。手册中提供了全套工具,使用者可以利用不同工具的组合,例如,需求管理应同时加强生产费用的补偿政策。水资源一体化管理按其性质限制了作用的相互关系,强调了它的意义,因为手册中所包括的工具不是用于偶然或封闭的情况。例如,水资源方面的政策应该考虑其他部门、特别是土地利用部门所实行的政策。

结构上手册按照等级方式进行了工具的分类,把所有工具分成 A、B、C 三大类,而且每一类工具都被放在更广阔的前景中来审视水资源一体化管理。这种分类结构可用如图 7-1 所示的分级来表示。下面简要介绍这种分类结构并给出必要的解释。

#### 7.1.1.1 A 促使工具应用的氛围

A1 政治决定——在水资源利用、保护和节约范围内提出问题。在手册中用了一组工具阐明水政策与制定相应行动方针的关系。在国家总体发展框架内,水政策的制定将提出水资源管理和提供用水服务方面的国家目标。这一部分分成"国家水政策的制定"和"关于水资源的政治决定"两个小部分进行

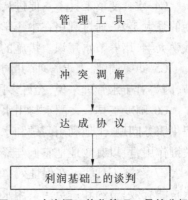

图 7-1　水资源一体化管理工具的分级

论述。

A2 法律基础——实施行动方针和解决所提出任务必须遵守法规。在手册中列入了用于发展水权的工具。水权包括水的所有权、用水许可证(或排污许可证)。这些许可证转让、享有这些权利的正常实践及随之而发生的节约、保护和优先权调整标准的可能性。这一节分成"水权"、"水质问题的法律"、"现有法律的改革"等小节进行论述,同时指出,对于许多发展中国家来说,必须完善现有法律。

A3 财政与激励结构——满足水利部门需要的财政资源的分配。水利部门对资金的需求是巨大的,水利工程的发展趋势是投资越来越巨大。在发展水利基础设施方面,许多国家具有大量的未完成工程。手册中有一组财政和激励工具。

### 7.1.1.2 B 制度变革的作用

B1 组织基础的建立——形式和职能。为了改善水管理,从制度变革理念开始,手册可以帮助专家建立所需要的组织和制度:从跨境组织和协议,流域组织和调节机构到地方权力机构、民间团体组织和伙伴关系。

B2 组织潜力的增长——人力资源的开发。手册中包括用于开发国家水利部门的决策人员、领导和专家以及调节机构的同行的专业技能和对问题实质有更深刻理解的工具以及增长民间社会团体授权潜力的工具。

### 7.1.1.3 C 管理工具

C1 水资源的评估——对资源和需求的理解。手册中组合了一套用于促进水资源评估的工具。评估应从收集水文、自然地理、人口统计和社会经济的资料开始,建立资料和报告的日常收集系统。

C2 水资源一体化管理规划——资源开发、利用及其与人类相互作用的选择方案相结合。手册中有供用户支配的用于河流和湖泊流域级规划用的工具,以及全面收集对水资源一体化管理有用的资料并进行模型试验,在规划过程中应该认清发展管理结构的平行措施计划中的要求。

C3 需求管理——更加有利可图的用水。在需水管理中可以利用一套用于供求平衡的工具,集中关注利用现有取水量的改善和减少过量用水,以此来取代开发新的供水水源。

C4 社会变革工具——促进从事解决水问题民间协会的建立。信息是改变水关系行为的强大工具,通过利用在中小学校和大学水课题培训班、职业培训班和技能提高系统的教学大纲,培养节水意识。措施的透明和给产品打上用户信息标记是另一个关键点。

C5 冲突调解,需求管理,共同用水的保证。对于冲突的管理,手册中有一个单独的章节,因为对于水管理来说,在许多国家都有冲突,手册中叙述了几种调解模式。

C6 调度工具——配水与用水的限额。手册中有一套调节工具,它们包括水质问题、提供服务问题、土地利用问题和水资源保护问题。在实施行动计划和方针时规章制度起关键作用,可以有效地把它们与经济工具相结合。

C7 经济工具——在保证效率与公平中价值与价格的利用。为了使需水者和所有用水户能有效、节约和避免污染用水,手册中有一套工具,它们利用价格和其他手段作为激励市场的措施。

C8 信息管理与交换——提高水管理知识水平。资料的交换方法和工艺可提高感兴趣各方取得信息和国家资料库的水平,利用因特网是有效补充比较传统的社会信息的方法。

从以上简介中可以看出,全球水伙伴所推荐的水资源一体化管理工具是多种多样的。使用者可以根据具体情况来选择某种工具及其组合。例如,使用者想解决因水资源而产生的冲突问题,可以打开手册的"C"部分,在这一部分中列出了工具清单,使用者找到关于解决冲突的(C5)章,看到有各种各样的工具(见图7-1)。使用者可以采用集中关注达成协议的解决方法作为主要目的,并且研究包涵在该部分的达成协议的选择清单。在审查选择时使用者可以把自己的选择停留在有利的更合适的谈判方式上。这个工具与补充工具有关,而且使用者被指向 C4.4 节(与利益相关者的关系)、C1 节(需求与资源的评估)和 A3.5 节(投资金额的确定)。

从工具手册中可以看出,手册提供了许多用于改进水管理的工具,这些工具按照其特性和应用效果相互之间有很大差别。但是,为了解决所出现的问题,很少出现应用一种工具就够用的情况。考虑到一般情况下,问题是多种原因造成的,所以可能需要几种改组并使用几个工具。除了使用有效而适用的工具,经常有必要同时进行某些改良。

该手册的主要缺点是没有指出不成套的工具如何组合,必须用什么方式把它们联系起来,集成并指向最终的管理一体化。同时,在工具手册中,对管理工具(如水的计量、管理信息系统、用水标准和期限的确认、灌溉与排水的相互作用、地表水与地下水的关系、用水技术等)关注不够。同时,社会动员在工具中应占有特别的位置,因为社会动员是水资源管理中发动广大用水户创造性的最有用的工具。

## 7.1.2 中亚地区现在使用的水资源一体化管理工具

在《水资源一体化管理:从理论到实践,中亚的经验》专著的第五章中专门论述了水资源一体化管理的工具。这一章共分 10 节,下面简要介绍各节的主要内容。

第 1 节"全球水伙伴关于水资源一体化管理的工具手册"。该节简要介绍了全球水伙伴关于水资源一体化管理工具手册的主要内容,指出了该手册的不足,如上所述,这里不再赘述。

第 2 节"水源和用水的监测"。本节主要论述了水量计量工具在示范试验渠道上的使用。在水管理中,所有可能水源的水量统计和所有现有信息系统地转化成统一资料库是非常重要的。中亚的水文测量网、水量统计、资料的处理与分析实际上处于很低的技术水平。在费尔干纳盆地水资源一体化管理示范试验的渠道上,2002 年进行了主要渠道建筑物技术状态的原体调查,调查结果表明,必须更换水文测量设备并使之现代化,用现代流速测量仪(ИСВ-01 型流速仪和 ГТР 型测流管)进行配套。同时,对水管工作人员进行理论和实际操作培训,培训教材统一使用"干渠水文站设立条件指南",从而使水文测量水平和水量计量精确度大大提高。此外,在这一节中还介绍了其他水量计量设备的使用情况。

第 3 节"需水量的评估、需求管理、农作物灌溉管理的方法和途径"。在这一节中,专家们为了评估和分析实际形成的灌水,根据每一块田地的土壤指标、降水量、蒸发量、地下水位和土壤初始湿度,计算出最佳灌水量和灌水图,并且把它们与根据土壤缺水所得的正常水量进行比较。在评估田地的水量平衡、农作物需水量和土壤含水量的基础上得出灌溉需水量。专家们根据所有示范田的日水量平衡和以棉花种植为例进行了计算,根据计算结果确定灌水日期、灌水间隔时间和灌水量。同时,还论证了示范区灌水指标的评估,即示范区土壤湿度的评估、蒸发量的评估以及土壤湿度与蒸发量的关系。为了比较分析真实灌水量的正确性,在整个植物生长期对每一次灌水的实际供水量进行了监测。评估结果表明,在示范试验之初,实际灌溉水量与计算灌水图的指标有很大的偏差。这样专家们根据计算结果研制出灌溉管理的建议,并要求所有灌溉用水户按照这个建议进行灌溉管理,同时根据真实的气候条件和土壤湿度与蒸发量的关系修正灌水工况,文中以实例证明所研制的建议是可行而有效的,既节约了大量灌溉用水,又获得了农产品的大丰收。

第 4 节"水分配,用水计划的编制和修正"。在水资源分配过程的管理中,公平、公正、公开(透明)、稳定和有效是水分配必须遵守的原则。文中论述了配水计划的编制和修订。配水计划包括年度计划、季度计划、月度计划以及用水户协会级别的旬用水计划和日用水计划,而且这些计划随着气象条件及其他情况可随时修改。具体情况请参见 7.3部分。

第 5 节"配水系统的自动化"。本节介绍了别吉莫夫耶等研制的资料收集和水量调度管理自动化系统。该系统主要由计算机、程序控制器、输入输出模块、水位和闸门位置传感器、带天线的无线电台等设备组成,是水资源一体化管理的重要工具,这套系统可以提高配水管理的质量、柔和性和可靠性,还可以降低水资源的非生产损失。这套系统在乌奇库尔干水利枢纽水量调度站安装并运行了 5 年。运行结果表明,配水系统大大改善了水资源管理的质量和数量指标。从 2008 年起,这套系统已推广到锡尔河流域水利联合公司的主要水量调度站和费尔干纳盆地水资源一体化管理的三条示范渠道(即阿拉万阿克布林渠道、南费尔干纳渠道和霍贾巴克尔干渠道)的水量调度站。

第 6 节"用水的目标——提高水土资源的效率"。本节首先介绍了示范区的总体特性、示范农场种植面积的结构、在实行水资源一体化管理前示范农场水土资源的利用状况、农场灌溉水的利用率、灌溉方式、灌溉水的实际生产率、利用灌溉水的潜在生产率的评估、利用灌溉水的生产率经济指标,接着在分析了已有灌溉方式等资料的基础上,指出了以往用水的缺陷,制定了有效利用灌溉水的建议。文中分 3 小节详细论述了灌溉方式的改进所取得的效果。第一小节论述了示范区灌溉用水的评估与分析、水利用率的评估以及用水生产率的评估。第二小节论述了在示范区所取得的主要经济指标的比较评估,尽管施肥不同和各国农产品的价格不一样,但是都取得了比以往好得多的经济效益。第三小节论述了示范区的节水方法,主要包括改变灌溉方式、减少灌溉沟渠渗漏以及把灌区分成一小块一小块灌溉的方法。

第 7 节"冲突的调解——在用水户级别上冲突情况的类型及争议的调解机制"。本节以中亚费尔干纳示范渠道为例,论述了在水资源一体化管理条件下,与水资源管理有关的争议和冲突产生的原因、较为典型的冲突实例以及调解冲突的经验、机制和建议。详见7.4部分。

第 8 节"财政和经济工具(水利部门的财政——国家的作用,水费及服务费等)"。本节主要论述了用水收费的主要原则、水价形成因素、水费计算的模式、采取鼓励节约用水的措施及费尔干纳水资源一体化管理示范渠道的水费收缴情况,详见 7.4 部分。

第 9 节"潜力的开发和培训——实现水资源一体化管理的关键工具"。首批培训机构主要是联合国教科文组织和加拿大、法国、德国等国际机构及大学。首批培训对象主要是进入跨国水利协调委员科学信息中心及流域机构的领导人和高级研究人员以及中亚各国的高级水管理人员。这些人员学成回国后再在中亚各国组织培训班培训中级水管理人员和用水户协会领导人,中级水管理人员再培训用水户协会成员和农场主。培训内容主要是《费尔干纳水资源一体化管理》《水资源一体化管理的战略规划》《两河下游区水资源一体化管理》《河流三角洲的水资源一体化管理》《水与教育》等。2000 ~ 2006 年,在各种培训班共培训了 2 694 人,通过培训,达到了改善用水和提高水生产率的目的。最近几年,中亚各国还把水资源一体化管理成果编成教材,在大学开讲座,向大学生宣讲水资源管理知识,有的国家还把水资源管理知识写进中小学的教学大纲,培养中小学生的节水意识。

第 10 节"水资源一体化管理的性别观念,性别与水资源一体化管理概念的联系"。本节介绍了中亚和高加索水利和农业的性别分析、《费尔干纳水资源一体化管理》项目的性别观念、在中亚水资源一体化管理中未来达到性别平衡的建议措施。其主要措施是吸引广大妇女参加各种培训班,教会她们节水方法和养成节水习惯,积极参与水资源管理活动。

根据中亚的经验,水资源一体化管理工具是帮助决策者在可供选择的行动中进行合理和有根据的选择工具。应基于认可的政策、可利用的资源、环境影响以及社会经济条件做出选择。系统分析、运行研究和管理理论可以提供一系列的定量与定性方法。这些方法与经济学、水文学、水力学、环境科学、社会学以及其他探讨问题的学科知识结合起来,可用来确定和评价供选择的水管理规划和实施计划方案。水资源一体化管理的手段是了解"工具箱"里有用的东西并且为特定的环境选择、调整和采用适当的工具或一系列工具组合。

## 7.2　水资源信息管理系统

水资源信息管理系统是利用先进的计算机技术、网络技术、数据库技术、地理信息技术、模型技术、优化配置技术和现代水资源管理理念等进行设计开发的。系统涵盖流域或局部区域的水资源动态监控管理系统,包括流域水资源流入和流出管理、取水管理、水环境管理、供水管理、排水管理和节水管理等多项业务,为各项管理提供统一、功能全面的信息查询分析平台。在水资源动态监测与预报基础上实现水资源的一体化管理,促进水资源信息共享和水资源优化配置,并为水资源一体化管理工作提供强大的科学依据和决策支持。

建立水资源信息管理系统,不仅有利于社会经济的发展,而且有利于水资源的可持续开发利用,同时为水资源管理部门的工作提供了重要的科学依据。

在水资源信息管理系统的设计过程中,首先要对系统所管理的各种内容进行分类。

根据系统所管理的内容不同可将水资源信息管理系统分为若干个子系统,各子系统之间既相对独立又相互联系,共同组成水资源信息管理系统。

通常水资源信息管理系统包括地表水资源管理子系统、地下水资源管理子系统、水环境管理子系统、土地利用子系统、分类数据库、数据输入输出系统、综合信息管理子系统、综合分析与决策支持系统以及实时控制管理系统等。

水资源管理信息系统通过对水资源信息及其相关信息的长期积累、实时更新和及时分析,可实时掌握水资源的数量与质量、开发利用与供需状况的动态变化,对加强水资源管理的科学性与及时性,提高水资源管理水平,实现水资源的可持续开发利用具有重大的科学意义和实用价值。

水资源一体化管理要求结合不同体系的信息不仅包括水文水资源信息,也包括社会经济发展信息,特别是自然地理信息、生态环境信息、水电水运、土地利用等信息。

(1)地理信息。通常指与水资源相关的自然地理信息,如水资源分区状况、河流形状、河流位置、河流长度、水库形状、水库位置等,这些信息通常为图表形式的信息。

(2)社会经济发展信息。通常包括人口信息、各种经济社会指标信息等。多为具有水资源开发利用评价功能的系统服务。

(3)水资源信息。通常包括大气降水信息、地表水信息、地下水信息及水资源工程信息等。

地表水信息通常包括河流流量信息、河流水质信息、水文监测信息、排污口监测信息、地表水资源量、利用量信息等,地下水信息通常包括各种监测井监测信息、地下水水质信息、开采井信息、地下水资源量、利用量信息等,水资源工程信息通常包括堤坝、河段、水库、水闸信息,地下水库信息等。

(4)生态环境信息。主要包括地面沉降信息、污染河流信息、降落漏斗信息、海水入侵信息、荒漠化信息等。这些信息主要为防止和控制不良地质现象服务。

(5)水电水运信息。水电信息主要包括水电站机组台数和装机容量信息、发电用水量和时间信息,水运信息主要包括河道水深信息、航道保证水深信息和船舶类型信息等。

(6)土地利用信息。主要包括种植面积信息、灌溉用水量、排水量、灌溉次数及时间等信息、可开发土地面积信息、主要农作物品质信息等。

以上这些原始信息要求完整全面、真实可靠、可修改、可扩充。首先将所收集到的各种原始信息进行整理,提取出系统所需要的信息,然后对各种信息进行分类,通常先按其存储格式进行分类,再按照信息内容进行分类,接着把所选定的信息整理成图表信息、文本信息或数据信息,用数据库技术建立数据库、模型库、知识库,为前台系统开发程序提供数据支持,同时做好界面设计和应用程序开发。这样整个水资源信息管理系统就算建成了。通过试运行和进一步完善,这套系统就可以投入使用了。

### 7.2.1 咸海流域水资源信息管理系统

早在1995年,在"欧盟-独联体技术援助"项目指派的外国专家帮助下,"拯救咸海国际基金会"科学信息中心及阿姆河和锡尔河流域水利联合公司共同研制成功"咸海流域水资源信息管理系统"(简称"咸海系统")。这套系统是由三个区域终端("拯救咸海国际基金会"科学信息中心和两个流域水利联合公司)和五个国家终端组成的公共网络。系统允许在达成一致的基础上永久进行与水资源利用有关的信息互换。系统包括以下内容：

（1）咸海流域所有河流大约90年的历史水文水资源数据；

（2）1986年以来水资源年度和月度的配置和利用情况；

（3）1986年以来的行政分区、土地利用、灌溉和排放数据；

（4）社会和经济数据；

（5）覆盖区域内大部分灌溉地区的地理信息系统。

水资源信息管理系统1.0版里面的子数据库收集了初级信息和二级信息。子数据库根据不同的内容进行了归类，以下是现有子数据库的类别：

（1）行政子数据库包含行政和政治区域划分以及规划地区的基本数据和参考代码；

（2）土地子数据库包括有定期性的土地使用潜力、地下水位以及土壤和地下水矿物质数据等；

（3）水资源子数据库包括了河流、湖泊、水库、水文对象、灌溉和排水网络的基本数据和参考代码以及水流量/配置和水库容量的周期性（月度）信息等；

（4）水质子数据库包括了河流和河口地区周期性（月度）水质数据，后来还增加了取水口、跨国界调水、集水区、水井和排水口的水质数据；

（5）气候子数据库包括天气和气候的基本数据和周期性（月度）数据；

（6）行业子数据库包括非灌溉用水户的基本数据以及用水周期性（月度）数据；

（7）经济子数据库包括经济指数、农产品市场价格和水资源管理成本等相关信息；

（8）水电子数据库包括有水电和热电厂发电和电力消耗等基本数据；

（9）系统子数据库包括水资源信息管理系统版本、客户和合同以及用户权限级别的信息；

（10）规划地区水和盐分平衡模型子数据库包括输入/输出数据；

（11）规划地区经济最佳化模型和河流流域模型子数据库包括用户定义的输入参数以及这些模型的二次输入/输出数据；

（12）文档管理系统子数据库；

（13）农业子数据库包括在农业模型和用水及农田管理调查数据分析输出结果的基础上生成二级数据，以便为灌溉农业的水生产率提供信息。

水资源信息管理系统里面所有的子数据库都通过基本的单位→规划地区→进行互连。

"用水和农田管理调查数据分析系统"是在同一捐赠人的资助下建设的。它由地区灌溉农业观测和分析的一套独立系统组成。最初，"用水和农田管理调查数据分析系统"共选取了中亚五国36个具有代表性的农庄。各国专家团负责开展所有的观测工作。他们收集了农田区与农业生产有关的技术、生物、农艺、水文、管理、经济和社会的信息。同样，水资源和土地利用、工作内容、效率以及财政情况等也需要进行观察。区域专家团依据收集的数据准备分析性报告。之后，这些报告每年在中亚五国之间进行传阅。但是在1999年，观测内容已经变为反映改善水资源和土地利用效率的参数，而且在中亚五国选取有代表性的农田数量也减少到 9 个。

后来"拯救咸海国际基金会"科学信息中心还精心制定了系统模型的开发规划。这套规划包括研制以下几个系统模型：

(1)三条河流(阿姆河、锡尔河和泽拉夫尚河)流域的模型；

(2)规划地区模型,为咸海地区每个规划区选取典型的样板；

(3)国家水政策模型,根据各地区社会经济发展的不同情况,满足各国的用水需求。

选择这样一套模型有助于创建一种相互连接的数据和方法,为下一步建立模型提供支持：

(1)在区域未来发展中作为准备"区域水战略"的工具；

(2)在国家未来发展中作为准备"国家水战略"的工具；

(3)为"国际水利协调委员会"调节多年流量以及两个流域水利联合公司制定多年规划提供支持；

(4)为每个流域水利联合公司开展水管理工作提供支持。

区域未来发展、规划区以及流域水利联合公司运作的流域系统建模工作由"拯救咸海国际基金会"科学信息中心与农业和水资源部一起在"水资源管理与农业生产"项目中启动。另外,流域年规划目标的建模工作由"拯救咸海国际基金会"科学信息中心、流域水利联合公司、国家专家组和能源分配中心一道在美国国际开发署地球仪器运载卫星计划下进行。

每个国家水资源发展的国家和区域规划建模工作由"拯救咸海国际基金会"科学信息中心的专家组运用"全球观测"的方法,并经过些许的改动后完成的。这种方法成为在《21 世纪全球水展望》框架下研制不同地区发展模型的工具。

系统模型研制成功后,成为"拯救咸海国际基金会"和流域水利联合公司进行有效的水资源实时管理和运作的工具。在灌溉农业中,严格的控制措施是建立在确保每个人都能平等获得水资源以及正确运行和维护水利基础设施的基础上的。以前的用水都是依据节水和水污染防治等内容,在参照国外(以色列、约旦、美国西部、西班牙)同等条件下进行水资源最佳利用和管理,咸海地区的水资源利用得到很大提高。根据"最佳用水标准",不同级别管理的水资源配置和损失分析表明,在所有国家严格限制用水是可能的。虽然标准很高,但是对于保证咸海地区后代的幸福生活却是必需的。

## 7.2.2　费尔干纳水资源信息管理系统

在成功研制和使用咸海流域水资源信息管理系统的基础上,2002 年,国际水利协调委员会在费尔干纳水资源一体化管理项目范围内,成功研制出"费尔干纳水资源信息管理系统"(简称"费尔干纳系统")。"费尔干纳系统"在结构上与上述"咸海系统"几乎完全一样,包括"咸海系统"所有的子数据库和数学模型,只是所有的水文水资源数据和社会经济发展数据采用费尔干纳地区的数据,在管理结构上的多级管理和所有因素的一体化相互作用是水资源一体化管理的基础,综合数学模型和数据库的信息流完全支持这种结构。"费尔干纳系统"含有主要配水指标实际必须的最小值计算程序,用于评估灌溉土地水资源分配的不同方式、编制和修正配水计划、计算配水指标(用水保证率、均匀性、稳定性、用水效率、单位供水量),以便提高和评估水资源的管理质量,保证在分水管理的不同阶段解决各种水问题。用信息流(模式和数据库)保证在每个管理级的参与者之间水资源年度、月度和汛期内最佳分配具有独特的效率标准。总体目标功能是支持一体化管理战略。"费尔干纳系统"具有以下功能:

(1)进行水利系统以下问题的监测:①农作物种植结构的变化;②灌区水文参数的变化;③水网(水源,渠道)结构的变化;④水网因素的参数变化。

(2)按照支渠和渠道进行实际取水量的统计。

(3)对旬用水申请进行调节。

(4)在编制年度计划和作业计划时,在各种用水申请方案和不同供水量的情况下,在水利系统参与者之间进行各种配水方案的模拟试验。

(5)在不同供水水源(年度计划)和水资源短缺(作业计划)情况下寻找最佳的配水方案。

(6)进行配水效果的分析。

(7)进行配水效益指标的计算。

(8)准备总结报告和生产文件。

现在,"费尔干纳系统"3.0版本已在所有示范试验渠道上应用。图7-2是南费尔干纳干渠利用"费尔干纳系统"进行配水的年度统计结果。所有工作(计划、限额和实际净供水量的计算等)都能实时完成,计算结果每旬都提交给渠道管理处、渠道用水户联盟和渠道水委员会,以便分析配水情况和做出下个旬期的决定。根据总和指标进行示范渠道水管理质量的比较分析。

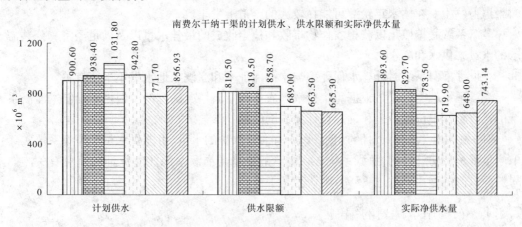

图7-2 南费尔干纳干渠利用"费尔干纳系统"进行配水的年度统计结果

例如,在南费尔干纳干渠管理处和"锡尔－苏赫"各个系统流域管理处的办公室的计算机上都安装了"费尔干纳系统"的计算程序,上述机构负责南费尔干纳干渠配水的相关专家每天都把有关水的原始信息输入费尔干纳系统,并且每旬都进行南费尔干纳干渠配水的计算和分析。就这样,利用费尔干纳系统这种工具进行南费尔干纳干渠配水的监测和评估,完成各用水户协会、水工段和整个南费尔干纳干渠的配水指标(用水保证率、均匀性、稳定性、用水效率)的操作计算和每旬分析。南费尔干纳干渠管理处每旬都向南费尔干纳干渠渠道委员会提供配水分析结果,以便在南费尔干纳干渠渠道委员会的董事会会议上讨论并通过决定。霍贾巴克尔干渠道和阿拉万阿克布林渠道也都是这样做的,这里不再赘述。

# 7.3 计划用水

在水资源短缺地区和贫水年,计划用水是调节用水量的最主要工具之一。下面以中亚费尔干纳水资源一体化管理示范渠道为例,介绍最近几年中亚国家在农业灌溉中采用计划用水这种管理工具的应用情况。

在灌溉系统的所有环节分水和用水是根据农场用水计划和系统分水计划进行的。系统分水计划是根据经济用水计划编制的,当然与灌溉水源情况、干渠过水能力和灌溉系统的土壤条件有关。

农场用水计划是经济生产计划的一部分。根据农作物所需要的灌溉情况并考虑区域劳动组织来编制用水计划,以保证每一块田地的用水。这时需要确定每一种作物的灌溉情况、一昼夜的灌溉面积、各个渠道的供水流量和渠道工作期限。

如果灌溉水源完全保证经济所需用水,则所有农场内渠道按照灌溉计划表正常工作。如果灌溉水源水不够用,则在系统计划中必须考虑轮灌。这时农场内渠道将按顺序工作。这有可能使灌溉作物的保证用水条件变坏,但是降低了组织损失。

在完全保证用水的灌溉系统中,轮灌只是在很小的渠道上、农场内的分段配水渠和临时渠道上发生。在枯水年轮灌可能在较大的渠道上发生。

灌溉系统是按照足以获得农作物丰收和稳定收成的最佳水量以及满足经济和公共需求的水量来供水和配水。

在设计灌溉系统时计算水保证率与水源保证率和灌溉土地水量不平衡有关。

灌溉系统的需水量是根据每个行政区农作物灌溉情况确定的。根据它绘制本灌溉系统的相应轮作单位流量表和确定设计灌溉网的最佳参数。

对于植物生长期每个月的用水量,所有灌溉水源的水量、可能供水量和灌溉系统实际取水量都是按旬计算的,灌溉系统必须供给的流量与灌溉水源能够保证的流量有关。如果这些数值的偏差不超过±5%,则认为是平衡的。

## 7.3.1 农场用水计划的编制

对于多年平均气候条件,在编制季度计划时,要确定用水户作物生长期(4~9月)和非作物生长期(10月至次年3月)的需水量(计划供水量),这时应考虑农作物灌溉情况和灌溉系统的技术参数。

编制农场用水计划的原始资料包括:农作物灌溉情况,据此确定旬灌溉流量模数;农场灌溉土地图(系统图),并标出灌溉网和集排水网、农场间分水点、水工建筑物和水土改良站;农场灌溉网的线性系统图和技术特性(效率、过水能力);农场灌溉土地土壤图,并标出流量模数区;流量模数区剖面的灌溉面积结构,农作物和农场排水道;其他用水户

（非农业，工业用水）的供水标准资料。

农场用水计划的编制方法如下。

下面以某农渠为例，简要叙述用水计划的计算程序。

（1）根据以上所列出的原始资料，按照以下程序编制用水计划：

$$Q_{nj} = Q_{dj}\Omega_j \tag{7-1}$$

式中：$Q_{nj}$为$j$种农作物的需水量（净值）；$Q_{dj}$为$j$种农作物$d$旬的旬流量模数；$\Omega_j$为$j$种农作物的灌溉面积。

沿着每一条农渠，按照流量模数区的所有农作物进行计算。按照所有农作物总和旬需水量数值，得出农渠旬需水量数值。

（2）沿着每一条农渠，农场旬供水量（在农场分水点毛流量）按照下式计算：

$$Q_b = Q_n / \eta \tag{7-2}$$

式中：$Q_b$为沿着农渠的供水量（毛值）；$Q_n$为沿着农渠的需水量（净值）；$\eta$为在计算旬内农渠的有效系数。

（3）沿着每一条农渠，农场径流按照下式计算：

$$W = Q_b T = 0.086\ 4Q_b t \tag{7-3}$$

式中：$W$为沿着农渠的径流（毛值）；$Q_b$为沿着农渠的供水量（毛值）；$T$为旬内秒数；0.086 4为换算系数；$t$为一旬内的天数。

（4）在农场分水点累计径流量是旬径流量总和，按照下式计算：

$$W_{r\Sigma} = \sum_{d=1}^{r} W_d \tag{7-4}$$

式中：$W_{r\Sigma}$为沿着农渠计算期从1到$r$旬的累计径流量（毛值）；$W_d$为在$d$旬内沿着农渠的供水量（毛值）。

### 7.3.2 系统配水计划的编制

系统配水计划包括灌溉水源的计算流量和系统首部的可能流量明细表、系统的取水计划和配水计划。

编制系统配水计划的原始资料包括：农场用水计划；灌溉系统灌溉土地图（系统图）并标出灌溉网和集排水网、农场间灌溉系统分水点、水工建筑物和水土改良站（见图7-3）；农场之间灌溉系统的线性系统图（见图7-4）和技术特性（效率、过水能力）；其他用水户（非农业和工业用水）直接从系统中供水的标准资料。

在编制系统配水计划时要确定一些农场用水户沿每一个分水点的需水量和整个系统的需水量，协调系统需水量与灌溉水源的情况，确定干渠和跨农场渠道首部的流量和给农场的供水量，制定提高灌溉渠道和整个系统效率的措施。

确定系统的取水计划，综合分水枢纽农场用水计划的资料，并按照植物生长期旬度和秋冬季确定实际灌溉面积、灌溉公顷数、需水量（净值和毛值）和水量（毛值）。所得出的流量与灌溉水源可以保证的流量有关，如果这些数值的偏差不超过±5%，则认为是平衡的。

灌溉系统取水和配水的主要指标应该在以下情况下重新审查：取水建筑物、跨农场渠

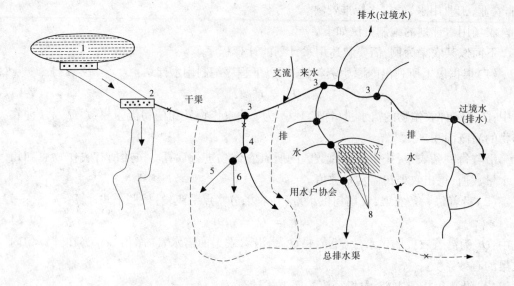

1—水库;2—首部取水建筑物;3—Ⅱ级渠道渠首建筑物;4—Ⅱ级渠道;
5—Ⅲ级渠道;6—Ⅳ级渠道路;7—农田;8—水沟;X—水文站

**图7-3　水土改良网的系统**

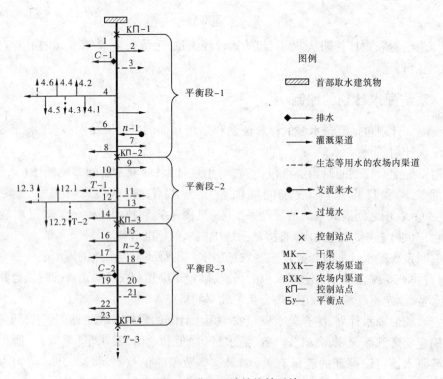

**图7-4　灌溉系统的线性系统**

道和某些配水枢纽的重新布置,因为系统进水数值和配水顺序可能变化;灌溉系统的灌溉面积增加 10% 以上;灌溉区农业技术和土壤改良条件的变化,从而有可能造成某一侧需水量变化不小于 10% ~ 15% ;某些渠道和整体灌溉系统采取了提高效率 5% ~ 10% 以上的措施。

### 7.3.3 用水和配水计划的修正

在以下情况下,拟订的农场用水计划可能产生偏差,即①当种植面积和作物品种变化时;②当计划设定的气象条件(降水、极寒天气、干旱季风和热风的出现、风力的加强)不相符时;③当地下水位急剧升高或下降时,灌溉水源水量的变化以及灌溉系统发生故障时。

根据以上因素,用水计划要进行季度、旬和旬内的修正。

(1)水需求的修正。在最终确定了农场农作物实际灌溉面积结构(考虑连作)之后,进行季度修正。在农场(用水户协会)的领导确认后,应把计划种植面积的变化写入计划。领导们应该仔细审查新的灌溉任务,并根据这些变化编制新的灌溉计划和供水计划。

如果新的需水量不超过原计划的 5% ,则不需要重新计算供水量。如果偏离计划较大,则新的流量值要与灌溉系统的领导协商并得到确认。

(2)水权的修正(限额 - 份额)。在确认计划期(植物生长期)内灌溉水源的水量预报后,按照系统和用水户进行水权(份额)的修正。

这种修正是在农场间协定所确定的取水额度份额及确定灌溉需水量用水和配水计划的基础上进行的。引入额定份额的概念使对用水计划修正过程理解得更清晰。因为水管员和用水户通常习惯认为“额度”是他们有权使用的水量,是在提出“需求”经过协调后决定供给用水户的水量。

(3)配水计划的随机修正。在灌溉水源水量增加或减少时,给农场的供水幅度通过系统配水额度按照计划流量的比例进行随机修正,且在 10 天配水操作计划之内。

非灌溉用水户(如生态需水)具有优先权,不在修正之内。

### 7.3.4 配水计划的实施

在编制了季度用水计划并经过随机修正后,开始用水计划的实施阶段。用水分析表明,在所有示范渠道上,实际供水量与计划流量和额定流量经常发生或多或少的偏差。实际供水量接近申请水量,但是这里仍然有问题。这里我们只关注那些与水流管理过程有关的原因。水流管理过程是分水系统最薄弱的环节,这是众所周知的主客观原因。

表 7-1 大致概括了用水计划的编制、修正和实施的主要步骤。在费尔干纳水资源一体化管理项目范围内,利用所研制的费尔干纳水资源信息管理系统进行配水计划的编制、修正和实施,并且用它计算配水指标和评估干渠的水管理质量。实践证明,利用水资源信息管理系统进行计划用水大大减少了水损失,提高了水的利用率,增加了农作物的产量和经济效益。

表 7-1 配水管理的组织和工艺阶段(以南费尔干纳干渠为例)

| 阶段 | 活动类型 | 时间 | 执行者 | 结果(输出) |
|---|---|---|---|---|
| | 季度用水计划的编制 | | | |
| 1 | 编制系统用水计划的原始信息(确定用水户边界的水需求) | 2~3月 | 用水户 | 用水户协会和其他用水户的经济用水计划以及示范渠道信息 |
| 2 | 系统用水计划的编制(确定示范渠道首部水需求) | 3月 | 渠道管理处 | 示范渠道的系统用水计划 |
| 3 | 示范渠道系统用水计划的确认 | 3月 | 渠道水管理委员会 | 确认示范渠道系统用水计划的渠道水管理委员会的纪要 |
| 4 | 示范渠道季度取水日历表的计算 | 3月 | 渠道管理处 | 示范渠道季度取水日历表 |
| 5 | 示范渠道季度取水日历表的确认 | 3月 | 渠道水管理委员会 | 确认的示范渠道季度取水日历表 |
| | 与现有水资源有关的季度用水计划的修正 | | | |
| 6 | 示范渠道季度额定份额(水权)的计算 | 3月 | 渠道水管理委员会 | 示范渠道季度额定份额,示范渠道首部季度水(径流)流量 |
| 7 | 用水户季度水权计算,由示范渠道向用水户供水的额度份额(以旬计) | 3月 | 渠道管理处 | 用水户季度供水的额定份额 |
| 8 | 用水户季度额定份额的确认 | 3月 | 渠道水管理委员会 | 渠道水管理委员会确认用水户季度供水额定份额的纪要 |
| 9 | 水利机构与渠道管理处之间签订的取水合同 | 3月 | 渠道管理处、用水户 | 取水合同 |
| 10 | 渠道管理处与用水户之间签订的供水合同 | 3月 | | 渠道管理处与用水户之间的供水合同 |
| | 与需求和供给有关的用水计划的旬修正 | | | |
| 11 | 旬用水户水需求的计算(收集用水户的用水申请) | 计算旬的4天前 | 用水户 | 用水户的用水申请 |
| 12 | 旬示范渠道额定份额(水权)的计算 | 计算旬的3天前 | 水利机构 | 计算旬的(径流)流量 |
| 13 | 旬用水户额定份额的计算 | 计算旬的2天前 | | |
| 14 | 用水计划的旬修正,根据水权申请(额定份额)和用水需求(申请)进行旬用水户额定份额的计算 | 计算旬的2天前 | 渠道管理处 | 计算旬用水户标定额度 |
| 15 | 示范渠道旬取水计划表的计算 | 计算旬的2天前 | 渠道管理处 | 示范渠道旬取水计划表的计算 |

| 阶段 | 活动类型 | 时间 | 执行者 | 结果(输出) |
|---|---|---|---|---|
| 与供水申请有关的用水计划的旬内修正(以用水户排水道计算) | | | | |
| 16 | 水需求的确认(示范渠道水工段向用水户排水道供水的申请) | 向排水道供水再调整的3天前 | 用水户 | 向用水户排水道供水的申请 |
| 17 | 向用水户排水道供水的额度标定和计划表的计算(向用水户排水道供水的申请与用水户额度标定的关系) | 向排水道供水再调整的1天前 | 水工段 | 以用水户排水道计算的额度标定 |
| 18 | 根据额度标定向用水户排水道的供水 | 按照用水户排水道的供水计划表 | 水工段 | 供水验收证明 |
| 考虑水需求的季度用水计划的修正 | | | | |
| 19 | 渠道管理处根据所确认的实际灌溉面积资料对季度用水计划的修正 | 6~7月 | 渠道管理处 | 渠道管理处确认的季度用水计划 |
| 配水计划实施的监督、检查、评估和决策 | | | | |
| 20 | 配水的监督和检查(收集排水道和控制水文站实际水流量的资料),供水、过境水、排水的计算 | 4~9月 | 渠道管理处 | 监督结果 |
| 21 | 配水操作指标的计算 | 4~9月 | 渠道管理处 | 配水指标 |
| 22 | 配水的评估和改善下个旬期配水的决策 | 4~9月 | 渠道管理处,渠道水管理委员会 | 渠道水管理委员会的会议纪要 |
| 23 | 配水总结指标的计算 | 10月 | 渠道管理处 | 配水总结指标 |
| 24 | 作物生长期内配水的总结评估和改善下个季节配水的决策 | 10月 | 渠道管理处,渠道水管理委员会 | 渠道水管理委员会的会议纪要 |

# 7.4 水资源一体化管理过程中争议和冲突的调解

众所周知,水是一切动、植物生命中最重要的元素之一。如果没有水,所有动、植物都无法生存。所以,各国和各地区,特别是那些缺水地区,为了维护本国和本地区的利益,在分水时产生各种各样的争议和冲突情况毫不奇怪。古今中外、各行各业,只要对水感兴趣,在分水时都有可能会出现相互对立的争议甚至发生冲突的情况。

## 7.4.1 争议和冲突的主体、类型及原因

### 7.4.1.1 争议和冲突的主体

在世界范围内,在国际河流(流经两个以上国家的河流叫国际河流,现在世界上共有263条国际河流)水资源的开发、利用和治理过程中,为了维护本国的利益,在国家之间,特别是在那些缺水国家之间,经常发生各种各样的争议和冲突。处于下游的沿岸国经常抱怨上游沿岸国,如叙利亚对土耳其、巴基斯坦对印度、埃及对埃塞俄比亚、以色列对巴勒斯坦等,不胜枚举。这些国家之间的用水冲突,除以色列与巴勒斯坦之间的冲突外,大多数冲突经过谈判并签署协定而得以解决。对于中亚地区来说,在采用水资源一体化管理之前,位于上游的吉尔吉斯斯坦和塔吉克斯坦要蓄水发电,解决冬季取暖问题;而位于下游的哈萨克斯坦、乌兹别克斯坦和土库曼斯坦要求提供夏季灌溉用水,这样的用水矛盾导致经常发生冲突。在全球水伙伴和联合国环境规划署等许多国际组织和发达国家的帮助下,中亚各国之间的用水冲突经过多年的谈判和协商,现在采用水资源一体化管理的方式,使国家之间的用水冲突得到缓解。

在中亚各国内部,即便现在已实行水资源一体化管理,在部门之间也还存在着用水的争议和冲突情况。例如,在农业与工业之间、农业与水力发电之间、工业与生态环保之间存在着用水的争议和冲突情况;从部门内部来说,特别是农业部门、灌溉与水产养殖部门也曾为用水发生争议;在灌溉部门内部、农场主之间、农场主与用水户协会之间、农场主与水利机构之间,各级水利机构(流域管理局、州、区(县)、灌溉系统之间)同样存在着用水的争议和冲突情况。

### 7.4.1.2 争议和冲突的类型

争议和冲突大体分为两类:第一类是各国之间、各州之间、各区县之间常常为水的所有权和管理权发生争议和冲突;第二类是个人之间(农场主与农场主之间)、个人与团体之间(水管理机构的领导与属地个人之间)、团体与团体之间(即水管理机构与用水户协会之间、各用水户协会之间)经常为用水发生争议和冲突。

### 7.4.1.3 争议和冲突的等级

由于水冲突的主要原因是水资源短缺,所以冲突的紧张程度取决于水的时空分布和短缺程度。枯水年,冲突的次数和紧张程度会大大增加。概括地说,水的争议和冲突大体分为三级:第一级为小范围的冲突,一般是指灌溉系统内部的用水争议,即个人之间(农场主与农场主之间)、个人与团体之间的争议;第二级为中等范围的冲突,一般是指灌溉系统之间的争议和冲突,即用水户协会之间的冲突,这种冲突有可能导致群体性械斗或较大的流血事件;第三级为大范围的冲突,一般是指区县级以上为水的所有权和管理权所发生的冲突,这种冲突有可能导致地方性或种族性武装冲突或重大的人员伤亡事件。若不能妥善解决,将造成地区性或种族性的深仇大恨。

### 7.4.1.4 争议和冲突的原因

水冲突的原因大致分为以下几种:对于第一类即国家之间和地区之间的冲突来说,主要是水资源的管理权属不清,没有签订水资源管理协定,或者协定条款不清晰、不明确,或

者没有遵守协定的条款。对于中亚地区费尔干纳盆地示范渠道来说，在水资源一体化管理条件下，由于是按照以流域水文地理边界为单元的原则进行水管理，所以国家之间和地区之间的用水争议和冲突基本消除，所发生的极个别争议是因为渠道基础设施建设没有及时完成而造成的。

对于第二类即个人之间、个人与团体之间和团体与团体之间的冲突来说，原因是复杂而多种多样的。具体到中亚费尔干纳示范渠道，冲突的主要原因有：一是水管理机构物质技术条件不佳。例如，渠道管理处与水工段、水泵站和用水户的联系不畅，备品备件和建筑材料不够用，水量计量设备不够用，因停电造成的水泵站和设备突然停机（发生流量和水位不稳定，泄水、溢流的可能性等），渠道水工段线路工作人员缺少交通工具等都说明物质技术供应状态不能满足需要。二是管理能力不够和管理水平低下。如供水渠道给用水户供水不均匀，供水渠道给用水户供水不稳定（渠道中水位变化比较大），在植物生长期供水渠道停止供水，在非植物生长期供水渠道停止向用水户供应日常用水，排水归属的不确定性，用水户申请的用水量偏高（或偏低），灌溉系统流域管理处给供水渠道整定限额没有及时确定，分水监测结果不准确和不可信，供水渠道供水服务费收缴率低，相邻地区不合理用水造成土地土壤状态的恶化，控制面积和种植面积的不确定，非法从渠道中取水（偷窃），非法渠道引水工程，居民对水保区的侵占、居民对水保区和渠道水的污染等。水冲突的上述原因只是水冲突的直接理由。如果谈到水冲突的深层次原因，则主要是水管理领域的问题。经验表明，直到现在，占优势的管理方式仅仅是在工程技术领域审视和研究水问题的原因，而这样看问题就意味着只见树木不见森林。这并不是忽视工程技术的重要性，而是说完善水管理问题不仅仅需要工程技术，更重要的是需要切实可行的管理制度和管理方式。完善的管理制度和管理方式的优点是不需要巨大的资金消耗就能取得令人满意的效果。

## 7.4.2 争议和冲突的实例

根据统计资料，在中亚费尔干纳盆地水资源一体化管理示范渠道范围内，在2005～2007年间，乌兹别克斯坦"阿克巴拉巴德"用水户协会仲裁委员会分别处理了20次、20次和19次争议；吉尔吉斯斯坦"扎帕拉克"用水户协会仲裁委员会分别处理了54次、30次和14次争议；而塔吉克斯坦"泽拉夫尚"用水户协会仲裁委员会分别处理了54次、62次和88次争议。进一步分析表明，在"阿克巴拉巴德"用水户协会，3年只有2次供水争议，而违规用水29次，未及时缴费10次，劳务费争议5次，用水户协会与非成员之间的争议1次，用水户之间的争议12次；在"扎帕拉克"用水户协会，供水争议9次，而违规用水12次，未及时缴费39次，劳务费争议3次，用水户协会与非成员之间的争议2次，用水户之间的争议33次；在"泽拉夫尚"用水户协会，供水争议39次，而违规用水37次，未及时缴费60次，劳务费争议14次，用水户之间的争议54次。下面列举一些用水争议的具体实例。

### 7.4.2.1 实例1：国家边界上的冲突

在南费尔干纳干渠安集延段，在卡尔基丹供水渠道取水之前有条吉尔吉斯阿里克支渠。在它的起始段是吉尔吉斯人用水，中段是乌兹别克人用水，而末端又是吉尔吉斯人用水。由于在支渠起始段灌溉面积不断增加,中段和末端水不够用,因此在植物生长期经常发生用水冲突。直到建设两座水泵站从南费尔干纳干渠给中段的乌兹别克人供水,从卡尔基丹渠道给末端的吉尔吉斯人供水,冲突情况才暂时消失。

### 7.4.2.2 实例2:各州之间的冲突

南费尔干纳干渠4号水文站位于(乌兹别克斯坦)安集延州与费尔干纳州边界处,调查确定,水工段的领导隐瞒了来自安集延州的回归水1~3 $m^3/s$,这些水用于私自用途。当南费尔干纳干渠安集延段没有这些回归水时,安集延就响起了供水不足的声音。在完全更换了4号水文站水工段的领导人后,冲突暂时消失。但是,冲突情况说明,初看冲突是个人性质。实际上在这种冲突中双方都不对,安集延人多取了水,费尔干纳人隐瞒了渠道中由于回归水而出现的多余水量。通过过渡到水文地理原则和建立南费尔干纳干渠管理处解决了冲突情况。

### 7.4.2.3 实例3:区县之间的冲突

在南费尔干纳干渠末端费尔干纳州,在8号平衡水文站之前从阿尔特阿雷克区用水泵站"法伊泽"(流量小于3 $m^3/s$)和"波瓦尔贡"(流量小于1 $m^3/s$)取水灌溉费尔干纳区土地(共同用水)。在南费尔干纳干渠末端供水不足的情况下,阿尔特阿雷克区与费尔干纳区之间就会发生用水冲突。争议的妥协决定是关掉某个水泵站的一两台水泵或全部水泵。由于渠道末端供水不足,暂时不能开动"波瓦尔贡"水泵站的水泵。有时冲突会再次发生,这证明,产生冲突的根本问题没有解决,而是在拖延。直到成立法伊泽水工段并建立了法伊泽水工段水委员会,把这里的分水问题交给南费尔干纳干渠管理处和法伊泽水工段水委员会协调才使冲突得以缓解。

### 7.4.2.4 实例4:渠道管理处与地方政权之间的冲突

为了把水赶到末端区,一位大官员下令关闭南费尔干纳干渠的一座拦水建筑物闸门,如果渠道工作人员明白其后果,应该拒绝执行这个命令。然而,他们却执行了这个命令,结果发生急剧断流。在拦水建筑物之前水没有停留,而是在其后的渠道上造成了灾难性情况。这是地方权力机构官员干扰水管理的负面实例。当然也有正面实例。但是,问题的关键不在这儿,而在于地方政权以及其他用水部门应该以另外的方式参与水管理。为了防止和解决这类冲突,包括跨部门(农业与水力发电,饮用水供水、生态、工业供水等等)的冲突,在示范渠道上组织了渠道水委员会、地方政权以及其他部门的代表都参与该委员会的工作,而且直接用水户(水力发电、灌溉、水渠)通过渠道用水户联盟进入渠道水委员,间接用水户(地方政权、自然保护组织等)的代表直接进入渠道水委员。

### 7.4.2.5 实例5:渠道管理处与水电站之间的冲突

在南费尔干纳干渠上有两座小水电站。在1号水电站清洗进水口拦污栅时,由于拦水建筑物闸门的控制,渠道末端供水小于3 $m^3/s$,渠道内流量的变化导致发生冲突情况。水电站的这种作业没有及时通报渠道管理处,恢复渠道内的流量变化至少需要3 h。在2号水电站,因为电网电压下降或电网突然停电,水电站自动泄水,由于自动关闭了引水渠的进水闸门,南费尔干纳干渠增加了20 $m^3/s$ 流量,与之相邻的这一段断面不够大,水流溢出渠道发生灾难性工况。

#### 7.4.2.6　实例6:渠道管理处与农场主之间的冲突

用水户利用虹吸管、小水泵和新的支管等进行超指标取水而发生冲突。造成这种冲突一方面是由于农场主的无知,另一方面是用水户协会软弱的结果。由于不知情或者问题在用水户协会级没有解决,用水户直接跑到渠道管理处,从而导致与渠道管理处的冲突。分析表明,为了防止这类冲突,必须要在低层加强以水文地理边界为单元和公众参与原则的工作,提高水工段渠道用水户联盟和用水户协会委员会共同工作的效率。

### 7.4.3　防止和解决争议和冲突的经验

对于按照行政区域原则建立的水利机构来说,在国家、州、区县边界以及跨境小河流上强调"首－尾"的冲突是最有代表性的,而且末端用水户总是遭受缺水的痛苦。每一位上游用水户都力争取用更多的水,不关心下游用水户的状况。因此,水管理者很难把水赶到渠道的末端(特别是枯水年)。在示范渠道上,以水文地理边界为单元的原则就立即给出了自己的结果:行政区域(安集延州和费尔干纳州、卡拉苏区和阿拉万区等)边界上的典型冲突缓解或实际上消失了。需说明的是,即使实现了水资源一体化管理,仍然存在着各种各样类型和原因的争议与冲突,尽管用水争议有所减少,但由于现在实行用水付费制度,且水费和劳务费有所增加,导致这类争议和冲突比以前大幅度增加,因此总的争议和冲突并没明显减少,只是大多数都是一些小范围的争议和极少的中级冲突。

为了防止和解决中小范围的冲突,要建立相应的调解工具(机构):用水户协会委员会、用水户联盟董事会和渠道水委员会董事会。分析表明,绝大部分分歧是由于误解和不确实的观念而产生的,分水信息的获得和决策过程的透明常常可化解这些分歧。有理由认为,渠道管理处与用水户协会委员会、用水户联盟董事会和渠道水委员会董事会的共同工作将能够防止冲突情况的发生。因为所有感兴趣各方都被吸引到分水决策过程中,而在这个过程中相互理解逐渐增加,误会渐渐消除。

在上述机构中还设置了仲裁委员会,但是由于它们的工作还没有完全开展起来,所以冲突的审查和调解工作暂时由用水户联盟董事会和渠道水委员会董事会来做,特别是在卡尔基丹供水渠道上的冲突调解中,南费尔干纳干渠水委员会的参与是非常有益的。

在费尔干纳水资源一体化管理的示范渠道上,还应用了以下调解冲突的工具:

在确定冲突的性质、冲突双方的利益、解决冲突的可能性、解决冲突的程序和有可能解决其他分歧达成协议时,组织冲突参与者进行对话;为了提高水管理问题的知识水平和达成协议,组织冲突各方参加培训班;由冲突双方承担费用,增加卡尔基丹供水渠道水工段水委员会董事会的成员(特别是阿拉万区的水管理人员和用水户);在渠道管理处设置了用水户的投诉箱和意见箱;组织用水户联盟和渠道水委员会主任接待日;组织了冲突情况和争议的登记薄;举行关于防止和解决冲突情况的用水户联盟董事会和渠道水委员会董事会会议。

由于上述工作,卡尔基丹供水渠道上的冲突解决了。此外,在南费尔干纳干渠水委员会会议上通过了决议,南费尔干纳干渠管理处与"索赫－锡尔""纳伦－卡拉达利亚"灌溉系统流域管理处关于由南费尔干纳干渠的支渠供水限额的期限与幅度问题的分歧也消除了。

当然,现在还不能说在卡尔基丹供水渠道上今后不再发生任何冲突,因为这一段的水管理过程是非常复杂的。只是希望根据南费尔干纳干渠水委员会董事会的决定,授权卡尔基丹供水渠道水工段水委员会董事会通过积极工作并在工作中积累经验,能尽快找到妥协性方案,使得今后不再发生发展到中、高级紧张程度的冲突。

在2007年植物生长期,5个农场的领导投诉库文区农业水利处和"阿克巴拉巴德"用水户协会仲裁委员会,说用水户协会没有保证灌溉棉花的必要用水量。委员会确认,农场主把灌溉棉花的水用于灌溉谷类作物,而根据有关规定,在贫水年谷类作物的种植面积只能占20%,而不是80%。可是农场主仍然保证全部灌溉谷类作物,而让棉花受旱。农场主受到了违反用水秩序的警告。经用水户协会工作人员确定,"伊索米吉诺夫"农场和"伊-古利拉诺"农场任意从用水户协会渠道取水。用水户协会工作人员记录了这些违规用水并把记录资料交给了用水户协会仲裁委员会。根据用水户协会仲裁委员会的裁定,决定减少这两个农场的供水,而对于某些农场,暂时完全停止供水。此外,"阿克巴拉巴德"用水户协会管理处建议州水检查机构处罚违反"РП-1"渠道分水计划表的某些农场领导。州水检查机构按照既定的程序对这些领导进行了罚款处理。

"玛丽卡"农场向库文区农业水利处投诉说,其用水户协会没有保证它的供水。根据区农业水利处倡议,由区农业水利处、区农场协会以及"阿克巴拉巴德"用水户协会委员会及其仲裁委员会和管理处的代表组建的委员会确认,"玛丽卡"农场在2007年根本没有与用水户协会签订供水合同,必须按照农场与用水户协会所签订的合同才能开始供水。

在"赛福吉诺夫"农场对"阿克巴拉巴德"用水户协会仲裁委员会和委员会的投诉中说,根据用水计划和所申请的用水量,它在2008年8月6~10日应该得到50 L/s的水,但是,"马马特洪"农场在两天内亦即8月7~8日任意取水30 L/s,因此这两个农场之间发生争议。"阿克巴拉巴德"用水户协会仲裁委员会和委员会的干预解决了所发生的争议。"赛福吉诺夫"农场得到了所拟定的水量,而"马马特洪"农场得到严厉警告:若再次任意取水将要重罚。这样,农场和用水户协会为了解决所发生的争议,不仅要找用水户协会仲裁委员会,而且可以找水检查委员会、用水户协会委员会和管理处。

为了防止农场主之间的冲突,最重要的是组织用水户协会的工作。在用水户协会的活动过程中解决所发生的争议和冲突是其稳定工作的最重要条件之一。如果争议没有及时解决,将阻碍用水户协会的发展甚至瓦解。在审查争议和冲突时,中亚国家司法实践中现有的审查机制起了很大的作用,包括正式的符合国家相应法规文件的审查机制与非正式的与国家现行法规不矛盾的民间传统审查机制。

在中亚所有国家的法律中,从宪法规范、民法和诉讼法规开始,无论是财产方面还是非财产方面,都规定了拥有违法诉讼和辩护的可能性。在这些法律中都规定了诉讼前审查的机制和详细程序、法庭调查和审议、在上诉和监督程序中做出裁决和申诉等内容。

当不可能采用达成协议的方式来调节冲突时只好采用法律程序,包括法庭审理。而法庭审理需要大量的时间、人力和资金,并且要追究某一方的民事或其他责任。最近几年水管理实践证明,在上述原因(缺少时间和金钱)存在的情况下,中亚水利活动中所发生的冲突的正式(法律)调节机制要么尚未运转(一般尚未走进法院),要么即便运转了,也没有达到预想的效果(法庭判决没执行)。例如,由于泽拉夫尚用水户协会没有支付供水服务费,霍贾巴克尔干渠道管理处把它告上法庭。法庭判决霍贾巴克尔干渠道管理处胜诉,并宣告泽拉夫尚用水户协会要在法庭规定的期限内支付水费,但是法庭的判决没有执行,而霍贾巴克尔干渠道管理处还是继续要为用水户协会进行供水服务。

### 7.4.4 争议和冲突的调解机制

在用水户协会成员与用水户协会董事会之间所发生的争议和冲突可以按照现行法律和用水户协会章程在用水户协会仲裁委员会、渠道水委员会仲裁委员会、族长法庭以及水利部所属的用水户协会调解机构审议。

用水户协会仲裁委员会可以审查所有的与用水户协会及其成员活动有关的问题以及与非用水户协会成员但与用水户协会有合同关系所产生的争议。与用水户协会和水利机构之间的相互关系有关的问题可以在渠道水委员会的仲裁委员会审查,用水户协会和水利机构都是该仲裁委员会的成员。作为防止冲突情况的机制它们要共同行动。如果冲突双方中有一方不同意用水户协会或渠道水委员会仲裁委员会的赔偿损失裁定,则事件只能按照既定的诉讼程序在有共同审判权的法庭审查。

在农场级,对于真实的冲突情况和争议,可以采用正式的和非正式的解决机制,如吉尔吉斯斯坦所指定的族长法庭。在中亚各国的条件下,族长总是享有崇高的威望。族长法庭是在自愿的基础上根据选择和自治原则建立的社会机构,它按照现行法律,承认按照既定的程序是对向法院、检察院、内务机构和国家其他机构及其官员发送的材料进行审查。族长法庭是根据地方村民或其他地方自治代表机构的会议决定设立的。在解决所产生的争议时,族长能起重要的作用。他们一般要对某种事件给出评估,形成社会舆论。他们对用水户协会成员与用水户协会之间、用水户协会与水利机构之间或用水户之间的某种争议的审查可以消除社会紧张状态并中止进一步的争议。这样的不向法院上诉的争议和冲突审查方法具有能迅速审查和解决的优点,且无须承担很大的财政费用负担。

在吉尔吉斯斯坦的《用水户联合会(协会)》法中,规定要建立用水户调解机构。吉尔吉斯斯坦政府通过相应决定把这些职能委托给水利厅。这个机构作为争议审查机构,对水利机构和用水户协会都有很大的影响。在塔吉克斯坦和乌兹别克斯坦农业水利部也必须设立类似的用水户协会调解机构,其职能就是调解用水户与其他团体、个人或机构之间的争议。

总之,在水资源一体化管理条件下,在费尔干纳盆地的示范渠道上,在用水户协会内部的用水户之间、用水户协会与用水户之间、用水户协会与水利机构之间仍然经常发生各种类型的冲突和争议。最近几年,在调解这些争议和冲突时基本上形成了一定的调解机制,亦即不同类型的冲突和争议由不同主管机构来调解,归纳起来大致如下:

(1)用水户与用水户协会之间对供水日期和供水量发生争议以及由用水户协会提供其他服务时没有执行合同条款的争议可在用水户协会仲裁委员会、族长法庭以及部属用水户协会调解机构进行调解;

(2)水利机构与用水户协会之间没有执行合同条款的争议可在渠道水委员会仲裁委员会和部属用水户协会调解机构进行调解;

(3)用水户协会成员违反了既定的取水计划表(随意取水,随意在灌溉渠上增加取水点等)的争议可在用水户协会仲裁委员会和族长法庭进行调解；

（4）用水户协会与农场排水网因没有执行合同条款（排水措施不足或无效）而造成用水户协会成员的灌溉土地土壤状态恶化的争议可在用水户协会仲裁委员会、渠道水委员会仲裁委员会和部属用水户协会调解机构进行调解；

（5）因农场内的水文气象站运行管理不善而给用水户的农作物和地段带来损失情况，违反用水户协会成员的赔偿权的争议可在用水户协会仲裁委员会和部属用水户协会调解机构进行调解；

（6）用水户协会成员没有执行用水户协会章程所规定的义务、不及时缴纳用水户协会例行会费、不爱护或故意损坏属于用水户协会的设备和技术、不支付更换用水户协会的技术和设备零件的费用等争议可在用水户协会仲裁委员会进行调解；

（7）在用水户协会全体大会上违反用水户协会成员参与决策过程和表决、在会议议事日程上增加讨论问题、利用用水户协会提供的服务、向用水户协会管理机构推荐候选人和有被选举的权利等争议可在用水户协会仲裁委员会和部属用水户协会调整机构进行调解；

（8）用水户个人之间的冲突和争议等可在用水户协会仲裁委员会、渠道水委员会仲裁委员会和族长法庭进行调解；

（9）用水户协会与其工作人员之间的劳动争议等可在用水户协会仲裁委员会进行调解；

（10）非用水户协会成员的用水户与用水户协会之间对用水户协会所进行的供水和其他服务没有执行合同条件以及与此相关的损失补偿问题等争议可在用水户协会仲裁委员会和部属用水户协会调解机构进行调解；

（11）在用水户协会中由于供水量和供水工况的变化而产生的争议，可在渠道水委员会仲裁委员会和部属用水户协会调解机构进行调解；

（12）相对于用水户协会用水计划，渠道中日、旬水位发生了较大变化带来的争议可在渠道水委员会仲裁委员会和部属用水户协会调解机构进行调解；

（13）在用水户协会取水点上渠道管理处无理由减少供水量的争议可在渠道水委员会仲裁委员会和部属用水户协会调解机构进行调解；

（14）由于地方各级行政机构（区县、州）对用水户协会（或用水户协会小组）和某些农户（或农户小组）保障用水的干涉而产生的争议可在渠道水委员会仲裁委员会（邀请州灌溉系统管理处的代表参加）和部属用水户协会调解机构进行调解；如果冲突双方不能就所审查的争议达成协议，可以把争议事件交给经济法庭和有共同审判权的法庭审查。

当然，与分水和供水有关的争议和冲突应该是在有相应文件（供水统计日志，正式记录等）的条件下审议和调解。

### 7.4.5　解决争议和冲突的建议

综上所述可以看出，在水资源一体化管理条件下，尽管与水管理有关的争议和冲突有所减少，但是远没有杜绝，特别是在枯水年还经常出现新的争议和冲突，因此在水管理工作中要关注冲突的所有因素，关键是要采取防止冲突的预防措施。为了消灭经常重复的冲突,应该去除冲突的深层次根源,因此在水资源一体化管理改革中,要特别加强并应用以水文地理边界为单元的原则和公众参与原则的制度改革。冲突管理要求利用以下成套管理工具,可以把这些工具按照以下方向系统化:

(1)潜在冲突的预见(预报);

(2)采取防止冲突的预防措施;

(3)对所发生冲突的快速反应;

(4)完善冲突的调解机制。

因此,建议做好以下两方面工作:

一是做好预防与水资源管理有关的争议和冲突的基础性工作。为了防止争议和冲突的发生,必须进一步做好与水管理有关的基础性工作,概括起来,这些工作包括基础设施建设、用水监督、信息通报和教育培训等几个方面:

(1)在用水户分水点安装水量计量设备;

(2)改进和完善各级灌溉和集排水系统的技术状态;

(3)在灌溉前编制整个用水户协会及其每个成员(农户)的有科学依据的用水计划;

(4)加强国家和社会的用水监督;

(5)创造国家水利机构和用水户协会工作透明和信息通报的条件;

(6)定期进行用水户协会工作人员和农场主就用水技术、水法、土地使用法和民法的培训,进行水资源一体化管理的教育和培训、在管理过程中吸引用水户参与的培训。

二是在发挥用水户协会等机构调解争议和冲突职能的同时,引进仲裁调解方式。在许多发达国家,在用法律程序解决经济纠纷的同时,还设置并实行一些解决纠纷的选择性方法。仲裁调解法就是其中之一。与国家法院相比,仲裁调解不需要大量的财政和组织费用。仲裁调解(仲裁庭)是解决纠纷选择性方法的制度变形,且就其法律性质来说如同庭外机构。争议双方对争议审查机构的自愿和信任原则实际上是仲裁庭成立和活动的基础。这不仅表现在双方有权把所产生的争议交给仲裁庭解决,而且有权参与仲裁庭的成立、确定争议调解秩序以及商定争议审查程序。仲裁庭不属于国家法院,因此它没有强制执行所做裁决的保障措施。但是毫无疑问,仲裁调解比国家调解具有一系列优点:

(1)高效性。如果冲突双方走进仲裁法院,则至少应该经过三级程序,包括上诉和监督。而仲裁调解只规定一级,它所做出的裁决是最终的且应当坚决执行。

(2)选择性。在仲裁法院,争议的调解是由国家指定的法官进行,而在仲裁审理时争议双方有选择的可能性。他们可从所提供的调解人名单中选择调解人,而且在这份名单中不仅有律师,还有其他专业的代表,建筑师、金融家、经济师等,令他们能够更权威地弄清楚经济争议的本质。

(3)经济性。仲裁调解更经济,因为它不需要像在仲裁法院那样,为三级的参与程序而付费。

(4)公正性。在仲裁调解中营私舞弊的潜在机会较少。

因此,在做好利用用水户协会等机构调解争议和冲突的基础上,如果经过用水户协会仲裁委员会、渠道水委员会仲裁委员会、族长法庭和部属用水户协会调解机构进行调解仍不满意的情况下,或是不愿意通过这些机构来调解争议和冲突,那么建议采用仲裁调解方式来解决争议和冲突问题。

# 7.5 节约用水的经济激励措施

经济激励机制是保证各部门、各企业经营活动和发展的最重要措施之一,而且在许多情况下,经营活动效率取决于经济激励机制的成败和应用的精准。毫无疑问,对于水资源管理来说,经济激励机制无论是在水利工程的运行管理方面,还是在新建工程方面、包括现有工程改造和维护、环境保护等都是非常重要的。经济激励机制成功实施的先决条件是具有适当的标准、有效的管理、监测和强制实施能力、体制协调以及经济稳定性,同时需要考虑效率、环境可持续性、公平和其他社会因素以及互补的体制和规范。一些值得注意的经济措施包括水价、水费和补贴、奖励、收费和收费结构、水市场及税收。在水资源管理中,应用这些措施的目的只有一个,那就是调节水的需求和促进节约用水。

在居民用水中,减少用水量可能性相对较小,因为需要提供足够的水以满足基本的健康和卫生需求,但减少用水量是可能的和普遍的。用水收费是向用水户发出的一个直接的价格信号,是需求管理的重要组成部分。对灌溉用水户来说,可以利用水价促进其放弃耗水量大的作物而转向种植其他作物。

确定正确的收费结构,对用水大户征收较高的累进水价,可以促使其更明智地使用水资源,尽管需求的减少程度取决于用水大户的用水特性。累进水价结构也有助于水主管部门保持财务可持续性,并可满足水资源管理的行政费用需要。

在中亚各国,累进水价却很难实施,因为中亚90%的用水量是农业灌溉用水,而且其农产品价格低廉,农民是无法承受过高的水价的。中亚水利经营机构对水价的管理分为3级:

第1级是国际级,即锡尔河和阿姆河这两个流域水利联合公司。在这两条河流流域形成的水资源按照中亚五国签订的分水协议分配给各国家级和州级水利机构。而两个流域水利联合公司的经营管理费用完全由各国的财政预算按照比例分担,在现行水价中没有考虑。

第2级为国家级。各国家级水利机构根据所分得的水量加上当地水源的水量分配给州级水利机构,并收取供水服务费。为了确定各州的差别水价,部分州政府承担一部分跨州级的费用,其费用与本州的取水量成比例。

第3级为流域内的供水系统和渠道级。渠道管理处接收州水利管理局的输水,并提供给用户、进行渠道的修缮和维护,向用水户收取供水服务费。

需求增长是中亚国家水危机的原因之一,因此减少这种需求当然也就容易解决这些水问题。需求管理是靠包括激励措施和规章制度在内的法规等措施来实现。激励措施和法规组织会影响人们的个人行为,迫使人们做一些在相反情况下不愿做的事情。激励措施和法规组织有许多形式,其中之一就是经济方式:规定对超额取水收取高额水费和罚款制裁的强制措施,以及有权把节省下来的灌溉水按照市场合同价卖给其他用水户的激励等。

在水的集中管理中只实行罚款制裁的效果往往不佳。许多不成功的用水收费经验表明,整体上不进行农业改革而走转向市场关系的道路是很难估算水利改革的成果的。

中亚国家独立以后,纷纷试图改革自己的经济,包括进行水利和农业改革。随着水利和农业的市场化改革,节水问题越来越成为重要的经济问题。因为在市场关系情况下,用水户的目的应该不是取得最大可能的收获量,而是取得最大的收入。也就是说,用水户感兴趣的节水方法是在复杂的自然经济情况下,节水在多大程度上对用水户有利。因此,向灌溉水分散管理方式的过渡通常伴随着水务费的实施以及有权出售所节省的灌溉水。这正是完善用水管理和保证节约用水的最重要工具。

现在,所有中亚国家都认为实行用水收费是必要的,但是由于所有国家的市场改革战略不一样,因此现在用水收费只在中亚五国之中的三个国家实行。土库曼斯坦和乌兹别克斯坦的农业尚未实行用水收费,乌兹别克斯坦以计征水资源税(包括土地税)的形式考虑水务费。哈萨克斯坦和吉尔吉斯斯坦分别于 1992~1994 年开始改革并实行用水收费。塔吉克斯坦于 1996 年实行用水收费。其用水收费的具体情况如下:

在哈萨克斯坦有两种收费形式:第一种作为水资源税,应用地表水收费为 0.021 美分/m$^3$;第二种作为农业水利机构的服务费为 0.105 美分/m$^3$。

在吉尔吉斯斯坦,供给农业用水户的水收费分为植物生长期和非植物生长期,在植物生长期收费 0.069 美分/m$^3$,在非植物生长期收费为 0.023 美分/m$^3$(从 1999 年 1 月 1 日起执行)。

在塔吉克斯坦供给农业用水户的水收费为 0.203 美分/m$^3$,而供给工业的水收费为 0.41 美分/m$^3$(从 2004 年 1 月 1 日起执行)。与机械灌溉有关的费用由国家的预算资金弥补,其幅度平均为 16 \$/hm$^2$。

在土库曼斯坦,供给工业和其他用水户的水收费为 0.202 美分/m$^3$,机械提水乘以 1.7 系数。分给灌溉耕地的水在计划额度范围内无偿供给。超过计划的水量收 3 倍水费。

用水收费政策的实施促使哈萨克斯坦用水量下降了 10%,吉尔吉斯斯坦下降了 21%,塔吉克斯坦下降了 6%。

## 7.5.1 用水收费的主要原则

科学可行的用水收费原则是建立合理的水价形成机制的重要基础,在合理合法的基础上用水收费的主要原则是:

(1)用户可承受原则。在制定水价时要对用水户的水费支付能力进行预测,分析其用途和可能的收益,在一个合理范围内确定基本收费标准。所谓合理范围,是指用水户既能付得起水费又促使其节约用水。因此,对于灌溉用水户来说,其农产品应该按照自由市场价格销售,水费占销售农产品所得利润的 5% 应当是可以承受的。

(2)工程投资回收原则。是指供水经营者投资建设拦、蓄、引、提等水利工程设施的费用靠销售给用户的水来收回投资。水利工程成本完全回收应是所有用水的目标。然而,考虑到公平获得水以满足人类基本需求以及消除贫困等原则与完全收回供水成本似乎是相互矛盾的。所幸中亚的大型水利工程主要是由国家财政拨款建设的,而且其中绝大部分是在苏联时期建成的。目前在建的水利工程大多都是中小型工程,且数量不多。

修建这些工程的费用可以由国家预算、地方预算及相关企业作适当的补贴,而其余部分可以以工程折旧费的形式分摊在水价中。这样,对一些地表灌溉系统来说,确实存在着富裕用水户和贫穷用水户都享受一定的补贴,但目前很难实施差别水价。

(3)运营成本补偿原则。将运营成本计算在供水水价中是世界各国通行的原则。但是运营成本的高低要用市场规律来约束,这样才能逐步达到以水养水的目的。实际上,中亚各国都把水费作为补偿供水经营者的消耗、改善水资源管理及其合理利用的重要因素。各国最高的水费是工业和城市供水,它完全抵偿供水服务的消耗。对于灌溉用水户,由于有国家对供水服务的补贴,因此处于享有特权的地位。此外,吸引用水户参加水利设施的维护也是一种有效的补偿措施。

(4)合理利润原则。利润是市场运营的需要,合理的利润可以促进水资源开发利用走可持续发展的道路。为了保证投资的可持续性和供水经营者的生存,可以在运营成本回收得到保证的基础上考虑适当的合理利润,以保证供水企业的良性运营,提高水利机构在既定的水量和期限内为用水户供水的责任心。

(5)流域机构宏观调控、市场调节的原则。在市场经济体制下,水价要受到市场规律的约束,所以水资源分配要按市场机制运行,就要在水定价时考虑到市场对水价的调节作用。同时,这也要发挥中亚流域机构的宏观调控作用,因为在水权分配时,中亚流域机构根据具体情况制定一个在进入市场后能被市场接受的基价(水资源费),并且在初始分配的水资源总量中留足可供以后用于调控的水量。

(6)保证灌溉系统完善的水量计量设备,以便进行供水流量的测量和检查。这些检测设备的费用也应分摊在水价中。

## 7.5.2 水价形成因素

水价形成因素主要有以下几点:

(1)水作为可再生和被保护资源的价值,即水资源费。水资源是流域内全体公民所共有的资源,理应在所有公民中平均分配。为确定合理的水资源价格,应建立科学可行的核算体系,体现出水资源使用的有偿性、补偿性和可持续性。该核算体系大体包括以下几个因素:

①能充分反映出与水资源使用有关的责、权、利及与之相关的因素,诸如水资源的占用、管理、供需状况;调节、取水对原有生态环境的综合影响等。在评估新的投资时,要保证水资源的再生能力。

②考虑年度水量的变化幅度。考虑年度水量波动是以年复一年的水量变化为基础的。对于农业灌溉和非农业项目相对稳定的用水需求来说,在确定水价时,年度平均水量按照50%保证率计算,这样在来水量不同的年份水价是不一样的。例如,在75%、90%、95%用水保证率的年份水价相对较高,因为供水量减少了,而标准固定支出的幅度不会因供水量发生太大的变化。为了使得供水部门有稳定的财政能力,有必要在水价计算模式中考虑设立保险资金的因素。

(2)工程投资费用的回收。工程投资费用是指水资源从天然水状态经工程措施加工后的加工成本费用。它直接关系到水利工程建设与管理资金的筹措,也直接关系到水资源开发利用的可持续性。因此,工程投资一般都以工程折旧费的形式予以回收。不仅如此,还要考虑工程投资的回报收益、工程运营、管理、维护成本及利润等,以便积累水资源的简单再生产和扩大再生产的资金。然而,在许多情况下,完全回收供水成本需要多年的直接补贴。

(3)环境费用的补偿。环境费用主要是指污水处理费用,反映环境的外部成本以及与污水处理或纳污水体有关的成本。根据"污染者支付"的原则,这部分费用应该是谁污染谁付费。排污费应该依据废水排放量、直接污染或间接污染、水处理技术及水处理质量来收费。应该促使排污者采用先进的水处理技术、废水回用,从而使其对水资源的污染最小化。这种方法应与管理措施结合以控制和监测污染物排放,而且它特别适合于工业排污者。将累进水费和排污费进行有机结合将为工业节水、水的循环使用提供一定的刺激作用。

### 7.5.3 水费的计算

水费费率模型如下:

对于非灌溉需水户 $S_{HU}$,水务价格模型按照以下公式计算:

$$S_{HU} = \frac{\sum U_B + \sum C_\Phi + \sum \Pi_B}{W_{OLB}} + P_B \qquad (7-5)$$

式中:$\sum U_B$ 为全年供水费用;$\sum C_\Phi$ 为保险费;$\sum \Pi_B$ 为来自供水项目的利润;$W_{OLB}$ 为需水户总额定取水量;$P_B$ 为扩大再生产的单位总和。

供水机构的全年营业费用是以下费用的叠加,包括生产人员的工资、社会保险和就业资金提成、清理费用、能源费用、主要资产折旧费、大修和日常修缮费用、运输费和其他费用的年度总和费用。

灌溉需水户($S_{UP}$)的单一水费(按立方米计算)按照下式计算:

$$S_{UP} = \frac{(\sum U_B + \sum C_\Phi)K_{\Pi P} + \sum U_M + \sum \Pi_{B\Pi}}{W_{LOT}} \qquad (7-6)$$

式中:$K_{\Pi P}$ 为按照 $W_{LBO}/W_{OLB}$ 确定的额度灌溉用水量;$\sum U_B$ 为全年水利费用;$W_{LBO}$ 为额定灌溉取水量;$\sum U_M$ 为水土改良服务机构的全年费用;$\sum \Pi_{B\Pi}$ 为灌溉需水户的标准利润;$W_{LOT}$ 为需水户分水点上灌溉额定水量。

对于不同需水户,水务价格(水费)模型可以用不同的方案来研究。

下面来研究灌溉需水户的双重水费。第一是按照公顷支付水费,第二是按照立方米支付水费。

只是水土改良部分的费用及其相应部分的利润属于按照公顷计费,而所有其他价格形成因素及其相应部分的利润属于按照立方米计费。

(1)按照公顷付费的计算公式:

$$S_{hm^2} = \frac{\sum U_M + \sum \Pi_M}{W} \qquad (7-7)$$

式中:$\sum U_M$ 为来自水土改良部分的全部费用(价值);$\sum \Pi_M$ 为来自水土改良部分的利润;$W$ 为灌溉面积。

（2）按照立方米付费的计算公式：

$$S_{\text{m}^3} = \frac{(\sum U_{\text{B}} + \sum C_{\Phi})K_{\Pi P} + \sum \Pi_{\text{B}}}{W_{\text{LOT}}} \tag{7-8}$$

式中：$\sum U_{\text{B}}$ 为与供水有关的全部运营费用；$\sum C_{\Phi}$ 为供水保险资金；$K_{\Pi P}$ 为灌溉额定用水份量；$\sum \Pi_{\text{B}}$ 为供水的利润总和；$W_{\text{LOT}}$ 为灌溉额定总水量。

作为补偿用水户供水费用的建议有下述这些。弥补灌溉用水户的费用应该尽可能让农业生产者生产的产品按照自由市场价格销售。这样，在财政稳定的情况下，农业生产者应该有可能靠所获得的收入来弥补与保障供水和土壤改良有关的费用。在国际实践中，水费占所得利润的 5%。

下面以南费尔干纳渠道为例（见表7-2），按照所提出的方法，既可以确定单一水务费，也可以确定双重水务费。正如计算所表明，在南费尔干纳渠道灌区单一水费是 0.51 美分/$\text{m}^3$，而按照双重计费——水费为 3.822 \$/$\text{hm}^2$。如果灌溉需要 7 500 $\text{m}^3/\text{hm}^2$ 水，则水费为 7 500 × 0.51 = 38.25（\$/$\text{hm}^2$）。

表 7-2　确定灌溉供水和土壤改良费用的计算（以南费尔干纳渠道为例）

| 序号 | 指标 | 单位 | 指标数值 | 计算公式，基础 |
|---|---|---|---|---|
| 1 | 南费尔干纳渠道的灌溉面积 | $\text{hm}^2$ | 85 500 | |
| 2 | 年度额定总供水量（年平均水量） | 亿 $\text{m}^3$ | 8.410 6 | $W_{\text{mum}} = W_{\text{c}} + W$ |
| | 其中灌溉用水量 | 亿 $\text{m}^3$ | 6.410 6 | $W_{\text{c}}$ 额定灌溉用水量 |
| | 工业用水量 | 亿 $\text{m}^3$ | 2.0 | $W$ 额定工业用水量 |
| 3 | 额定灌溉用水量的份量 | | 0.762 | $K_{\Pi P} = \dfrac{W_{\text{c}}}{W}$ |
| 4 | 南费尔干纳渠道不含土壤改良的主要资产 | 亿 \$ | 18.91 | |
| 5 | 南费尔干纳渠道区域内主要土壤改良资产 | 亿 \$ | 0.893 9 | |
| 6 | 南费尔干纳渠道区域内水利和土壤改良主要资产合计 | 亿 \$ | 19.803 9 | |
| 7 | 南费尔干纳渠道及其服务项目的水利总经费 | 亿 \$ | 3.257 6 | 水利总经费 = 统计费用 + 折旧费 = 2.123 + 1.135 = 3.258 |
| | 统计费用 | 亿 \$ | 2.123 | |
| | 折旧费 | 亿 \$ | 1.135 | 折旧费 = 18.91 × 0.06 = 1.135 |
| 8 | 土壤改良总经费 | 亿 \$ | 0.302 6 | |
| | 其中统计费用 | 亿 \$ | 0.248 9 | |
| | 折旧费 | 亿 \$ | 0.053 6 | 折旧费 = 0.893 9 × 0.06 = 0.053 6 |
| 9 | 南费尔干纳渠道及其服务项目的水利标准可变支出 | 亿 \$ | 0.978 7 | 标准可变支出 = 电能 + 清理 = 0.933 9 + 0.044 8 = 0.978 7 |

| 序号 | 指标 | 单位 | 指标数值 | 计算公式,基础 |
|---|---|---|---|---|
| 10 | 南费尔干纳渠道及其服务项目的水利标准固定支出 | 亿 $ | 2.278 9 | 第 7 项 − 第 9 项 = 3.257 6 − 0.978 7 = 2.278 9 |
| 11 | 保险资金 | 亿 $ | 0.341 8 | 保险资金 = 2.278 9 × 0.15 = 0.341 8 |
|  | 其中包括灌溉保险 | 亿 $ | 0.260 5 | 灌溉保险 = 0.341 8 × 0.762 = 0.260 5 |
| 12 | 灌溉供水的利润 | 亿 $ | 0.198 6 | 灌溉供水利润 = 3.257 6 × 0.762 × 0.08 = 0.198 6 |
| 13 | 土壤改良部分的利润 | 亿 $ | 0.024 2 | 土壤改良利润 = 0.302 6 × 0.08 = 0.024 2 |
| 14 | 土壤改良部分的费用(包括利润) | 亿 $ | 0.326 8 | 土壤改良费用 = 0.302 6 + 0.024 2 = 0.326 8 |
| 水费 | | | | |
| 15 | 灌溉和土壤改良的单一水费 | $/m³ | 0.51 美分 | $S_{cp} = \dfrac{(\sum И_H + \sum C_{cp})K_{cp} + \sum И_M + \sum \Pi_n}{W_o}$ |
|  | 灌溉和土壤改良的双重水费 | | | |
| 16 | 按照每公顷的水费费率 | $/m³ | | $S_{\Pi P} = \dfrac{\sum И_M + \sum \Pi_M}{W_o}$ |
|  | 按照每立方米的水费费率 | $/m³ | | $S_{M3} = \dfrac{(\sum И_g + \sum C_{cp})K_{np} + \Pi_g}{W_o}$ |

下面来研究在南费尔干纳渠道区域,在支付灌溉水费的条件下农场主有种植哪些农作物的可能性。当水费占利润总和5%时,表7-3 中列出不同农作物的利润和农场主在平均利润与最大利润时可支付水费的数据。

表 7-3  由南费尔干纳渠道保证供水的农场主支付水费可能性的评估

| 序号 | 种植农作物名称 | 农作物利润($/hm²) | | 水费($/hm²) | 付费可能性($/hm²) | |
|---|---|---|---|---|---|---|
|  |  | 平均 | 最大 |  | 平均 | 最大 |
| 1 | 棉花 | 150 | 420 | 38.25 | 7.5 | 21 |
| 2 | 谷物 | 160 | 500 | 38.25 | 8.0 | 25 |
| 3 | 花卉 | 700 | 1 200 | 38.25 | 35 | 60 |
| 4 | 葡萄 | 1 510 | 2 200 | 38.25 | 75.5 | 110 |

从表7-3 中可以看出,种植花卉和葡萄时,在农作物平均利润条件下,按照38.25 $/hm² 的幅度支付水费是可能的,对于花卉来说,5% 利润为 35 ~ 60 $/hm²,对于葡萄来说,5% 利润为 75.5 ~ 110 $/hm²。

现在来研究"费尔干纳水资源一体化管理"项目示范用水户协会的费用及其所服务的经营者的利润问题,如表7-4 所示。

表 7-4  2003 ~ 2006 年用水户协会的单位费用和农业生产者的利润

| 国家 | 指标 | 年份 | | | |
|------|------|------|------|------|------|
| | | 2003 | 2004 | 2005 | 2006 |
| 乌兹别克斯坦 | 用水户协会费用 | 3.2 | 3.3 | 4.3 | 4.7 |
| | 农业生产者的利润($/hm²) | 48.6 | 48.4 | 88.3 | 107 |
| | 用水户协会费用占利润的百分比 | 6.6 | 6.8 | 4.9 | 6.3 |
| 吉尔吉斯斯坦 | 用水户协会费用 | 2.14 | 2.44 | 8.95 | 2.86 |
| | 农业生产者的利润($/hm²) | 365.2 | 401.0 | 302.4 | 288.5 |
| | 用水户协会费用占利润的百分比 | 0.6 | 0.7 | 2.95 | 1.0 |
| 塔吉克斯坦 | 用水户协会费用 | 3.5 | 2.13 | 3.43 | 4.49 |
| | 农业生产者的利润($/hm²) | 207.4 | 32.9 | 106.8 | 27.2 |
| | 用水户协会费用占利润的百分比 | 1.7 | 6.5 | 3.2 | 16.5 |

从表 7-4 中的数据可以看出,乌兹别克斯坦的农场主支付给用水户协会的水务费占纯利润的 5% ~7%,从世界经验来看是完全切实可行的,吉尔吉斯斯坦用水户支付给用水户协会和水利机构的水务费占纯利润的 5% ~6%,也是有充分理由的。而塔吉克斯坦却是绝对不现实的,支付给用水户协会的水费达到所得农产品利润的 15%。这主要是由于所种植的农产品平均利润太低,只有 100 ~200 $/hm²,而吉尔吉斯斯坦达到 300 ~400 $/hm²。如果所种植的农作物平均产量达到我们在试验区所获得的产量,即不需要特别的基建投资,只要准确地执行灌溉工艺要求,棉花和谷物的产量可增加一倍,相应的纯利润可达到 420 ~500 $/hm²。也就是说,在水费占所得利润 5% 的情况下,平均可向用水户协会和水利机构支付 21 ~25 $/hm²。如果是种植花卉和葡萄,允许付费可达 60 ~110 $/hm²。

### 7.5.4  激励节约用水应采取的措施

(1)首先,激励用水户,亦即用水户协会和农场主节约用水应该是水资源利用中最重要的问题。为此,必须在水利机构和用水户协会建立专项资金,即"节约用水资金"。

在水利机构中这项资金的收入部分应该是用水户超过额定用水量而收取的超额用水收入,而支出部分则是对用水户没有用完额定用水量的奖金,也就是说,在用水户协会专用账户上,在为用水户确定的用水量限额范围内,银行对于没取得用水的资金进行转账。

(2)因为灌溉土地的改良是提高水土利用效率的主要问题之一,必须奖励用水户协会的工作人员在其所服务的农场内改善土壤改良状态,提高种植农作物的收成。奖励应该按照农场主与用水户协会所商定的标准进行。

(3)用水户协会与用水户良好工作的特征是根据农作物的灌溉状态保证农场的均匀

配水。这种工作使得用水户协会与用水户之间、用水户协会与水利机构之间的争议和冲突减少。为了达到这样的结果,也必须奖励用水户协会的工作人员。

(4)在圆满完成指定的修复工程量并减少费用时也应该奖励用水户协会与水利机构的工作人员。

(5)在采取其他措施并取得效果时也必须进行奖励,如靠提高水利机构和用水户协会的水网组织和技术效率而保证节约用水,在用水户协会与用水户之间采用有效的分水工艺,靠挖掘内部潜力提高灌溉土地的用水保证率等。

现在虽不能说中亚国家实行收费用水大大提高了用水效益,但是已经表现出了一定的积极成果和趋势。例如,在吉尔吉斯斯坦实行收费用水后,专家们评估出以下主要结果:①减少了用水量;②减少了机械灌溉;③改变了灌溉结构(增加了耐旱作物,如谷类作物、烟草、向日葵等)。总体上,土壤改良状态变化不大,在某些地方,由于减少了用水量,土壤有所改善。

上述关于吉尔吉斯斯坦实行收费用水的评议后果对塔吉克斯坦也是正确的。至于哈萨克斯坦,根据专家们的意见,整体上现在说实行收费用水取得积极成果还为时尚早,但是没有人怀疑其必要性。

在中亚国家,合理用水的经济激励经验表明,实行收费用水是有必要的但不是提高用水效益就满足的条件。以下是提高用水效益的补充条件:

(1)高水平的水量计量。特别是在低层分水区,但是吉尔吉斯斯坦和哈萨克斯坦土地全部私有化导致农场主和农民大大增加,使得近期低层完全计价的水量计量和控制成为问题,从而减弱了收费用水的效果。

(2)农场主的财务稳定性。因为农场主要向用水户协会或水利机构(渠道管理处)支付水务费。放宽农业的限制和巩固用水户的财政状况应该走在实行收费用水的前面。然而。中亚国家的改革导致许多用水户至今不在状态,且没有准备支付用水户协会和水利机构的水务费。用水户的财政软弱使得国家暂时不能给予财政补助。

(3)水费费率与供水成本以及因违反供水制度造成损失的罚款制裁应该相当,无论是在干渠级还是在用水户协会级费率政策应该促进节约用水和水费的收缴。

## 7.5.5　水费的收缴

下面来研究两种供水水费的收缴情况,即渠道管理处对于用水户协会的供水水费和用水户协会对农场主的供水水费收缴情况。

在第一种情况下,渠道管理处是供水者,而在第二种情况下,用水户协会是供水者。同时,在第一种情况下用水户协会是用水者,而在第二种情况下,农场主是用水者。应该指出的是,农场主既是支付渠道管理处服务费也是支付用水户协会服务费的最终用水者,供水者的命运取决于他的财政状况。

正如从以下引用的示意图 (见图7-5、图7-6)中可以看出,在实行收费用水的霍贾巴克尔干渠道和阿拉万阿克布林渠道,虽然其水费的收缴率一年比一年高,但是由于用水户协会的财务状况非常沉重,其收缴率的增长速度非常低,从而给运营这些渠道的管理处的财政状况带来负面影响,且相应地也影响了渠道运营和技术服务的质量。

水费收缴率增长速度低下有多方面原因,如果抛弃与向市场关系转变战略有关的原因,还有一方面就是供水服务费的计算方法需要完善。

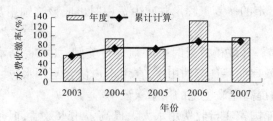

图 7-5　阿拉万阿克布林渠道水费收缴示意图

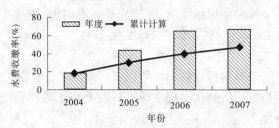

图 7-6　霍贾巴克尔干渠道水费收缴示意图

### 7.5.6　调整水费的方法

分析证明,在中亚各国水费有以下差别:

(1)价差(塔吉克斯坦的水费最高);

(2)季节差价(植物生长期,非植物生长期);吉尔吉斯斯坦采用差别水价,植物生长期的水价是非植物生长期的 3 倍。而塔吉克斯坦采用统一水价,与季节无关;

(3)供水方式;自流灌溉或机械提水灌溉的水价是不一样的。

现有的标准水价没有考虑市场原则,一般不会促进水费的收缴。这是因为供水者(如渠道管理处)要承受水少和节约用水之苦,而用水者及时支付水费是不划算的,更不要说提前支付了。

因此,建议按照以下方式调整水费。

确定水费的计算公式是:

$$T_r = T_p K \tag{7-9}$$

式中:$T_r$ 为计算水费;$T_p$ 为标准(基准)水费;$K$ 为水费的总调整系数。

$$K = \frac{K_f}{K_1 K_s K_t} \tag{7-10}$$

式中:$K_f$ 为相对于额定供水量的用水户用水保障率系数(实际量/额定量);$K_1$ 为额定系数;$K_s$ 为水费收缴率系数;$K_t$ 为水费支付及时系数。

(1)额定系数的计算(年水量的计算)。

$$K_1 = \frac{W_1}{W_p} \tag{7-11}$$

式中:$W_1$ 为用水户季节用水的额定量;$W_p$ 为用水户季节计划供水量。

（2）用水保障率系数的计算（实际供水量的计算）。

如果遵照比例原则（实际旬供水量与额定量成比例），则

$$K_f = \frac{W_f}{W_1} \tag{7-12}$$

如果不遵照比例原则（发生超过或不足额定用水量），则

$$K_f = \frac{\sum_{d=1}^{m}(K_d^f \cdot W_{fd})}{W_f} \tag{7-13}$$

$$K_d^f = \frac{W_{fd}}{W_{ld}} \tag{7-14}$$

式中：$K_d^f$ 为相对于 $d$ 旬额定量的实际用水保障率；$d$ 为旬脚标；$m$ 为在所研究期间旬数（如果研究植物生长期，则 $m=18$）；$W_{fd}$ 为旬实际供水量；$W_{ld}$ 为旬额定供水量。

（3）水费收缴系数的计算。

$$K_s = \frac{P_f}{P_p} \tag{7-15}$$

式中：$K_s$ 为水费收缴系数；$P_p$、$P_f$ 为相应地为计算期间水费的计划支付幅度和实际支付幅度。

$$P_p = T_p W_f \tag{7-16}$$

（4）水费支付及时系数。

$$K_t = \frac{100 + FR}{100} \tag{7-17}$$

式中：$F$ 为水费确定日期和实际支付日期的时间差，例如，在计算月份结束后的第一旬，即每个月的 $1 \sim 10$ 日为确定期。

#### 7.5.6.1 计算实例

**例1** 假设：$K_s = K_t = 1$，亦即用水户及时全额支付了供水服务费。

供水者在植物生长期向用水户计划供水量（$W_p$）为 2 000 万 $m^3$。下面来研究额定供水量的不同方案。

遵循旬实际供水量与额定供水量成比例变化的原则，水费的计算见图7-7 和表7-5。由这些图表可以得出：

（1）当 $W_f = W_1 = W_p$ 时，计算水费等于标准水费。

（2）当 $W_f = W_p$ 且 $W_1$ 为变量时，随着 $W_1$ 相对 $W_p$ 的下降，计算水费相对标准水费增加；相反，当 $W_1$ 大于 $W_p$ 时，计算水费小于标准水费。这样造成：水资源越少（枯水年），水费就越高。这与市场原则相适应，且供水人也可不再受水资源短缺之苦。而用水人不得不采取节水措施：减少播种面积、降低土地利用强度、在种植结构中清除嗜水性作物（水稻、洋葱等）、减少引水沟的长度、增加灌水人员的数量、采用新的工艺等。

水资源越多，水费就越低，且供水人也不会因丰水而得到不应该得到的好处。而用水人有可能考虑增加种类的灌水（预耕灌水、保墒灌水和冲洗盐碱），增加一部分喜湿性作物，提高土地的利用强度等。

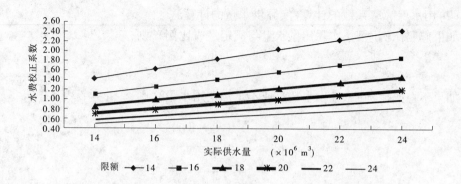

图 7-7 考虑额定和实际供水量计算水费调整系数的示意图

表 7-5 考虑额定和实际供水量水务费调整系数的计算

| $W_{fМДН.}$ ( $\times 10^6$ m$^3$ ) | $W_{1МДН.}$ ( $\times 10^6$ m$^3$ ) | | | | | |
|---|---|---|---|---|---|---|
| | 14 | 16 | 18 | 20 | 22 | 24 |
| 14 | 1.43 | 1.10 | 0.87 | 0.70 | 0.57 | 0.50 |
| 16 | 1.63 | 1.27 | 1.00 | 0.80 | 0.67 | 0.57 |
| 18 | 1.83 | 1.40 | 1.10 | 0.90 | 0.73 | 0.63 |
| 20 | 2.03 | 1.57 | 1.23 | 1.00 | 0.83 | 0.70 |
| 22 | 2.23 | 1.73 | 1.37 | 1.10 | 0.90 | 0.77 |
| 24 | 2.43 | 1.87 | 1.47 | 1.20 | 1.00 | 0.83 |

（3）当 $W_1 = W_p$ 且 $W_f$ 为变量时，随着 $W_f$ 相对 $W_p$ 的下降，计算水费相对标准水费减少；相反，当 $W_f$ 大于 $W_p$ 时，计算水费大于标准水费。这样才有利于用水人节约用水。

下面根据图 7-7 和表 7-5 来分析季节内对于额定供水量的两种实际（旬）配水方案。一种是成比例供水，另一种是不成比例供水。

从表 7-5 中可以看出，当实际季节供水量为同样的数值（1 600 万 m$^3$）时在第一方案（成比例）中，在植物生长期内实际供水系数为 $K_{f1} = 0.9$，而在第二种中，出现超过或不足额定供水量的情况；$K_{f2} = 1.24$，也就是说，在所有其他条件同等的情况下，水费由于旬配水的不均匀（超过额定量供水）增加 34%。这时供水不足使系数减小，而超额供水使系数增加。因此，超额供水的份量（相对量和绝对量）越大，则系数就越大，从而使得水费增加。总体上考虑到两个系数，水费调整总系数相应地为 1.00 和 1.38。

### 7.5.6.2 考虑收缴率和及时性的调整系数计算

假设：

（1）$W_f = W_1 = W_p$，亦即 $K_f = K_1 = 1$，且配水没有问题。

（2）$R = 1\%$。

考虑收缴率和及时性的调整系数计算列入表 7-6。

表 7-6　考虑收缴率和及时性的调整系数计算

| 指标 | 计量单位 | 计算月份 | | | | | | |
|------|---------|------|------|------|------|------|------|------|
| | | 4 月 | 5 月 | 6 月 | 7 月 | 8 月 | 9 月 | 合计 |
| 原始信息 | | | | | | | | |
| $W_p$ | 1 000 m³ | 1 750 | 2 750 | 3 950 | 5 000 | 4 250 | 2 300 | 2 000 |
| $W_f$ | 1 000 m³ | 1 750 | 2 750 | 3 950 | 5 000 | 4 250 | 2 300 | 2 000 |
| $R$ | % | 1 | 1 | 1 | 1 | 1 | 1 | 1 |
| 计算信息 | | | | | | | | |
| $P_p$ | $ | 3 973 | 6 243 | 8 967 | 11 350 | 9 648 | 5 221 | 45 400 |
| $P_{f1}$ | $ | 3 973 | 6 243 | 8 967 | 11 350 | 9 648 | 5 221 | 45 400 |
| $P_{f2}$ | $ | 1 230 | 5 000 | 5 750 | 8 700 | 7 700 | 3 400 | 31 780 |
| $P_{f3}$ | $ | 1 230 | 5 000 | 5 750 | 8 700 | 7 700 | 3 400 | 31 780 |
| $P_{f4}$ | $ | 5 164 | 8 115 | 11 656 | 14 755 | 12 542 | 6 787 | 59 020 |
| $K_{s1}$ | | | | | | | | 1.00 |
| $K_{s2}$ | | | | | | | | 0.70 |
| $K_{s3}$ | | | | | | | | 0.70 |
| $K_{s4}$ | | | | | | | | 1.30 |
| $D_1$ | | 05-25 | 06-25 | 07-25 | 08-25 | 09-25 | 10-25 | |
| $D_2$ | | 05-01 | 06-01 | 07-01 | 08-01 | 09-01 | 10-01 | |
| $D_3$ | | 05-25 | 06-25 | 07-25 | 08-25 | 09-25 | 10-25 | |
| $D_4$ | | 04-15 | 05-15 | 06-15 | 07-15 | 08-15 | 09-15 | |
| $F_1$ | 天 | −15 | −15 | −15 | −15 | −15 | −15 | |
| $F_2$ | | 0 | 0 | 0 | 0 | 0 | 0 | |
| $F_3$ | | −15 | −15 | −15 | −15 | −15 | −15 | |
| $F_4$ | | 15 | 15 | 15 | 15 | 15 | 15 | |
| $K_{t1}$ | | 0.85 | 0.85 | 0.85 | 0.85 | 0.85 | 0.85 | 0.85 |
| $K_{t2}$ | | 1.00 | 1.00 | 1.00 | 1.00 | 1.00 | 1.00 | 1.00 |
| $K_{t3}$ | | 0.85 | 0.85 | 0.85 | 0.85 | 0.85 | 0.85 | 0.85 |
| $K_{t4}$ | | 1.15 | 1.15 | 1.15 | 1.15 | 1.15 | 1.15 | 1.15 |
| $K_1$ | | | | | | | | 0.85 |
| $K_2$ | | | | | | | | 1.43 |
| $K_3$ | | | | | | | | 1.21 |
| $K_4$ | | | | | | | | 0.88 |

可以利用水费调整方法的不同方案：即按月计算或按照季节计算。显然，按照季节计算更为实用，在季节末期考虑上述因素与用水户进行相互计算。这时如果供水人欠债，则供水人的债务可看做是用水户下一个季节的预付款。这种方式可以在不同分水级别使用：在干渠级，在渠道管理处与用水户协会之间使用；在用水户协会级，在用水户协会与农场主之间使用。

## 7.5.7 对收费用水的建议

（1）为了缓解中亚的水资源危机，应该学会有效管理水需求。

（2）在世界实践中，节约用水的经济激励方法是最有效的水需求管理方法。

（3）节约用水的经济激励措施可以通过收费用水和完善水费政策来实现。

（4）国家（渠道管理处—用水户协会级）或用水户协会全体大会（用水户协会—农场主级）确定的标准（基准）水费，必要时建议用文中所提出的调整方法进行调整。

（5）利用上述调整方法对供水人和用水户节约用水和有效利用水资源都是一种经济激励措施。

（6）供水人和用水户在对话的基础上应该选择相互可接受的方式和采取某种理智的相互可接受的限制用水措施。

（7）无论是在干渠（渠道管理处—用水户协会）级还是在用水户协会（用水户协会—农场主）级，利用本调整方法可以调节供水人和用水户之间的财政关系。

（8）达成协议是完全可能的，因为本调整方法对双方（供水人和用水户）都有吸引力。

（9）本调整方法应该得到决策人的支持，因为它旨在节约用水。

（10）非常重要的是本调整方法不要束缚分水过程参与者的手脚，而是应组织他们讨论并考虑他们的意见和愿望来完善它。

**参 考 文 献**

[1] 水资源信息管理系统分析. http：// www. hwcc. com. cn 2010-04-23.

[2] В. А. Духовный, В. И. Соколов, Х. Мантритилаке. Интегрированное управлениеводными ресурсами：от теории к реальной практике——опыт пентралвной азии. http：// www. cawater-info. net/library/rus/iwrm/iwrm_monograph_part_5. pdf.

[3] IWMI，НИЦ МКВК. ПРОЕКТ 《ИУВР-ФЕРГАНА》№ 4. 3 ВИДЫ И МЕХАНИЗМЫ ПРЕДОТВРАЩЕНИЯ И РЕШЕНИЯ ВОДНЫХ КОНФЛИКТОВ И СПОРОВ. http：// www. cawater-info. net/library/rus/iwrm/iwrm37. pdf.

# 8 水资源一体化管理在中亚国家的应用实践

中亚地处欧亚大陆腹地,包括五个国家:哈萨克斯坦、吉尔吉斯斯坦、塔吉克斯坦、土库曼斯坦和乌兹别克斯坦。中亚各国总面积 3 882 000 km²,其南部与阿富汗和伊朗交界,东部与中国相邻,西北与俄罗斯接壤。在地形地貌上,中亚地区以沙漠和草原为主,其中沙漠面积超过 100 万 km²,占该地区总面积的 1/4 以上。中亚属大陆性干燥气候,常年降水稀少且蒸发量大,是一个水资源严重不足的地区。自从有了人类居住,这里的淡水资源就一直是人们亘古不变的谈论话题,因此当地有句名言:"立命在水不在土"。水是中亚各国福祉的关键因素,保障供给清洁水决定着居民的生活质量和地区社会经济的发展。20 世纪后半叶大规模的灌溉发展已经造成了严重的环境生态问题。目前,实际的灌溉面积大约 7 948 100 hm²(占整个流域面积的 5.1%)。苏联于 1991 年解体更加加重了社会和生态的灾难。流域各国现在正处于深度的社会变革和经济变革阶段,由中央计划经济向市场经济转变。

中亚地区的淡水资源总蕴藏量在 1 万亿 m³ 以上,总量较丰富,但大部分淡水都以高山冰川和深层地下水的形式存在。主要水源位于塔吉克斯坦和吉尔吉斯斯坦两国境内。仅在塔吉克斯坦境内就集中了中亚地区 55.49% 的水流量及 60% 以上的冰川。根据联合国粮农组织 2004 年的统计资料,中亚各国的实际水资源量统计结果见表 8-1。

表 8-1  中亚各国的实际水资源量统计结果

| 国家 | 平均降水量(亿 m³) | 国内地表水资源量(亿 m³) | 国内地下水资源量(亿 m³) | 国内重叠水资源量(亿 m³) | 国内水资源总量(亿 m³) | 实际外来水资源量(亿 m³) | 实际水资源总量(亿 m³) | 2004 年人口数量(万人) | 人均水资源量(m³) | 年用水量(亿 m³) |
|---|---|---|---|---|---|---|---|---|---|---|
| 哈萨克斯坦 | 6 804 | 693 | 61 | 0 | 754 | 342 | 1 096 | 1 500 | 7 307 | 379 |
| 吉尔吉斯斯坦 | 1 065 | 441 | 136 | 112 | 465 | −259 | 206 | 510 | 4 039 | 117 |
| 塔吉克斯坦 | 989 | 638 | 60 | 30 | 663 | −503 | 160 | 660 | 2 424 | 126 |
| 土库曼斯坦 | 787 | 10 | 4 | 0 | 14 | 234 | 247 | 570 | 4 333.3 | 195.3 |
| 乌兹别克斯坦 | 923 | 95 | 88 | 20 | 163 | 341 | 504 | 2 602 | 1 909 | 724 |
| 合计 | 10 568 | 1 877 | 349 | 162 | 2 059 | 155 | 2 213 | 5 880 | 3 764 | 1 574 |

从表 8-1 中可以看出,中亚五国的实际水资源量总计仅为 2 213 亿 m³,而且分布极不均匀,形成于塔吉克斯坦境内的阿姆河和形成于吉尔吉斯斯坦境内的锡尔河是咸海盆地的主要干流。哈萨克斯坦、塔吉克斯坦和吉尔吉斯斯坦等国内水资源总量相对较多的国家,哈萨克斯坦还可以从相邻的中国、俄罗斯和吉尔吉斯斯坦获得总计为 342 亿 m³ 的外来水,因此其实际水资源总量达到 1 096 亿 m³,人均水资源量多达 7 307 m³,是中亚国家中实际水资源总量和人均水资源量最多的国家。而土库曼斯坦和乌兹别克斯坦的国内水资源总量分别为 14 亿 m³ 和 163 亿 m³,乌兹别克斯坦的人均水资源量仅为 702 m³,属于严重缺水国家。它们的用水主要依赖于阿姆河和锡尔河。盛产石油的土库曼斯坦素有"水比油贵"的说法,由于缺水,许多居民甚至要定时领取饮用水,加上不合理的利用、浪费和污染,以及由于蒸发量大和水利设施运行低效,使得水资源损耗巨大。由于灌溉用水严重短缺和水质变差,仅 2000 年哈萨克斯坦没能正常灌溉的棉田就达 1.5 万 hm²,稻田为 3 000 hm²;棉花产量比预计的减少 30% 以上。2001 年缺水还使该国的棉花单产降到 500 kg/hm²,仅为 2000 年的三到四成。此外,缺水还使乌兹别克斯坦 2001 年的水稻产量比 2000 年减少 50% 以上,农业生产受到重创,从而导致该地区人民生活水平下降。缺水和污染还使中亚很多地区的居民无法得到充足、清洁、安全的饮用水,居民健康受到严重威胁。水资源状况的恶化已成为中亚社会经济持续发展的现实和潜在阻碍。

过去在苏联时期,联盟中央对中亚的水资源实行集中管理,推行用水配额和损失补偿制度,使水资源在中亚各国间得以合理的调配和利用。苏联解体后,中亚各国过分强调独立的对外政策,加之一些国家国内局势混乱,使各国在许多问题上缺乏相互沟通和理解,在水资源问题上更是出现独断专行、缺乏协调与合作,从而在跨境河流水资源分配、对水资源的争夺、跨境输水设施的维护和水质保护等问题上引发了一系列矛盾和纠纷,局部地区甚至发生过流血事件。此外,中亚某些国家把水资源作为政治工具,要么以保护水资源为由要求免除债务,要么凭借对解决水问题的主动权或对跨境水流的控制权对邻国施加政治、经济压力。这就加重了解决水问题的难度。

作为水资源丰富的国家,吉尔吉斯斯坦从维护自身利益和解决水资源分配问题的角度出发,提出了水资源商品化、交易市场化的方案。塔吉克斯坦也凭借其境内丰富的淡水资源,提出要建立相互合作机制,合理有效利用这一宝贵的自然资源,并希望通过向其他中亚国家提供农业灌溉用水和其他用水来获取经济利益和其他利益。

中亚各国是通过阿姆河和锡尔河水系联系在一起的。在某一国家中用水的任何变化都不可避免地影响到其他国家的利益。围绕着水资源的分配、利用和流域生态保护等问题,中亚各国经历了从冲突、争吵到走向协调、合作的艰难历程。

1992 年,中亚五国就跨国河流水资源的调节、合理利用和保护在阿拉木图签署协议,在同等条件下成立了跨国水利协调委员会,并把在苏联时期建立的"锡尔河流域水资源管理局"和"阿姆河流域水资源管理局"改成"锡尔河流域水利联合公司"和"阿姆河流域水利联合公司",后来又成立了跨国水利协调委员会科技信息中心(原"中亚西亚灌溉科学研究所"改制,在塔什干)和跨国水利协调委员会秘书处(在列宁纳巴德)。跨国水利协调委员会制定和实施了一系列水资源利用、保护和管理等各个方面的大纲。两个流域水利联合公司和科技信息中心是跨国水利协调委员会的执行机构。直接执行跨国水利协调委员会的决议、管理流域的水量分配、维持供水和放水曲线、管理水质等。

1993 年,中亚五国首脑在克孜勒奥尔达举行会议,成立了"咸海流域问题跨国委员会",并建立了"拯救咸海国际基金会"。1995 年,中亚五国元首签署了著名的《努库斯宣言》(即《咸海宣言》)。1997 年,中亚各国首脑发表了《阿拉木图宣言》。宣言决定,将拯救咸海国际基金会与咸海流域问题跨国委员会合二为一,合并后的名称是拯救咸海国际基金会,1999 年,在哈萨克斯坦召开了国际会议,其目的一是确定区域内跨境水资源组织机构并就信息交换达成协议;二是建立区域水资源数据库。会议决定,鉴于区域组织的权力有限,跨境水资源问题的协调应在政府级别上进行。这次会议对协调中亚国家在水量分配及解决已出现的矛盾方面具有重要意义,同时它是一个重要标志,说明中亚国家在水资源问题的区域协调和管理方面迈出了关键的一步。

近几年来,在跨国水利协调委员会(主要任务是进行水资源管理)和拯救咸海国际基金会(主要任务是筹集资金)的领导下,通过并签订了水资源利用、保护和管理的一系列协议和文件,恢复和加强了阿姆河和锡尔河流域水资源的有序管理。正是这一系列国家会议的顺利召开及其所签订的协议,给解决中亚各国的水资源管理问题奠定了坚实的基础,也使国际社会看到了中亚各国解决水问题的希望。西方发达国家及俄罗斯等国非常关注中亚水资源问题的现状及其解决进程。这些国家一方面在中亚地区投资建设相关水利设施,帮助该地区合理规划和利用水资源;另一方面又投入部分资金帮助中亚各国引进水资源一体化管理理念,对中亚各国的水资源管理体制进行改革。

# 8.1　水资源一体化管理项目

2002 年,在约翰内斯堡召开的世界可持续发展大会要求各国政府逐渐采取水资源一体化管理的框架原则。同时,号召所有国家制订水资源一体化管理的计划和到 2005 年提高用水效益的计划,并对发展中国家给予支持。正是在这样的背景下,中亚国家开始实施水资源一体化管理项目。

自 2001 年以来,在中亚国家已经或正在实施以下水资源一体化管理项目,他们分别是:

"费尔干纳盆地水资源一体化管理"示范试验项目:该项目由瑞士发展与合作管理局给予财政支持,在塔吉克斯坦的霍贾巴克尔干渠道、乌兹别克斯坦的南费尔干纳渠道、吉尔吉斯斯坦的阿拉万阿克布林渠道上进行水资源一体化管理的示范试验。项目的总目标是通过改善费尔干纳盆地水资源管理的效益来保证该地区的粮食安全、生态稳定和社会和谐(具体实施情况请参见本章 8.4　费尔干纳盆地水资源一体化管理示范试验)。

"哈萨克斯坦共和国水资源一体化管理和提高用水效益国家计划"项目:该项目由挪威政府给予财政支持,在联合国发展规划署和全球水伙伴中亚工作组等机构的帮助下,制订水资源一体化管理和提高用水效益的国家计划(简称《国家计划》),《国家计划》的内容非常广泛,包括要进行水资源管理的法规、体制、制度、财政政策、技术工艺、人才培养等多方面的全面改革(具体情况请参见本章 8.2　哈萨克斯坦水资源一体化管理的国家计划)。

"阿姆河和锡尔河下游水资源一体化管理"项目:该项目由美国国务院给予财政支持,计划在哈萨克斯坦克孜勒奥尔达州卡扎林斯克水利枢纽右岸总干渠灌溉系统、土库曼斯坦达绍古兹州"沙瓦特"渠道灌溉系统和乌兹别克斯坦花拉子模州"帕尔万—加扎瓦特"和卡拉卡尔帕克"库瓦内什贾尔马"灌溉系统上实施水资源一体化管理。具体情况请参见本章8.8 阿姆河和锡尔河下游过渡到水资源一体化管理项目。

## 8.1.1 实施水资源一体化管理的主要成果

以上3个项目,特别是"费尔干纳盆地水资源一体化管理"示范试验项目和"哈萨克斯坦水资源一体化管理和提高用水效益国家计划"项目的顺利实施,取得了显著的效果。归纳起来,主要表现在以下几个方面:

(1)制定并明确了水资源一体化管理的理念。

这种理念包括水资源管理以水文地理边界为单元的原则、所有感兴趣各方共同参与的原则、水资源的共享与协调原则、广大用水户参与水管理的民主管理原则、水污染防控与生态修复相结合的原则以及合理用水和节约用水原则。这些原则早在2003年5月得到了乌兹别克斯坦、吉尔吉斯斯坦和塔吉克斯坦水利部门的赞赏和确认,随后得到了所有中亚国家的确认。

(2)加强了法律法规建设,使得水资源一体化管理有法可依。

除上述由中亚各国首脑签署的国际协议外,跨国水利协调委员会还制定了以下法规性文件,并得到了各国政府的确认,它们是:阿姆河和锡尔河共有水资源共享规定;水质的立法和标准;限制排放的水质和水量标准;政府间决策制定的程序;解决纠纷和仲裁程序;违反取水限制、流量控制、造成水污染和不能向咸海补水的后果和责任承担;国际重要水利设施和河道的保护;信息交流的职责分担;跨国河流、湖泊和水道项目协调的技术和运作程序;决定损失程度及其赔偿,包括洪水和水污染等赔偿的程序。此外,哈萨克斯坦、乌兹别克斯坦、吉尔吉斯斯坦等国修改了本国的《水法》,在新水法中树立了水资源一体化管理的理念,吉尔吉斯斯坦还制定并实施了《用水户协会法》。以法规的形式确定了政府、水利机构和用水户在水资源利用、保护和开发等方面的作用和责任。在法律上明确确定了水的社会、经济和生态价值、水权、用水户协会的作用、各部门之间的协调规则。这些法律法规的顺利实施,使得水资源一体化管理有法可依。

(3)制定了水资源一体化管理的发展规划。

除哈萨克斯坦制订了"哈萨克斯坦水资源一体化管理和提高用水效益的国家计划"外,在全球水伙伴(中亚和高加索)和联合国环境规划署的帮助下,吉尔吉斯斯坦、塔吉克斯坦和乌兹别克斯坦分别制定了本国的水资源一体化管理路线图。现在,这些国家计划和路线图正在按照年度进度要求一步一步地实施,并取得了令人满意的效果。

(4)改革或完善了水资源管理体制。

现在,中亚各国创立了一种新的水资源管理体制,分为五级:第一级即最高级为国际流域级,即锡尔河流域水利联合公司和阿姆河流域水利联合公司,它们在跨国水利协调委员会的领导下执行两河流域的水资源管理职能;第二级是国家级,即各国的水利部或水资源委员会,它们负责制定本国水资源管理的方针政策。根据全球水伙伴(中亚和高加索)

和联合国环境规划署的要求,中亚各国先后成立了水资源一体化管理国家协调和支持小组,负责协调水资源一体化管理的活动;第三级为流域水资源管理局,这一级与以往有很大的不同,它打破了行政州界,是按照水文地理边界原则建立的,与之相应地建立了流域委员会,以吸引相关各方参与水管理的决策过程;第四级是渠道管理处,也是按照水文地理边界原则建立的,与之相应地建立了渠道水利委员会,吸引广大用水户参与分水计划的制订,保证水分配的公开和透明;第五级为用水户,建立了广大用水户参与的用水户协会(或用水户协会联盟),并按照法律要求登记注册。这些用水户协会根据相应的授权先后签订了共同管理水资源的协议。

(5)在奥什市建立了中亚跨国水利协调委员会培训中心,在安集延、费尔干纳和列宁纳巴德建立了类似的培训分部。从2002年7月开始,对水利机构以及用水户和非政府机构的工作人员进行水资源一体化管理的教学培训,同时特别关注对广大人民群众进行水资源一体化管理思想的宣传教育工作。到2007年共有3 000多人参加了水资源一体化管理培训班的学习,大大提高了有关工作人员对水资源一体化管理的认知水平。

(6)建立了水资源信息管理系统(包括资料库、数学模型和地理信息系统),这是一个编制用水计划、分析和完善分水与真实配水过程的强大工具。对示范渠道的水量计量设备进行了更新、检修和补充,并提供技术帮助,对供水过程进行实时管理和监控,同时使水量计量水平有了很大提高。

(7)由于吸引广大用水户参与水管理,使得水分配做到公平公正,使分水过程更加透明,大大减少了用水户与水利机构之间、用水户与用水户协会之间的分水争议和矛盾,也大大减少了供水损失。

现在中亚国家已经开始把示范试验的结果在整个中亚地区推广。截至目前,水资源一体化管理正在深入进行,并且取得了新的进展。当然,由于中亚各国的政治理念、经济实力和自然条件不一样,所以水资源一体化管理的进程是不一样的,下面按照国家分别介绍各国水资源一体化管理的进展情况。

## 8.1.2 哈萨克斯坦

哈萨克斯坦2003年通过了新水法。新水法的许多规定都是与水资源一体化管理原则相一致的。例如,新水法把全国划分成8个流域(在新水法实施之前全国只有4个流域管理局),并规定河流流域是水资源管理的关键单元,水资源管理以流域管理原则为基础,同时规定要建立流域委员会。因此,这几年哈萨克斯坦按照水资源一体化管理的要求进行了大量的管理体制改革工作。

哈萨克斯坦农业部水资源委员会(简称委员会)是国家水资源利用和保护方面的国家授权机构。委员会承担水资源(包括再生水资源)的管理、利用、调节和保护。委员会直接或者通过流域委员会或管理局实施自己的职能。在最近几年研制《哈萨克斯坦共和国水资源一体化管理和提高用水效益的国家计划》的过程中,有人提出把委员会从农业部独立出来,成立直接隶属于哈萨克斯坦政府的部级机构,以便实施水资源一体化管理。目前该方案已获哈萨克斯坦国政府的批准。

按照新水法和水资源一体化管理的要求,委员会按照水文地理界线,把全国划分成8

个流域。他们是咸海－锡尔河流域，楚河－塔拉斯河流域，巴尔喀什－阿拉湖流域，额尔齐斯河流域，伊希姆河流域，努拉－萨雷苏河流域，托博尔－托尔盖河流域和乌拉尔－里海流域。积极吸引所有感兴趣各方参与水资源管理过程是水资源一体化管理又一个重要原则。建立流域委员会、吸引非国有的社会团体和农场主参与管理决策过程是落实水资源一体化管理的最好措施。因此，从2005年开始组建各流域的流域委员会。经过所在流域内各州的所有感兴趣部门的反复协商，到2008年，所有8个流域委员会已组建完毕并已签订了流域协定，且已召开了2～4届的正式会议。

按照水资源委员会的部署，各流域委员会都要直接制订本流域的水资源一体化管理和节水的流域计划。到2008年已为流域委员会和管理局举行了五次"水资源一体化管理的流域计划"培训班。已有几个流域委员会开始制订水资源一体化管理的流域计划。

## 8.1.3　乌兹别克斯坦

近几年来，乌兹别克斯坦通过修改水法，在水法中树立了水资源一体化管理的科学理念。2003年，乌兹别克斯坦颁发了"关于改善经营管理机构的体制"和"关于完善水利管理的组织机构"等总统令和枢密院决定，要求按照河流流域、水文地理边界和灌溉系统来管理水资源。经过一系列的改组和归并，现在农业和水利部水利管理总局直接领导10个灌溉系统流域管理局、费尔干纳盆地干渠系统管理局、卡尔希等七个跨境干渠管理局和52个灌溉系统管理处，以及14个地区泵站、动力和通信管理局，13个水文地质土壤改良勘察队。文件明确指出，按照乌兹别克斯坦宪法成立的政权机构与自治机构（指用水户协会）有义务解决水资源管理问题，包括协调在其管辖区域内用水主体的活动和相互关系。应在各种水资源管理级别（流域级、灌溉系统级、渠道级）建立公众委员会（流域委员会、用水户协会联盟和用水户协会），并且让他们积极参与水资源管理的全过程。现在正在准备新的水法草案和用水户协会法。这些法规将明确规定要对用水和灌溉服务收费。

在全球水伙伴等国际机构的帮助下，乌兹别克斯坦于2006年制定出过渡到水资源一体化管理的"路线图"，并于2007年开始实施该"路线图"。实施水资源一体化管理的必要条件（包括良好的政策氛围，组织机构和管理工具）已列入国家和部门的纲要中。实际上所有的国家发展计划（减少贫困或提高生活水平，达到千年发展目标，农业和能源部门，自然环境保护等）在某种程度上都包括了水资源一体化管理的主要原则。而且乌兹别克斯坦积极参与了"费尔干纳盆地水资源一体化管理"、"阿姆河（与土库曼斯坦合作）和锡尔河（与哈萨克斯坦合作）下游三角洲过渡到水资源一体化管理"的示范试验。

乌兹别克斯坦非常重视"费尔干纳盆地水资源一体化管理"示范试验的结果，并且已将该试验的部分成果应用于本国的水资源管理实践中。例如，乌兹别克斯坦积极推广用水户协会这种非国有组织，前几年就开始按照水文地理边界和渠道灌溉系统改组水利管理机构，并组建用水户协会，吸引社会公众参与水资源管理的全过程。目前有75 460个农场在自愿的基础上组织了894个用水户协会或用水户协会联盟，这些协会现在已经管理着约280万 hm² 的土地面积，负责管理约7万 km 灌溉渠网和5万 km 排水渠网，他们积极参与水管理的全过程，与当地权力机构协商和确定用水限额和供水程序，积极配合水管部门做好灌溉和排水系统的收费服务，协调解决用水矛盾和问题，从而提高了水的利用率和农产品产量。

### 8.1.4 吉尔吉斯斯坦

近几年来,吉尔吉斯斯坦制定了新的改革水资源和水利活动管理的法律法规,而且在《吉尔吉斯斯坦水法》中规定要按照水资源一体化管理理念建立独立的国家水行政机关;建立国家和流域水委员会;建立国家、流域和区域灌溉和排水委员会;成立了国家水资源一体化管理协调和支持小组,而且吉尔吉斯斯坦制定并开始实施《用水户协会法》,对用水和灌溉服务收费,在水管部门还成立了用水户协会支持处,其功能是进行用水户协会的发展工作,以及协调对发展用水户协会感兴趣的国际捐款机构的活动。

作为应用水资源一体化管理原则的第一步,吉尔吉斯斯坦积极参与了"费尔干纳盆地水资源一体化管理"的示范试验。在全球水伙伴的帮助下,制定了过渡到水资源一体化管理的"路线图"。从2008年起开始实施该路线图。现在期待着研制类似于哈萨克斯坦的"水资源一体化管理国家计划"。

吉尔吉斯斯坦通过所建立的用水户协会已经积累了吸引用水户参加水资源管理过程的经验。2006年初,召开了全国第一届用水户协会会议,总结了建立用水户协会的工作经验,确定了建立用水户协会联邦或联盟的任务和步骤。

在国际层面上,建立了吉尔吉斯斯坦和哈萨克斯坦关于楚河-塔拉斯河双方联合委员会,该联合委员会吸引了双方感兴趣的机构和团体参与楚河-塔拉斯河水资源的管理,并且已积累了一定的工作经验,该联合委员会的经验根据其实用性可以扩大到具有国际意义的其他河流上应用。如吉尔吉斯斯坦代表参加哈萨克斯坦伊利-巴尔喀什流域一体化管理计划的研制工作就是一个实例。

### 8.1.5 塔吉克斯坦

2005年,塔吉克斯坦成立了水资源一体化管理国家协调和支持小组。专家们在"费尔干纳盆地水资源一体化管理"示范试验中应用水资源一体化管理原则的经验和教训使得研制过渡到水资源一体化管理的"路线图"非常有针对性。

所提出的"路线图"描述了从展望过渡到水资源一体化计划的时空分阶段过程。在执行"路线图"计划的初始阶段,从应用水资源一体化管理原则的角度,评估了塔吉克斯坦水资源管理的状态和远景水资源发展纲要的基本原则。

2006年4月在杜尚别举行了全国第一届"用水部门的相互作用和过渡到水资源一体化管理"的进修班,塔吉克斯坦各关键部委、非政府机构、总统机构、议会、拯救咸海国际基金会执委会、国际项目负责人等机构的53名代表参加了该进修班。水资源一体化管理国家协调和支持小组成员报告并讨论了以下问题:

(1)水资源一体化管理的目标和任务以及规划的执行方式;
(2)建立用水户协会及国家支持问题;
(3)从水资源一体化管理角度来看水利的发展前景;
(4)实施水资源一体化管理原则的水利法规;
(5)水利部门的发展战略和优先权;

（6）在水资源一体化管理过程中公众的参与；

（7）水资源一体化管理的技术、组织、生态和社会视点。

根据进修班的研讨结果，授权国家水利评审员与水资源一体化管理国家协调和支持小组一起制定过渡到水资源一体化管理的国家"路线图"方案，"路线图"方案在数次地区级进修班上进行了讨论和修改，最后在全国第二届进修班上进行了审查，最终获得塔吉克斯坦共和国政府确认，并从 2008 年开始实施。

此外，2007 年 1～12 月，在瑞士发展与合作署的帮助下，由美国国际发展署提供160 000美元资金，在塔吉克斯坦南部区域实施了一个"用水户协会支持计划"项目，该项目是协助塔吉克斯坦建立 26 个用水户协会。美国国际发展署制定了新项目的建议：在用水户协会支持计划项目范围内推广水资源一体化管理的经验，以提高水、土资源的利用效率。瑞士发展与合作署批准了执行新项目的建议，即在塔吉克斯坦南部 26 个用水户协会推广水资源一体化管理的经验。

该项目有两个组成部分：

（1）用地效率和水的公平分配。专家在现场研讨会上进行了用地效率和水的公平分配的培训。研讨会是在 26 个用水户协会举行的，塔吉克斯坦共和国灌溉部有关人员也参加了研讨会。

（2）量水设备的建设。这个组成部分有助于在用水户协会之间解决水的公平分配问题。这项工作着眼于提高技能和知识，以提高用地效率和用水的公平分配。重点是在农村之间进行水的一体化分配，以便有助于减少贫困和改善生态的可持续性。工程人员与用水户协会的农民合作建立了 10 座量水设备，并且给 26 个用水户协会进行了示范和设备使用培训。

## 8.1.6　土库曼斯坦

为了推进水资源一体化管理理念，土库曼斯坦建立了由代表水利、环境保护和社会团体的几位专家组成的倡议小组，为了执行"土库曼斯坦到 2020 年经济、政治、文化发展的国家纲要"，举行了主要由用水部门、生态组织、水利机构的代表参加的进修班，在进修班上讨论了水利发展问题、水资源一体化管理在达到联合国千年发展目标的作用、水资源一体化管理的经济论点、非传统供水水源的利用等。为了提高居民的信息化程度，还用土库曼斯坦的国语（土库曼语）出版了《水资源一体化管理》和 2005 年 10 月举办的进修班资料文集。这些小册子分发给了相关机构和团体。在这些小册子中以大众化的形式论述了水资源一体化管理的主要原则和应用方式。

倡议小组的专家研究了土库曼斯坦保护生态系统的国家展望，其中包括水生态系统，该展望包括在《中亚和南高加索内陆水域生态保护》的地区报告中。

现在倡议小组继续把《水资源一体化管理计划》的教科书和应用指南翻译成土库曼语，以便出版并在感兴趣的团体和机构中散发。

土库曼斯坦暂时还没有通过应用水资源一体化管理原则的法律文件。为了通过这些文件，必须要在各类用水户中加强关于水资源一体化管理原则的应用特点和优势的宣传工作，以进修班和圆桌会议的形式在各经济部门之间进行政治对话，从而取得决策人员的政治支持。在这方面,2006 年成立的土库曼斯坦国家水伙伴起到了积极作用,现已成立的代表所有经济部门的伙伴网正在进行共同措施的规划和咨询,通报和展示应用水资源一体化管理原则的优点和积极成果。

综上所述,2001 年以来,中亚地区在全球水伙伴和联合国发展规划署以及西方国家的帮助下,应用水资源一体化管理原则,正在对水资源管理法规、组织机构、管理体制和制度进行全面的改革,对水利基础设施、技术设备、水量计量设备进行改造和革新,取得了可喜的进步。虽然,中亚各国由于政治、经济和自然条件不一样,推进水资源一体化管理的进程有较大差异,但是在过渡到水资源一体化管理的道路上,都已迈出坚实的步伐。

不仅中亚国家,瑞士发展与合作管理局和国际水资源管理研究所等合作单位,而且全球水伙伴、联合国教科文组织以及联合国粮农组织都在期待着费尔干纳盆地应用水资源一体化管理的示范试验结果(据报道示范试验结果已在第 4 届世界水论坛会议上作了介绍),并希望取得新的经验,把水资源一体化管理扩大到整个中亚地区,进而在全球推广应用。

# 8.2　哈萨克斯坦水资源一体化管理的国家计划

## 8.2.1　国家计划的研制背景

在中亚国家中,哈萨克斯坦的实际水资源总量达到 1 096 亿 $m^3$,人均水资源量多达 7 307 $m^3$,是中亚国家中实际水资源总量和人均水资源量最多的国家。但是,一方面由于水资源分布不均,局部地区缺水严重;另一方面,由于管理不善,地方之间、部门之间经常为水争论不休,甚至出现流血事件。特别是近十多年来,由于社会经济的发展,实际上在全国境内都存在水紧张局面,产生了许多水利生态问题,其中最尖锐的问题如下:

(1)由于人口的增长和社会经济的发展,不断增长的用水量导致水资源短缺;

(2)地表水和地下水的污染;

(3)巨大的超标准水损失;

(4)保证居民饮用水水质问题;

(5)国家之间的分水问题;

(6)大坝、水利枢纽和其他建筑物技术状态的恶化;

(7)几乎在全国所有的主要河流流域都出现的生态劣变问题。

为了克服水危机,改进水资源和用水管理体系是国家水政策的主要优先方向,而已进行的管理体系的改革尚未完善到所需要的水准。要想有效解决这些问题,必须要有法律基础,于是,哈萨克斯坦于 2003 年重新修订并通过了新水法。新水法明确了以下原则:

(1)让用水户公平和平等地获得水首先是饮用水是水法的基础;

(2)在水资源委员会范围内要统一地表水和地下水许可证的发放体系(在新水法实施前地下水的利用和保护问题由能源和矿产部地质矿物利用委员会管辖);

(3)水法强化了水体管理的流域原则,水法规定每一条河流流域都要建立流域委员会,单独列出了流域水利管理局的任务和职能;

（4）为了联合和协调各种国有和非国有主体（地方权力执行机构,流域水利管理局、用水户联合体、非国有的水利机构、非政府机构等等）的水利活动,水法规定它们必须签订水资源再生和保护的流域协定;

（5）水法扩大了地方权力执行机构的功能和任务,要求制订地方的水资源合理利用纲要,以及实施水资源合理利用和保护的流域纲要;

（6）水法明确了水资源合理利用和保护的科技和信息保障任务;

（7）水法要求制定一套具体措施。

从以上所述可以看出,新水法的这些原则与水资源一体化管理原则是一致的,其主要目的是通过达到现有水资源与用水需求的平衡,保证国家社会经济的稳定发展和生态平衡。而应用水资源一体化管理既能促进水法在实践中的有效应用,又能兼顾各方利益和提高用水效益。因此,过渡到水资源一体化管理的模式被认为是唯一正确的途径。

总体上看,哈萨克斯坦已经具备了过渡到水资源一体化管理的所有前提条件。但是必须要完成相当大的保证发展的配套措施。既要承担相应的义务,又要进行必要的努力和拥有足够的财政资金。考虑到向水资源一体化管理过渡是个长期而复杂的过程,因此必须制订一个长期的远景计划。在这样的背景下,哈萨克斯坦农业部水资源委员会提出要制订水资源一体化管理及提高用水效益的国家计划。

## 8.2.2 国家计划的研制过程

2002 年,世界可持续发展大会通过的"行动计划"号召各国:所有国家有必要研制到2005 年水资源一体化管理和节约用水的计划,对发展中国家要给予支持。哈萨克斯坦签署了该"行动计划"。

2004 年 5 月,挪威王国首相正式访问哈萨克斯坦,在访问过程中,挪威表示愿为哈萨克斯坦推进水资源一体化管理提供资金支持,两国达成协议。该协议已被哈萨克斯坦政府确认（2004 年 10 月 13 日第 302 号令）。

2006 年 10 月,哈萨克斯坦政府总理签发政府令,赞成所提出的哈萨克斯坦政府与联合国发展规划署关于《哈萨克斯坦共和国水资源一体化管理与节水的国家计划》方案的协议,根据该协议,为研制《哈萨克斯坦共和国水资源一体化管理与节水的国家计划》,总预算资金需要 1 726 210 美元,其中挪威政府提供现金 1 085 000 美元,联合国发展规划署100 000 美元,英国国际发展部 86 210 美元,（斯德哥尔摩）国际水资源研究所 105 000 美元,此外,哈萨克斯坦政府提供实物折合成现金 30 000 美元,全球水伙伴提供实物折合成现金 320 000 美元。

在以上这些协议、决定和水法的基础上,在挪威政府、英国国际发展部、国家水资源研究所以及全球水伙伴的支持下,在联合国发展规划署所提出的草案范围内,哈萨克斯坦农业部水资源委员会进行了水资源一体化管理和节约用水国家计划的研制。

考虑到必须综合解决用水部门的所有问题,在研制国家计划时应该让所有感兴趣各方都参加。因此,成立了由国际和国家技术顾问组成的工作组和包括所有感兴趣机构的跨部门工作组。跨部门工作组以后将促进计划的有效执行以及实施措施的研制。工作组多次举行了所有感兴趣各方都参加的关于水资源一体化管理的报告会、各种研讨班和圆桌会议。此外,为了提高流域水利管理局的潜力,还举办了各种培训班(包括水利信息管理培训班、水质测定培训班以及每一个流域的水资源一体化管理的流域计划研制培训班等)。

2005 年 3 月,哈萨克斯坦制定出过渡到水资源一体化管理的构想并提供给有关机构审查,2005 年 11 月制定出计划的第一版本,并交给所有感兴趣各方审查,来自 42 个有关机构提出了意见和建议,2006 年 4 月完成了汇总意见后的所有修改。

通过考虑感兴趣相关机构的意见和建议,国家计划不断进行完善。2006 年 12 月 15 日,跨部门工作组举行了关于水资源一体化管理和节约用水国家计划的第三次审查会议,在这次审查会上,代表们就与中国和俄罗斯的合作问题、水资源委员会的隶属和授权问题、水法有关条文的修改问题,提出了许多修改意见和建议,会议计划 2007 年第四季度把国家计划提交给哈萨克斯坦共和国政府确认。令人关注的是,哈萨克斯坦已经创造了一定过渡到水资源一体化管理的法律和组织条件。哈萨克斯坦已经拥有过渡到水资源一体化管理的优势。因为无论是哈萨克斯坦的《水法》,还是现在所制订的国家计划,其基本原则是一致的,国家计划是执行水法的具体行动。

从地区来看,"哈萨克斯坦水资源一体化管理国家计划"在中亚是第一个,大概也是地区内达到供水和卫生千年奋斗目标的第一个纲要。哈萨克斯坦研制和确认水资源一体化管理国家计划的经验以及达到供水和卫生千年奋斗目标的纲要都可以供其他中亚国家参考。通过应用水资源一体化管理和提高用水效益来促进国家生态平稳发展是纲要的目的。

## 8.2.3　国家计划的主要内容

目标:通过应用水资源一体化管理和提高用水效益来促进国家生态可持续发展。
主要任务如下。

### 8.2.3.1　**第一阶段 (2008~2010 年)**

(1)改进水资源管理系统。
促进哈萨克斯坦共和国水政策的研制和实施;
发挥水资源委员会、流域水管理局在其职责范围内的组织潜力;
建立流域委员会和扩大其授权;
对哈萨克斯坦共和国每一条河流流域都要研制流域水资源管理纲要;
研制流域协定及其遵循机制;
应用有科学理论依据的污水利用和排放的限额标准;
研制与应用在水利设施上因未经同意的行动造成的污染损失补偿机制;
应用生态服务的付费制度;
水利设施和土地资源监测系统的发展;
在水资源利用和保护领域内创建应用统一信息分析系统和改进信息交互及获取过程的基础;
在解决水问题时向所有阶层的居民通报信息并保证他们参与;
加强共和国水部门干部的培养和专业水平的提高,建立培训中心;

在跨境水利设施利用和保护领域巩固国际合作；

签订过境水资源综合利用和保护的跨国流域数据库和信息交换的协定。

（2）提高用水效益。

形成建立用水户联合体、水利土壤改良共同管理和节水咨询服务的制度和权力条件；

应用经济激励机制和技术创新成果；

研制地方级的改善水利设施和水利建筑物监测系统的措施计划；

进行耕地有效灌溉方法选择的研究和农场主的培训；

研制和实施在水资源管理和节水领域信息计划。

### 8.2.3.2 在第二阶段（2011～2025 年）

（1）水资源管理系统的改进。

发挥在水资源利用和保护领域的工作单位的制度潜力；

发展跨部门合作的机制,保证跨国级、国家级、流域级和地方级的水利管理规划；

研制和应用稳定用水的经济机制；

发展作为生态安全系统一部分的生态标准系统；

发展水利设施（生态系统和天然发展水水质）的监测系统；

建立和发展在水资源利用和保护领域的建立和发展信息的基础结构；

形成在水资源利用和保护领域的干部教育系统并提高专业知识；

发展国际合作和完善跨境水利设施的管理；

实施建立流域的和国际的跨境水利设施综合利用和保护数据库及信息交换的协定。

（2）提高用水效益。

发展地方级用水户联合体（用水户协会、农业用水消费合作社）和节水咨询服务的网络；

考虑到建立用水户联合体和取水服务,完善付费用水机制；

改进地方级水利设施和水利系统的监测系统；

研制和实施提高用水效益的示范项目；

实施节水信息运动和教学培训。

### 8.2.4 必要的资源和财政来源

国家和地方预算资金、现有经营主体资金、自然资源利用者的资金、国际组织和捐助国的捐款以及哈萨克斯坦共和国法律允许的其他来源是国家计划的财政来源。

预定从国家预算中拨出 218.506 亿坚戈（按照 2007 年全年平均汇率 1 美元兑 122.55 坚戈计算为 1.783 亿美元）,其中：2008 年为 55.213 亿坚戈（4 505 万美元）,2009 年为 93.706 5 亿坚戈（7 646 万美元）,2010 年为 69.586 5 亿坚戈（5 678 万美元）。

### 8.2.5 实施纲要的预期结果

在完善水部门管理系统方面：

（1）第一阶段（2008～2010 年）。

建立过渡到水资源一体化管理的基础,在水资源利用和保护方面加强发挥授权机构和伙伴部门的潜力；

研制和应用跨部门协调和一体化的机制；

创造形成水利和水保护措施专用拨款系统的权力条件；

改善流域水利管理局的水利规划和年度报告系统，为8个河流流域研制水资源一体化管理和节水的计划；

研制改善国家级和流域级水利设施水质和生态系统的战略（计划），在有害作用允许极限标准的基础上应用标定地表水水质的方法，保证水利设施和土地资源监测系统的发展；

建立发展哈萨克斯坦共和国水利部门信息基础设施的基础，在水利设施利用和保护方面在决策过程中进行向社会公众通报并保证他们参与的工作；

在水资源利用和保护方面研制和执行改善教育系统和提高干部专业水平的纲要，建立培训中心；

在跨界河流流域内应用水资源一体化管理应得到相邻国家政府的支持。

（2）第二阶段（2011~2025年）。

在水资源一体化管理原则的基础上建立水利经济部门的管理系统；

形成水利和水保措施专项拨款的资金来源；

在国际、国家、流域和地方管理级别上保证水利规划的跨部门协调；

研制和执行哈萨克斯坦所有河流流域的流域协定；

研制和实施哈萨克斯坦所有河流流域的水资源管理和提高用水效益的计划；

哈萨克斯坦共和国水利部门的法律应与欧洲水法相和谐；

在所有河流流域在有害作用允许极限标准（定额）的基础上过渡到水质管理；

建立水生态和天然水水质的监测系统；

在示范/模型流域应用生态服务的付费系统；

保证哈萨克斯坦共和国水利部门信息基础设施稳定地发挥功能；

保证所有感兴趣各方获得水利信息；

保证在哈萨克斯坦共和国水资源利用和保护方面培养和提高干部的专业水平；

达到哈萨克斯坦河流流域的有效管理，协同保证居民、经济和生态部门对水资源的需求，为达到哈萨克斯坦进入世界最具竞争力国家50强行列的战略目标作贡献；

实现哈萨克斯坦共和国到2003~2015年工业创新发展战略；

解决《哈萨克斯坦2030》战略的三个关键问题：即有效（综合）利用资源、公正地分配短缺资源和保证生态稳定；

保证生态稳定性和到2025年水利设施的良好状态；

改善饮用水水源的水质，使其达到《饮用水》国家纲要的目标，到2015年不能正常获得清洁饮用水的人数减少一半；

降低居民因劣质饮用水而造成的损失（减少居民的患病率和延长寿命）；

达到跨境水利设施的平等和互利使用；

阻止和预防水生态系统的破坏过程，减少损失，创造维持其稳定发挥功能和提供资源和服务的条件。

在提高用水效益方面：

（1）第一阶段（2008～2010年）。

在地方级继续建立用水户联合体和进行节水咨询服务，研制和应用有效的财政经济机制，保证水资源潜力的再生和保护；

研制改进地方级水利设施和水利建筑物监测系统的措施；

创造从供给管理过渡到需求管理的条件（如进行培训、建立节水信息公司等）。

（2）第二阶段（2011～2025年）。

在地方级形成用水户联合体网络并发挥作用；提高用水的效率，应用经济激励和技术创新来管理用水需求；在所有经济部门减少用水损失；

改善地方级水利设施和水利系统的监测系统，研制和实施提高水土资源利用效益的中试项目；

形成必须珍惜利用和保护水资源的社会舆论。

实施期限：第一阶段2008～2010年，形成过渡到水资源一体化管理的基础；第二阶段2011～2025年，利用水资源一体化管理系统达到《哈萨克斯坦2030》社会经济发展的战略目标。

国家计划对应用水资源一体化管理具有重大意义，因为这种管理方法不仅是在中亚国家中第一个获得了法律上认可，也不仅是创立了水法认可的按照水文地理原则组建的正式机构，而且确认了在全国实行水资源一体化管理。这个计划还规定了水资源一体化管理部分项目的资金来源和期限，如培训网络、国家和流域信息系统、流域委员会等。然而与此同时，水资源一体化管理的应用机制在国家计划中没有完全反映，因为国家计划仅限于国家级和流域级，不包括问题最大的"低层"级——用水户和农场。正是在这一级面临着在灌溉实践中向用水户解释和应用水资源一体化管理原则的巨大的社会动员工作。应该指出的是，到2010年年底，国家计划规定的第一阶段主要任务均已完成，预期目标也已达到。如国家水资源委员会和新的流域水利管理局的建立、流域委员会的创立和发展、国家信息中心的创立、水资源一体化管理和节约用水的流域计划的筹备、水资源管理系统充足资金的保障都如期完成。新建立的管理机构都已顺利开展工作。

# 8.3  吉、塔、乌三国水资源一体化管理"路线图"

由于中亚吉（吉尔吉斯斯坦）、塔（塔吉克斯坦）、乌（乌兹别克斯坦）三国共同参与的"费尔干纳盆地水资源一体化管理"示范试验项目取得了良好的效果，为了加快实现中亚水资源一体化管理的奋斗目标，在全球水伙伴（中亚和高加索）和联合国环境规划署（水与环境协作中心）紧密合作和指导下，三国决定从2005年10月开始研制水资源一体化管理国家"路线图"。为此，吉、塔、乌三国全球水伙伴和联合国环境规划署的代表成立了地区协调和顾问小组。2005年末，又在"费尔干纳盆地水资源一体化管理"项目领导成员的基础上，在三国分别成立了国家水资源一体化管理协调和支持小组，各国的小组成员包括本国所有与水资源管理有关的关键部委的代表。这些专家参与"费尔干纳盆地水资源一体化管理"示范试验项目的经验和所取得的教训可保证国家"路线图"的研制能有的放矢。

### 8.3.1 吉、塔、乌三国水资源一体化管理"路线图"的研制过程

为了做好国家"路线图"研制工作,以全球水伙伴和联合国环境规划署代表为主的地区协调和顾问小组建议把国家"路线图"研制工作分成三个阶段,且每个阶段举办一次地区研讨会,共同研讨国家"路线图"编制过程中出现的问题及其解决方法。同时,要求在国家"路线图"编制过程的各个阶段要开展以下活动:

举办 2005 年吉、塔、乌三国水资源一体化管理的目标和水资源一体化管理结构进展的地区报告会;

吉、塔、乌三国以 2005 年水资源一体化管理目标为起点研制国家"路线图";

创造水资源一体化管理规划的组织潜力,为老的水经理部门加快水资源一体化管理规划的进程。

#### 8.3.1.1 第一次地区研讨会

在国家"路线图"研制的第一阶段,首先要制订以 2005 年水资源一体化管理目标为起点的地区和国家工作计划。为此,地区协调和顾问小组于 2006 年 1 月 28 日举办了第一次地区研讨会,来自吉、塔、乌三国主管部委和机构以及跨国水利协调委员会科技信息中心的 15 位代表参与了研讨会的工作。会议提出在过渡到水资源一体化管理的活动中,焦点是国家"路线图"研制项目执行和进度检查的目的、任务和计划的方式。国家顾问们提出了第一阶段的执行报告《从水资源一体化管理原则的角度来评估国家水资源管理的状态和未来国家水资源开发纲要的主要原则》,而且在第四届世界水论坛上报告了中亚国家水资源一体化管理的进展情况,提出要在现代社会经济形势的背景下以及根据国家展望,创建组织潜力,分阶段解决各种与水有关的问题,推动水资源一体化管理向前发展。

在第一次地区研讨会之后,吉、塔、乌三国开始研制过渡到水资源一体化管理的国家"路线图",并于 2006 年 4 月在三国首都分别举办了总题目为"用水的跨部门相互作用和过渡到水资源一体化管理问题"的第一次国家级研讨会。

(1)吉尔吉斯斯坦。

2006 年 4 月 21 日,国家水资源一体化管理协调和支持小组在比什凯克举办了第一次国家级研讨会,来自农业水利和加工工业部、国家水文地质综合考察队、卫生部、国家环境保护和林业署、吉尔吉斯"电站"股份公司、紧急情况部水文气象管理总局、跨国水利协调委员会科技信息中心吉尔吉斯分部、用水户协会支持和调解中心、国家水利检查机构、流域水利管理局、在吉尔吉斯斯坦执行的国际项目、中亚地区顾问和协调员共 30 名代表参加了研讨会的工作。

在研讨会上所讨论的报告和国家水资源一体化管理协调和支持小组成员的演讲中研讨了以下观点:

水资源一体化管理的目的和任务及其执行方式;

国家水资源一体化管理协调和支持小组的任务;

水资源管理中问题和冲突及其可能的解决途径;

水资源及用水管理的改革问题;

用水户协会的国家支持问题;

水生态的保护问题；

在水资源一体化管理系统中水文气象和水力发电的作用和地位。

在研讨会上，还向研讨会成员介绍了"吉尔吉斯斯坦水战略"的主要原则。在与各有关部委的协商阶段还通报了 2006 年 2 月吉政府所通过的建立以政府总理为首的国家水委员会的决定。

在作为研讨会结果所通过的决定中，建议委托国家顾问联合国环境规划署（水与环境协作中心）和国家水资源一体化管理协调和支持小组一起编制过渡到水资源一体化管理的国家"路线图"方案，以便在下一次地区研讨会上提出讨论稿，并经过感兴趣各方协商后在国家研讨会上定稿。

（2）塔吉克斯坦。

2006 年 4 月 29 日，在杜尚别举办了第一次国家级研讨会，来自土壤改良和水利部、农业部、能源部、经济和贸易部、财政部、司法部、外交部、国家环境保护和林业署委员会、科学生产联合公司和科研院所、地方权力执行机构、非政府组织、总统机构、议会、拯救咸海国际基金会执委会、跨国水利协调委员会科技信息中心塔吉克斯坦分部、州水利组织、国际项目等 53 名代表参加了研讨会的工作。

在研讨会上所讨论的报告和国家水资源一体化管理协调和支持小组成员的演讲中提出以下观点：

水资源一体化管理的目的和任务及其执行方式；

用水户协会的建立和国家支持问题；

从水资源一体化管理立场来看水利的发展前景；

根据实施水资源一体化管理原则的水法；

水利部门的发展战略和优先权；

在水资源一体化管理过程中信息系统的作用，潜力的增长和公众的参与；

水资源一体化管理的技术、组织、生态和社会视点。

在研讨会上还向研讨会成员介绍了"塔吉克斯坦水利发展战略"的主要原则以及当时议会正在审查的《用水户协会》法草案，该法计划于 2006 年通过。

在作为研讨会结果的结论中，通过了类似于吉尔吉斯斯坦研讨会的决定，开始编制国家"路线图"草案。

（3）乌兹别克斯坦。

2006 年 4 月 29 日在塔什干举办了第一次国家级研讨会。来自农业和水利部、经济部、司法部、国家环境保护委员会、"乌兹别克能源"股份公司、公共服务署、科研、设计和教学研究院所、流域灌溉系统管理局的 42 位代表参加了研讨会的工作。参加研讨会工作的还有全球水伙伴的代表、联合国环境规划署地区协调员和顾问、联合国开发规划署、日本国际合作署的代表以及在乌兹别克斯坦执行国际项目的代表。

在研讨会上所讨论的报告和国家水资源一体化管理协调和支持小组成员的演讲集中在以下主要问题上：

在水资源和用水管理和水文地理管理原则领域内已开始改革的进一步发展问题；

在灌溉农业区过渡到付费用水问题；

水电优先与水资源一体化管理体制的相结合问题；

用水户协会的建立和国家支持的权利基础问题；

水生态保护问题；

用可靠的水文气象信息和环境状态信息来保证水资源一体化管理的体制问题。

在研讨会上，联合国环境规划署（水与环境协作中心）还向研讨会成员介绍了"乌兹别克斯坦水利现状和水资源一体化管理作用状况"的国家顾问报告。为了便于研讨会成员的进一步研究和讨论，还向他们介绍了国家"路线图"的大概内容，而且在研制过程中要考虑到乌兹别克斯坦水资源管理背景的特殊条件。在所通过的决定中建议联合国环境规划署（水与环境协作中心）国家顾问与国家水资源一体化管理协调和支持小组成员一起根据讨论结果编制国家"路线图"方案，供国家关键部委进一步协商。

至此，吉、塔、乌三国都召开了第一次国家级研讨会，三国都决定开始编制过渡到水资源一体化管理的国家"路线图"方案，而且从各国研讨会报告和研讨内容来看，实际上是给国家"路线图"确定了主要纲要和基本内容。

### 8.3.1.2　第二次地区研讨会

2006 年 7 月下旬在乔尔蓬阿塔（吉尔吉斯斯坦）举办了第二次地区研讨会，中亚五国（哈萨克斯坦、吉尔吉斯斯坦、塔吉克斯坦、乌兹别克斯坦、土库曼斯坦）水问题关键经理人和决策者及全球水伙伴和联合国环境规划署的代表共 24 人参加了研讨会的工作。地区研讨会的目的是向有关各方提供信息和咨询，以便执行约翰内斯堡可持续发展（2002 年 9 月）世界高级峰会所通过的义务，审查吉、塔、乌三国提出的过渡到实施水资源一体化管理的国家"路线图"方案。在这次研讨会上报告了以下主要内容：

评估中亚地区过渡到水资源一体化管理活动的实际状况，包括吸取"费尔干纳盆地水资源一体化管理"示范试验项目的教训和研制哈萨克斯坦水资源一体化管理与节水计划的经验；

统一国家"路线图"的理念和内容；

进行水资源一体化管理原则的教育时需要特别注意的问题。

因此，在这次会议报告和发言稿中提出以下内容：

研制国家"路线图"的方法；

中亚地区跨境水道管理的政策和法律基础的综述和分析；

吉、塔、乌三国水资源一体化管理计划的组织潜力现状的综述和分析；

与研制哈萨克斯坦水资源一体化管理与节水计划有关的经验和问题。

还有一组报告特别关注中亚地区最紧迫的问题——用水户协会的建立。因为中亚地区水资源的主要部分（90%）是用于农业灌溉，因此提高用水效益和用水率，吸引农场主参与水资源管理过程尤其重要。

在会议讨论中，全球水伙伴和联合国环境规划署的专家对三国所提出的国家"路线图"草案提出了建设性的建议和意见（例如，必须要有提高用水效率的承诺，在灌溉农业区的社会动员,对各级水管理人员进行水资源一体化管理原则和任务的培训等)。在所提出的国家"路线图"修改过程中要附有计划活动的说明,包括费用估算。本次会议还确定了"路线图"编制完成阶段的工作任务及下一次地区研讨会的内容。

第二次地区研讨会之后,吉、塔、乌三国根据研讨会上专家们的意见和建议,对本国国家"路线图"方案进行了修改。为此三国分别举行了第二次国家级研讨会(吉尔吉斯斯坦在比什凯克于 2006 年 9 月 22 日、塔吉克斯坦在杜尚别于 2006 年 10 月 31 日、乌兹别克斯坦在塔什干于 2006 年 10 月 28 日)。三国研讨会主题均为"分阶段过渡到水资源一体化管理的"路线图"方案和必要行动"。在研讨会上按照全球水伙伴和联合国环境规划署专家的建议意见,统一了国家"路线图"的理念和格式,对具体内容作了调整和补充。修改后的国家"路线图"方案发给本国的相关部委,并且获得了相关部委出具的正式协议书,最终确定了国家"路线图"方案。

### 8.3.1.3 第三次地区研讨会

2006 年 11 月 29~30 日在塔什干举行了第三次地区研讨会,其主题为"加快实现中亚水资源一体化管理目标"。吉、塔、乌三国水管部门的专家和有关国际机构的代表共 40 人参加了研讨会的工作。与会者非常关注 7 月会议以后国家"路线图"的修改情况,特别是吉、塔、乌三国在当年 9~10 月就国家"路线图"与关键部委正式协商的情况以及就国家"路线图"和短期措施纷纷发表了意见和建议。在会议报告和发言中论述了以下问题:

"费尔干纳盆地水资源一体化管理"示范试验项目的教训;

从与水资源一体化管理原则相一致的立场来看国家"路线图"的评估;

在水资源利用方面国家利益与地区利益的平衡;

发展和加强水资源一体化管理潜力的途径;

水资源一体化管理规划的信息支持。

与会代表一致通过了决定:

委托国家评审员和国际顾问通过吉、塔、乌三国的水利部门向本国政府正式提交水资源一体化管理国家"路线图",供本国政府通过正式实际实施的决定;

全球水伙伴在联合国环境规划署水与环境协作中心的促进下,继续推进水资源一体化管理原则的实施,寻找潜在的捐款人和国际组织,以支持中亚各国在"路线图"的基础上研制水资源一体化管理国家计划。

至此,吉、塔、乌三国水资源一体化管理的"路线图"研制完成,并且通过了地区研讨会的审查。按照地区研讨会的要求,三国的国家水资源一体化管理协调和支持小组把国家"路线图"、地区研讨会纪要及关键部委的协商函转交给本国政府供其通过实施的决定。三国政府先后分别通过决定,水资源一体化管理国家"路线图"从 2007 年开始实施。

## 8.3.2 塔、吉、乌三国水资源一体化管理"路线图"

塔吉克斯坦分阶段过渡到水资源一体化管理的"路线图"见表 8-2。

**表 8-2 塔吉克斯坦分阶段过渡到水资源一体化管理的"路线图"**

| 序号 | 必要的行动 | 目标和任务 | 实现期限 | 责任执行者 | 资金来源 |
|---|---|---|---|---|---|
| 1.形成分阶段过渡到水资源一体化管理的法律和政策氛围 | | | | | |
| 短期（2007~2012年） | | | | | |
| 1.1 | 研制水利部门发展战略 | 确定国家和跨国水政策的优先发展方向 | 2007~2008年 | 国家部委 | 国际捐款人和国家预算 |
| 1.2 | 完善水利部门的法律基础 | 水利与新的社会经济条件相适应及在过渡到水资源一体化管理基础上加快这个过程 | 2007~2008年 | 国家部委 | 国际捐款人和国家预算 |
| 1.3 | 水资源一体化管理国家计划及其理念的研制、协调和确认 | 从社会经济变革来看,识别水资源管理系统的现状和主要问题以及解决这些问题的可能途径;执行约翰内斯堡可持续发展(2002年9月)世界高级峰会提出的行动计划第26章时实施水资源一体化管理原则的成套措施 | 2007~2008年 | 国家部委、用水户协会、非政府组织 | 国际捐款人 |
| 1.4 | 为实施水法而完善标准法规文件 | 为实施水资源一体化管理原则而建立标准法规基础 | 2007~2008年 | 国家部委 | 国际捐款人和国家预算 |
| 中期（2007~2012年） | | | | | |
| 1.5 | 研制、完善和实施用水和经济激励的水价政策 | 建立各种类型用水户对供水服务的真实的经济参数(水的需求和供给,支付能力,价值等),保证财政独立性和对节水的兴趣 | 2007~2012年 | 国家部委 | 国家预算和国际捐款人 |
| 长期（2007~2025年） | | | | | |
| 1.6 | 研制和完善用水的市场机制 | 向按照供水、排水和其他水利工作和服务的合同支付系统过渡,提高工作效率 | 2007~2015年 | 国家部委 | 国家预算和国际捐款人 |
| 1.7 | 实施水资源一体化管理的国家计划 | 通过过渡到水资源一体化管理系统来保证稳定的发展 | 2007~2016年 | 国家部委 | 国际捐款人、国家和地方预算 |
| 2.组织和机构措施 | | | | | |
| 短期（2007~2008年） | | | | | |
| 2.1 | 建立国家水利协调委员会 | 加强水资源管理的潜力和在国家和国际级执行水资源合理利用和保护的国家统一政策 | 2007~2008年 | 国家部委 | 国家预算 |

| 序号 | 必要的行动 | 目标和任务 | 实现期限 | 责任执行者 | 资金来源 |
|------|-----------|-----------|---------|-----------|---------|
| 2.2 | 研制进行水利部门机构改革的政策措施,建立实施水资源一体化管理原则的专业服务机构 | 在所有水管理等级形成提高水资源管理程度、水资源利用效率和分水稳定性和均匀性的组织潜力 | 2007～2008 年 | 国家部委 | 国家预算和国际捐款人 |
| 2.3 | 在全球水伙伴实施计划范围内建立和组织国家水伙伴 | 促进包括水资源一体化管理主要原则在内的水政策和战略的研制进程,吸引公众参与水资源管理过程,传播水资源一体化管理知识 | 2007～2008 年 | 国家部委、非政府组织 | 国际捐款人 |
| 中期(2007～2012 年) | | | | | |
| 2.4 | 建立国家水、能源和生态信息中心 | 加强提高水能资源和水土资源管理程度(操作性、预报、规划、决策等)的信息潜力 | 2007～2010 年 | 国家部委 | 国家预算和国际捐款人 |
| 2.5 | 建立国家和流域水委员会 | 保证所有感兴趣各方和用水户主体相互作用的有效协调;保证重要的战略性管理决策程序的集体领导和透明,防止部门垄断和营私舞弊现象;提高管理决定的协调效率;限制管理机构经费的国家开支 | 2007～2011 年 | 跨国水利协调委员会、国家部委、用水户协会、非政府组织 | 国家预算和国际捐款人 |
| 长期（2007～2025 年） | | | | | |
| 2.6 | 研制和实施改善教育的纲要,提高合理用水和水保护的信息化和知识 | 提高公众关于水利设施使用状态及接受合理利用自然资源的知情水平;培养业务熟练的现代化干部 | 2007～2025 年 | 国家部委、非政府组织 | 国家预算和国际捐款人 |
| 3. 技术和工艺措施 | | | | | |
| 短期（2007～2008 年） | | | | | |
| 3.1 | 清点和评估技术状况,登记注册水利设施 | 提高水利系统和建筑物的可靠性,降低与水有关的风险 | 2007～2008 年 | 国家部委 | 国家预算和国际捐款人 |

| 序号 | 必要的行动 | 目标和任务 | 实现期限 | 责任执行者 | 资金来源 |
|---|---|---|---|---|---|
| 长期（2007～2025 年） | | | | | |
| 3.2 | 研制各流域水资源利用和保护的总体规划 | 在流域和亚流域层面确定优先权,规划、预报和提高水资源利用效益的途径 | 2008～2015 年 | 跨国水利协调委员会、国家部委、流域委员会和水行政机构 | 国家预算和国际捐款人 |
| 3.3 | 恢复国家水文气象和水文地质对水资源状态的监测系统 | 保证对水资源状态的观测、统计、评估、预报、监控和管理 | 2007～2015 年 | 国家部委 | 国际投资项目 |
| 3.4 | 恢复灌溉、集排水系统和改进灌溉工艺 | 提高水土资源的利用效益和效率 | 2006～2016 年 | 国家部委 | 国际投资项目和地方预算 |
| 3.5 | 恢复（改造）污水净化系统 | 减少对水利设施的污水排放 | 2006～2020 年 | 国家部委、地方政权部门 | 地方预算和国际项目 |
| 3.6 | 在所有经济部门研制和应用节水工艺 | 保证在所有水管理等级水资源的合理利用及其保护 | 2010～2025 年 | 地方政权部门、国家部委、用水户协会,机构商业活动 | 个人和国际投资 |

吉尔吉斯斯坦分阶段过渡到水资源一体化管理的"路线图"见表 8-3。

表 8-3　吉尔吉斯斯坦分阶段过渡到水资源一体化管理的"路线图"

| 序号 | 必要的行动 | 目标和任务 | 实现期限 | 责任执行者 | 资金来源 |
|---|---|---|---|---|---|
| 1. 建立组织潜力 | | | | | |
| 短期（2007～2008 年） | | | | | |
| 1.1 | 在水法范围内建立国家水行政管理机构 | 既在国家级又在国际级强化水资源管理的潜力,保证执行水资源利用和保护的国家统一政策;撤销以前授予许多部委的水资源管理授权和重复职能;撤销以前认可的解决全国问题的管理机构的部门关系;保证中央战略规划、组织、检查和实施相互关联的综合措施,以便调节水关系,水资源状态及其利用和水利活动;基层管理机构责任的具体化,使其有效实施所承担的职能 | 2007 年 | 水利厅局、国家水委员会 | 国家预算和国际捐款人 |

| 序号 | 必要的行动 | 目标和任务 | 实现期限 | 责任执行者 | 资金来源 |
|---|---|---|---|---|---|
| 1.2 | 加强水资源状态及其利用的国家监督,建立国家水检查机构 | 保证定期检查、制止和消除违反水法和自然保护法、用水及水利活动标准和规则的不良后果 | 2007 年 | 国家水行政管理机构、政府 | 国家预算 |
| 1.3 | 建立国家、流域和区灌溉与排水委员会 | 团结国家和地方管理机构、灌溉农业区的用水主体、实业界人士和地方团体的力量,旨在改造和进一步发展灌溉和排水系统;通过逐渐向较低管理级授权和转交职能,保证实际实施灌溉和排水系统的分权和民主管理;在扩大地方预算、用水户协会和其他独立企业机构参与上述基础设施维护和发展的基础上,逐渐降低国家预算的负担 | 2007~2009 年 | 国家水行政管理机构、国家、地方区和州行政管理机构 | 国家和地方预算、个人投资 |
| 1.4 | 成立保证大坝安全的委员会 | 对具有战略重要性的水利基础设施项目的状态进行系统监测和及时采取相应的措施,保证它们标准的安全等级;团结国家和地方管理机构、生产和运行企业以及用水主体的力量和资源,旨在按照已确定的清单,恢复、更新和保证大坝和其他水利设施维持安全状况 | 2007~2009 年 | 国家水行政管理机构、国家部委、大坝业主 | 国家预算,周边国家的可能参与,大坝私人业主的资金 |
| 1.5 | 组织好国家水利和能源管理机构与区域组织——拯救咸海国际基金会,中亚国家"能源"联合调度中心及欧亚经济共同体一体化机构的相互作用 | 成立水利和能源共同管理的常设执行机构,调解区域的主要水问题 | 2007~2009 年 | 国家水行政管理机构、欧亚经济共同体一体化委员会的能源政策委员会 | 周边国家的可能参与,国际捐款人 |
| | | 长期(2007~2025 年) | | | |
| 1.6 | 实施水资源一体化管理的国家计划——水资源一体化管理原则的应用 | 考虑自然的需要,为了社会的稳定发展,建立水资源管理体系 | 2007~2018 年 | 国家水行政管理机构 | 国际捐款人、国家和地方预算 |

| 序号 | 必要的行动 | 目标和任务 | 实现期限 | 责任执行者 | 资金来源 |
|------|-----------|-----------|---------|-----------|---------|
| **2. 形成水资源一体化管理的法律和政策氛围** | | | | | |
| 短期(2007~2012 年) | | | | | |
| 2.1 | 研制国家水战略 | 确定国家内外水政策的发展方向 | 2007 年 | 国家水行政管理机构、国家部委 | 国际投资和项目 |
| 2.2 | 研制一套标准法律文件以实施水法 | 在水利活动中应用水资源一体化管理原则 | 2007~2008 年 | 国家水行政管理机构、国家部委 | 国际捐款人 |
| 2.3 | 研制水资源一体化管理国家计划的理念 | 从社会经济变革来看,识别水资源管理系统的现状和主要问题以及解决这些问题的可能途径 | 2007 年 | 国家水行政管理机构 | 国际捐款人 |
| 2.4 | 水资源一体化管理国家计划的研制、协调和确认 | 研制实施水资源一体化管理原则的成套措施,以便执行约翰内斯堡可持续发展(2002 年 9 月)世界高级峰会提出的行动计划第 26 章 | 2007~2009 年 | 国家水行政管理机构、国家水委员会 | 国际捐款人 |
| 中期 (2007~2012 年) | | | | | |
| 2.5 | 形成良好的投资气候 | 吸引补充的外来投资和捐款人帮助开展水利和水保活动 | 2007~2009 年 | 议会、国家水行政管理机构 | 国家预算 |
| 2.6 | 调整好用水市场机制 | 对水资源供给、排水和其他水利工程和服务实行统一合同支付制度 | 2007~2010 年 | 国家水行政管理机构 | 国家预算 |
| 2.7 | 完善用水的水价和税费政策 | 在同时考虑居民和各类用水户对供水服务的真实支付能力动态以及考虑到这些服务的真实成本,保证最佳地降低国家和地方预算的负担 | 2007~2011 年 | 议会、政府、国家水行政管理机构 | 国家预算 |
| 2.8 | 完善国家防止水污染和水枯竭的税费政策 | 通过应用合理用水和减少污水排放的经济激励机制来提高用水户承担自然保护用水的责任 | 2007~2012 年 | 国家水行政管理机构国家部委 | 国家预算 |
| 2.9 | 研制和应用有效的经济激励机制,旨在应用节水工艺和水保护 | 在所有水管理级别开展节水活动,有效而合理以及能保护自然地利用水资源 | 2008~2010 年 | 国家水行政管理机构、国家部委 | 国家预算 |

| 序号 | 必要的行动 | 目标和任务 | 实现期限 | 责任执行者 | 资金来源 |
|---|---|---|---|---|---|
| 2.10 | 研制流域的水资源开发、利用和保护计划 | 从流域角度规划水资源的利用,在流域级选择用水的优先权,论证提高水资源利用效益的途径和方法 | 2008～2012年 | 国家水行政管理机构、流域委员会和行政机构、国家水委员会 | 国际捐款人、国家和地方预算 |
| 2.11 | 调整水利基础设施项目的所有权 | 加快把不具有战略意义的水利设施的所有权、管理和经营调配给用水协会和独立主体 | 2008～2012年 | 国家水行政管理机构、司法部、国家固定财产权登记署、联邦用水户协会、国家财产管理委员会 | 国家预算 |
| 长期(2007～2025年) | | | | | |
| 2.12 | 提高公众对水资源利用、保护和措施的信息化,旨在合理用水和水保护 | 提高水资源的决策效益以及提高公众关于水利设施利用和状态的知情度 | 2007～2015年 | 国家水行政管理机构、农业水利加工工业部、国家环境保护署和司法部、国家固定财产权登记署、联邦用水户协会、非政府组织 | 国家预算和国际捐款人 |

3. 建立感兴趣各方广泛参与水资源管理的机构

短期 (2007～2008年)

| 序号 | 必要的行动 | 目标和任务 | 实现期限 | 责任执行者 | 资金来源 |
|---|---|---|---|---|---|
| 3.1 | 建立国家水伙伴的组织网络,并吸引它们加入全球水伙伴 | 促进水政策和战略的研制进程,传播水资源一体化管理知识,广泛吸引公众参与水资源管理过程,创建推进国家水资源一体化管理规划过程的组织潜力 | 2007～2008年 | 国家水行政管理机构、联邦用水户协会、非政府组织 | 国际捐款人 |
| 3.2 | 建立国家和流域水委员会 | 保证所有感兴趣各方与用水户主体相互作用的有效协调;依靠重要的战略性管理决策程序的集体领导和透明来消除部门垄断和营私舞弊现象;提高管理决定的协调效率;限制管理机构经费的国家开支,因为国家和流域委员会的工作人员应该实行社会义务活动 | 2008～2011年 | 国家水行政管理机构、总理机构、联邦用水户协会、地方行政机构 | 国际捐款人和项目、国家和地方预算 |

| 序号 | 必要的行动 | 目标和任务 | 实现期限 | 责任执行者 | 资金来源 |
|------|-----------|-----------|---------|-----------|---------|
| 4. 技术和工艺措施 | | | | | |
| 长期（2007~2025 年） | | | | | |
| 4.1 | 恢复国家水文和水化学监测系统并使之现代化,对地表水和地下水状态进行监测 | 创造保证对水资源状态进行观测、统计、评估、预报、监控及其管理的条件 | 2007~2015 年 | 国家水行政管理机构、国家部委 | 国家预算、国际投资和项目、周边国家的可能参与 |
| 4.2 | 加强对水资源状态和利用监督的组织、干部和物质技术的潜力 | 建立统一的水资源状态和利用的资料信息库,以便有效规划和实施国家水政策;促进吸引以水资源合理利用和保护为目的的额外投资;建立干部培养和再培训的培训系统 | 2008~2014 年 | 国家水行政管理机构 | 国家预算、国际捐款人、周边国家的可能参与 |
| 4.3 | 在径流形成区水利-能源调节作用对咸海流域环境影响的评估 | 在径流形成区水资源的水利-能源调节作用对流域生态状况的生态评估,解决生态问题 | 2008~2012 年 | 拯救咸海国际基金会执行委员会、跨国水利协调委员会、可持续发展跨国委员会、国际水利-能源财团、国家水行政管理机构 | 拯救咸海国际基金会中的份额、国家预算、国际捐款人 |
| 4.4 | 研制和确认在咸海流域维持径流形成区因水量因素的生态平衡纲要 | 解决国家包括区域的水生态问题 | 2009~2019 年 | 拯救咸海国际基金会、可持续发展跨国委员会、国家水行政管理机构、国家环境保护署 | 国际捐款人、周边国家的可能参与 |
| 4.5 | 交给用水户的计算机文件系统和灌溉网络的现代化以及灌溉方法的改进 | 提高灌溉的效益和效率、吸引用水户参加水利系统的定期技术管理过程、减少环境的污染荷载 | 2008~2016 年 | 国家水行政管理机构、农业水利和加工工业部 | 国际投资和项目、用水户资金 |

| 序号 | 必要的行动 | 目标和任务 | 实现期限 | 责任执行者 | 资金来源 |
|---|---|---|---|---|---|
| 4.6 | 现有污水净化系统的改造及其新系统的应用 | 减少向水利设施的污水排放 | 2007 ~ 2025 年 | 地方行政机构、公益事业、市政服务 | 地方预算、国际和个人投资 |
| 4.7 | 在所有经济部门应用生态净化的生产和节水工艺 | 合理利用水资源和减少污水形成 | 2010 ~ 2025 年 | 地方行政机构、国家水行政管理机构、国家环境保护署、用水户、机构商业活动 | 个人和国际投资 |

乌兹别克斯坦分阶段过渡到水资源一体化管理的"路线图"见表 8-4。

表 8-4　乌兹别克斯坦过渡到水资源一体化管理的"路线图"

| 序号 | 工作内容 | 目标 | 计划实现期限 | 责任执行者 | 资金来源 |
|---|---|---|---|---|---|
| 1. 建立组织潜力 | | | | | |
| 中期（2007 ~ 2012 年） | | | | | |
| 1.1 | 制定和通过促进水资源一体化管理原则应用的公众委员会条例,说明水资源一体化管理原则的研讨会纲要;组织和举行各级水管理委员会成员的研讨会 | 保证公众从下到上参与各个级别解决所有与水资源一体化管理原则应用有关的原则性问题 | 2007 ~ 2010 年 | 农业部水利管理总局、灌溉系统流域管理局、流域委员会、司法部 | 国家预算、国际捐款人 |
| 1.2 | 在利用水资源时,建立提高水资源管理程度和协调跨部门活动的组织潜力 | 加强授权管理水资源机构的潜力 | 2007 ~ 2012 年 | 农业部水利管理总局、经济部、司法部、国家地质矿产资源委员会、国家自然保护委员会 | 国家预算 |
| 1.3 | 成立国家水生态信息中心 | 确定信息要求和加强信息力;在有效的水资源自然保护管理条件下,建立所有各方都能获得水资源状况的数据库和信息交换系统 | 2009 ~ 2014 年 | 农业部水利管理总局、国家地质矿产资源委员会、国家自然保护委员会、枢密院水文气象管理总局 | 国家预算、主要用水户资金和国际捐款人 |

续表 8-4

| 序号 | 工作内容 | 目标 | 计划实现期限 | 责任执行者 | 资金来源 |
|---|---|---|---|---|---|
| 1.4 | 发展和改进地方水管理 | 共同寻找和确定良好地发展水资源一体化管理原则并将其应用到实践中的途径 | 2007～2012年 | 农业部水利管理总局、灌溉系统流域管理局、流域委员会、公共服务署、州政府 | 国家和地方预算 |
| 长期（2007～2025年） | | | | | |
| 1.5 | 实施水资源一体化管理国家计划——在全国范围内应用水资源一体化管理原则 | 形成稳定的保证社会发展和自然综合体所需要的管理系统 | 2009～2015年 | 农业部水利管理总局、灌溉系统流域管理局、流域委员会、国家自然保护委员会、公共服务署、州政府 | 国家和地方预算、主要用水户资金和国际捐款人 |
| 1.6 | 改善水资源自然保护和利用的教育和提高信息水平 | 培养贯彻节水和水资源保护政策的高级专业经理人，培养后代对自然资源保护的责任感 | 2007～2025年 | 农业部水利管理总局、流域委员会、中高等教育部、司法部、经济部、国家自然保护委员会、州政府 | 国家预算、主要用水户资金和国际捐款人 |
| 2.形成水资源一体化管理的法律和政策氛围 | | | | | |
| 短期（2007～2009年） | | | | | |
| 2.1 | 研制水资源一体化管理国家计划的理念 | 从社会经济变革来看,识别水资源管理系统的现状和主要问题以及解决这些问题的可能途径 | 2007年 | 农业部水利管理总局、国家地质矿产资源委员会、国家自然保护委员会、国家工业安全生产和矿山监督委员会、国家能源股份公司、公共服务署 | 国家预算和国际捐款人 |
| 2.2 | 关于《用水户协会（联合会）》法的研制、协调和通过 | 保证相应的法律基础,以便有效地发挥用水户协会的职能;采取必要的法律程序,以便确认《用水户协会（联合会）》法 | 2007年 | 农业部水利管理总局、灌溉系统流域管理局、流域委员会、国家地质矿产资源委员会、国家自然保护委员会、司法部、经济部 | 国家预算和国际捐款人 |

| 序号 | 工作内容 | 目标 | 计划实现期限 | 责任执行者 | 资金来源 |
|------|----------|------|--------------|------------|----------|
| 2.3 | 水法的研制、协调和通过 | 在水资源利用和保护方面建立调节水关系的统一法规基础,以保质保量地向居民和经济部门供水;在水资源保护与法人和自然人日益增长的经济活动之间建立水平衡 | 2007～2008 年 | 农业部水利管理总局、灌溉系统流域管理局、流域委员会、国家地质矿产资源委员会、国家自然保护委员会、国家"能源"股份公司、司法部、经济部 | 国家预算和国际捐款人 |
| 2.4 | 水资源一体化管理国家计划的研制、协调和确认 | 研制实施水资源一体化管理原则的成套措施,执行约翰内斯堡可持续发展(2002年9月)世界高级峰会提出的行动计划第26章 | 2007～2009 年 | 农业部水利管理总局、灌溉系统流域管理局、流域委员会、国家地质矿产资源委员会、国家自然保护委员会、司法部、经济部、公共服务署 | 国家预算和国际捐款人 |
| 中期(2007～2012 年) | | | | | |
| 2.5 | 研制和广泛应用用水付费原则的机制 | 提高水资源的利用效益和效率及用水纪律,完善税费政策 | 2007～2010 年 | 农业部水利管理总局、灌溉系统流域管理局、流域委员会、司法部、经济部、公共服务署、州政府 | 国家和地方预算 |
| 2.6 | 研制和广泛应用污染者付费原则的机制 | 降低水域和生态系统的污染负荷,完善税费政策 | 2007～2012 年 | 农业部水利管理总局、灌溉系统流域管理局、流域委员会、司法部、经济部、公共服务署、州政府 | 国家和地方预算 |
| 长期（2007～2025 年) | | | | | |
| 2.7 | 完善水资源一体化管理的标准法规基础 | 汇总标准法规文件(合法证书),旨在发挥水利综合体功能的稳定性和效益 | 2007～2015 年 | 农业部水利管理总局、灌溉系统流域管理局、流域委员会、国家地质矿产资源委员会、国家自然保护委员会、司法部、经济部、公共服务署 | 国家和地方预算 |

续表 8-4

| 序号 | 工作内容 | 目标 | 计划实现期限 | 责任执行者 | 资金来源 |
|---|---|---|---|---|---|
| 3. 技术和工艺措施 | | | | | |
| 短期(2007~2008 年) | | | | | |
| 3.1 | 清点和评估技术状况,登记注册水利系统及建筑物,包括跨国项目 | 确定成套的优先措施,提高水利系统和建筑物在执行功能任务时的可靠性,降低与水有关的风险 | 2007~2008 年 | 农业部水利管理总局、灌溉系统流域管理局、流域委员会、紧急情况部、水工建筑物安全监督署、国家"能源"股份公司、公共服务署 | 国家预算、主要用水户资金 |
| 中期(2007~2012 年) | | | | | |
| 3.2 | 研制水资源综合利用和保护的流域规划 | 从社会经济变革来看选择优先方;考虑自然综合体的需要,提高水资源利用效益的途径和方式的论证;为了达到千年发展目标优先方的选择;考虑自然综合体的需要和过境水的用水限制,提高水资源利用效益的途径和方式的论证 | 2008~2012 年 | 农业部水利管理总局、灌溉系统流域管理局、流域委员会、国家地质矿产资源委员会、国家自然保护委员会、国家"能源"股份公司、公共服务署、经济部 | 国家和地方预算 |
| 3.3 | 改善和发展地表水、地下水和生态系统的监测网 | 提高水质水量的测量质量和预报可信度 | 2008~2012 年 | 农业部水利管理总局、灌溉系统流域管理局、国家地质矿产资源委员会、国家自然保护委员会、水文气象管理总局 | 国家和地方预算、主要用水户资金、国际捐款人 |
| 长期(2007~2025 年) | | | | | |
| 3.4 | 完善的灌溉工艺和污水(包括管渠排污水)净化工艺的广泛应用 | 提高灌溉的效益和效率,降低环境的污染荷载 | 2011~2025 年 | 农业部水利管理总局、灌溉系统流域管理局、流域委员会、公共服务署、州政府、国家自然保护委员会 | 用水户资金 |

  从表 8-2~表 8-4 中可以看出,塔、吉、乌三国分阶段过渡到水资源一体化管理的"路线图"在格式、实施期限和三大主体内容(组织机构、法规和政策氛围和技术措施)上基本一致,这是全球水伙伴和联合国环境规划署所要求的。但是由于三国的自然地理条件和

水资源条件很不一样,在具体条文和实施期限还是有较大差别。相对来说,乌兹别克斯坦的"路线图"内容更具体,进度更快。

应该指出的是,塔、吉、乌三国在研制分阶段过渡到水资源一体化管理的"路线图"的同时,还分别论证了实施"路线图"的短期措施,即针对行动、目标和任务(竖行第一和第二项)进行了国内外政策氛围和具备条件的论证,制定了具体的措施,明确规定在多少个月内完成、所采取的方式方法和所要达到的结果,需要多少人力和资金等,而且这些短期措施也通过了第三次地区研讨会的审查。但三国的《路线图》能否完全如期实施,我们还要拭目以待。

# 8.4　费尔干纳盆地水资源一体化管理的示范试验

## 8.4.1　简要概况

费尔干纳盆地位于锡尔河中游,占地面积约 49 000 km², 从东向西长 330 km, 由北向南宽 150 km。费尔干纳盆地位于乌兹别克斯坦、吉尔吉斯斯坦和塔吉克斯坦三国交界处。就行政区划来说,盆地内包括吉尔吉斯斯坦三个州(奥什州、扎兰拉巴德州和巴特肯州)、塔吉克斯坦一个州(索格狄州)和乌兹别克斯坦三个州(安集延州、纳曼干州和费尔干纳州)。年均降水量在盆地的中下部浩罕(乌兹别克斯坦境内)为 109 mm, 而在盆地的上端贾拉勒阿巴德(吉尔吉斯斯坦境内)为 502 mm。年蒸发量为 1 133 ~ 1 294 mm。盆地中 70% 的水来自锡尔河,而剩下的 30% 来自区内的其他河流和小溪。年径流量为 170 亿 ~ 330 亿 m³, 用位于吉尔吉斯斯坦境内的两座大水库(安集延水库和托克托库尔水库)以及其他中、小水库进行调节。盆地内水资源总体上能够保证所有用水户用水的需要,其最大用水户是灌溉农业,灌溉用水占盆地内用水量的 90%。

费尔干纳盆地社会经济用水的主要指标见表 8-5。盆地内乌兹别克斯坦 81% 的农业用地是灌溉土地,吉尔吉斯斯坦 71% 的农业用地是灌溉土地,塔吉克斯坦 93% 的农业用地是灌溉土地。盆地内主要农作物是棉花、谷物(小麦、玉米、水稻)和蔬菜。

表 8-5　费尔干纳盆地社会经济用水的主要指标

| 指标 | 吉尔吉斯斯坦 | 塔吉克斯坦 | 乌兹别克斯坦 | 合计 |
|---|---|---|---|---|
| 适合灌溉的面积(万 hm²) | 34.1 | 19.7 | 100.1 | 153.9 |
| 2000 年实际灌溉面积(万 hm²) | 33.07 | 13.39 | 91.13 | 137.59 |
| 人口(万人) | 248.96 | 190.40 | 686.72 | 1 126.08 |
| 其中农业人口(万人) | 192.22 | 124.50 | 468.90 | 785.62 |
| 农业人口人均灌溉土地面积(hm²) | 0.17 | 0.11 | 0.19 | |
| 从水源地的总取水量(2000 年)(亿 m³) | 26.758 | 17.289 | 101.611 | 145.658 |
| 在农场边界的总供水量(2001 年)(亿 m³) | 21.551 | 13.910 | 79.311 | 114.772 |
| 排水量(占取水量的百分数) | 28.6 | 38.9 | 37.3 | |

在费尔干纳盆地内水的需求与供给很不一致,盆地内大部分水起源于吉尔吉斯斯坦和塔吉克斯坦,而绝大部分灌溉土地却在乌兹别克斯坦境内。锡尔河75%的年径流量来自盆地的吉尔吉斯斯坦部分,而吉尔吉斯斯坦在盆地内总共只有20.6%的灌溉土地,并且只能获得盆地总供水量的18.4%;乌兹别克斯坦占有62%的灌溉土地,供水量占总量的69.7%;塔吉克斯坦占有17.3%的灌溉土地,供水量为11.8%。这就造成了三国之间在分水问题上的紧张关系。1998年,锡尔河流域水利管理机构对盆地内灌溉用水限定为12 400 $m^3/hm^2$。但是,实际用水量在盆地上端达到20 600 $m^3/hm^2$。

关键问题是,吉尔吉斯斯坦和塔吉克斯坦希望夏季从水库中少放水把水留到冬季用电高峰时发电,而夏季正是乌兹别克斯坦需要用水灌溉干涸的土地以生产粮食。

盆地内水利基础设施包括长12 400 km的配水渠和干渠(其中46%做了护面),长9 563 km排灌网和9 112个测水站,778 112 $hm^2$敷设了排水系统。但是,由于维护资金不足,大部分基础设施的状态恶化,导致输水损失很大,分水不均匀,用水效率不高。

盆地内大部分大、中、小河流和渠道在三国、州和区的边界交叉。农业、市政、工业和其他部门的用水分散管理,各负其责。行政区划和分散管理导致该地区用水矛盾突出,水事纠纷不断,时而发生流血事件,根本谈不上平等、公正和有效的水资源管理。因此,乌兹别克斯坦、吉尔吉斯斯坦和塔吉克斯坦三国政府在国际机构的帮助下,决定在奥什州(吉尔吉斯斯坦)阿拉万阿克布林渠道、索格狄州(塔吉克斯坦)古利亚坎多斯渠道和纳曼干州(乌兹别克斯坦)南费尔干纳渠道上进行水资源一体化管理的示范试验。在奥什州还组建了野外办公室和培训中心,用以保证对试验项目的支持和专业管理人员的培训。

## 8.4.2 示范渠道简介

### 8.4.2.1 阿拉万阿克布林渠道

阿拉万阿克布林渠道(见图8-1)位于费尔干纳盆地东南部地区吉尔吉斯斯坦的卡拉苏伊区和阿拉万区,全长为31.2 km,是跨区干渠,主要是引取阿克布拉河的水,以保证卡拉苏伊区和阿拉万区的用水。阿拉万阿克布林渠道总控制面积10 214 $hm^2$,其中灌溉面

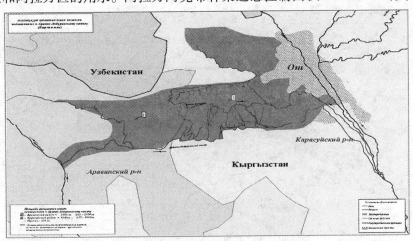

图8-1　阿拉万阿克布林渠道的灌溉面积

积为 7 591 hm²,灌区内主要种植冬小麦、玉米、棉花和蔬菜。阿拉万阿克布林渠道管理处分为 4 个农业管理科和其他单位。

#### 8.4.2.2 霍贾巴克尔干渠道

霍贾巴克尔干渠道(见图 8-2)于 1953 年建成,为有坝式取水建筑物,渠道全长 23 km,过水能力为 32 m³/h。霍贾巴克尔干渠道灌溉塔吉克斯坦卜·加夫洛斯克和季·拉苏洛夫两个区的 8 069 hm² 土地。水本应在两个区均匀分配,但是当季·拉苏洛夫区用水时,卜·加夫洛斯克区的居民经常用直径管道往自家田地偷水,导致经常发生冲突。

图 8-2　霍贾巴克尔干渠道的灌溉面积

#### 8.4.2.3 南费尔干纳干渠

南费尔干纳干渠(见图 8-3)的首部取水建筑物位于沙赫里汉萨耶渠道上,从安集延水库的放水口开始到费尔干纳州的阿尔特阿雷克区渠道末端结束,渠道总长约 160 km,

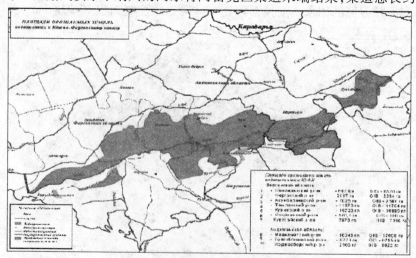

图 8-3　南费尔干纳干渠的灌溉面积

总灌溉面积为 97 370 hm² (其中,乌兹别克斯坦的安集延州为 35 578 hm², 费尔干纳州 55 474 hm², 吉尔吉斯斯坦的奥什州为 6 318 hm²)。在南费尔干纳干渠的灌区内,为了提高用水保证率,1962 年建成了库容量为 2.14 亿 m³ 的卡尔基栋水库,该水库由伊斯法伊拉姆赛河充水。为了在南费尔干纳干渠有多余水时向水库充水,在马尔哈马特村以上 6 km 处建成了长 26 km 的引水渠,并且由南费尔干纳干渠取水,流量为 18 m³/s。从 1967 年开始,卡尔基栋水库每年充水达 1.7 亿 ~ 1.8 亿 m³。卡尔基栋水库的混凝土排水渠长 2.7 km,过水能力为 50 m³/s,在缺水时,该排水渠向南费尔干纳干渠充水。整个系统从 2003 年开始交给南费尔干纳干渠管理处管理。

## 8.4.3 示范试验的准备

1999 年 5 月,国际水资源管理研究所向瑞士发展与合作管理局提出了"改善中亚各国灌溉系统的水管理"的设想报告。1999 年 7 月,根据瑞士发展与合作管理局的请求,国际水资源管理研究所在拉合尔组织了一次研讨会,瑞士发展与合作管理局、国际水资源管理研究所和中亚跨国水利协调委员会科学信息中心的代表参加了这次研讨会,重点讨论了改善中亚各国灌溉方式及水资源管理问题,提出了选择几条渠道进行水资源一体化管理的示范试验。1999 年 11 月,以上三方的代表再次在塔什干聚会,进一步讨论了示范项目的目标,中亚其他国家的代表也参加了这次研讨会,会上瑞士发展与合作管理局向与会人员宣布,将在三年内提供 150 万瑞士法郎支持项目的开展。2000 年 8 月,第 3 次研讨会的参加者协商同意示范项目应该包括三个方面:建立农场级组织和渠道级组织及提高用水效率;同时商定,在第一年应编制三国用水户协会的清单,并分析了取得成功的不同条件;坚持要建立提高用水效率创新服务队。2001 年 2 ~ 3 月,瑞士发展与合作管理局在塔什干举办了一系列咨询会、邀请中亚跨国水利协调委员会科学信息中心、中亚各国水管部门、锡尔河流域水利联合公司、纳曼干和费尔干纳州水管局和跨区水管局以及农场主的代表研讨中亚灌溉系统的水管理问题。经过多次研讨,解决了几个项目研制的几个关键性问题,并决定在费尔干纳盆地的三条渠道上进行水资源一体化管理的示范试验。示范试验起初确定分为三个阶段,即第一阶段从 2001 年 9 月至 2002 年 4 月 30 日,为示范试验的准备阶段;第二阶段从 2002 年 5 月 1 日到 2005 年 4 月 30 日,为示范试验的实施阶段;第三阶段从 2005 年 5 月 1 日到 2008 年 4 月 30 日,为示范试验的完善和扩大阶段。现在延长为五个阶段,即第四阶段从 2008 年 5 月 1 日到 2011 年 2 月 28 日,为示范试验的推广阶段。为了把水资源一体化管理推广到三国的所有领土,乃至整个中亚地区,2008 年 2 月,乌兹别克斯坦、吉尔吉斯斯坦和塔吉克斯坦三国政府一致同意把示范试验延长到 2010 年 12 月 31 日。第五个阶段从 2011 年 3 月 1 日到 2012 年 2 月 29 日,为解决保证水资源一体化管理长期稳定发展的其他问题。

在第一阶段,即 2002 年 2 月瑞士发展与合作管理局与跨国水利协调委员会秘书处签订了关于"为《费尔干纳盆地水资源一体化管理》项目开始实施提供贷款"的协议。国际水资源管理研究所与跨国水利协调委员会科学信息中心于 2002 年 4 月 16 日签订了作为项目执行者的合同。

在这个阶段,国际水资源管理研究所等机构对该地区各国水资源管理的法规文件、组织机构、财政经济和管理经验进行了详细的分析和评估。为了使水资源一体化管理在费尔干纳盆地能够顺利实施，跨国水利协调委员会、瑞士发展与合作管理局、国际水资源管理研究所、跨国水利协调委员会科学信息中心共同研制了一系列文件，有关国家还签订了以下协定和技术指导性文件，分别是：

《费尔干纳盆地水资源一体化管理设计书》之一："在示范渠道上水资源一体化管理的应用指南"及"渠道管理处示范章程"等4个附件；

《费尔干纳盆地水资源一体化管理设计书》之二："在用水户协会级别上水资源一体化管理指南"及"用水户协会示范章程"等15个附件；

《费尔干纳盆地水资源一体化管理设计书》之三："在用水户积极参与下过渡到水资源一体化管理的建议"及其"在费尔干纳盆地应用水资源一体化管理的组织结构"和"水利服务的资金供给"等7个附件；

《费尔干纳盆地水资源一体化管理设计书》之四："在示范渠道上依据广泛参与和水文地理原则分水管理的组织改进指南"；

吉尔吉斯斯坦共和国农业、水利和加工工业部、塔吉克斯坦共和国土壤改良和水利部和乌兹别克斯坦农业和水利部关于"《费尔干纳盆地水资源一体化管理》项目的组织和技术支持"纪要协定；

吉尔吉斯斯坦共和国农业、水利和加工工业部、塔吉克斯坦共和国土壤改良和水利部和乌兹别克斯坦农业和水利部关于"实施《费尔干纳盆地水资源一体化管理》项目所必要的信息交换"纪要协定。

## 8.4.4　示范试验的实施

在第二阶段，为了在所选定点三条渠道上实施水资源一体化管理，根据上述计划书和协议，采取了一系列必要的法律、组织、技术和其他措施，取得了以下主要成果：

（1）为中亚国家水利部门研制和提供了水资源一体化管理的基础概念，即水文地理边界、所有感兴趣各方共同参与、民主管理等原则。水资源一体化管理的理念得到了乌兹别克斯坦、吉尔吉斯斯坦和塔吉克斯坦水利部门的赞同。

（2）研制了社会动员的详细方式，以便向公众说明水资源一体化管理的主要原则，编制了社会动员和用水户协会及渠道级组织发展的教学大纲。进行了系统的教学培训和社会调查，以保证吸引广大群众参与费尔干纳盆地水利部门的改革，努力在三条示范渠道的范围内建立新的用水户协会。新成立的用水户协会按照法律进行了登记，并且这些用水户协会的董事会还签订了协议，获得相应的授权，从2003年年初开始共同管理渠道工作。

（3）在奥什市建立了跨国水利协调委员会培训中心分部，中心和分部成员进行了必要的培训学习，编制了工作大纲。从2002年7月开始，对费尔干纳盆地的水利机构工作人员以及用水户和非政府组织，分部每月都进行计划内和计划外的教学培训。同时，非常关注水资源一体化管理理论的宣传工作。研制和建立了以电子邮箱为基础的通信网络，建立了实时信息系统（包括数据库、数学模型和地理信息系统）。该系统是分水计划、操作分析、真实配水过程的强大工具。

（4）在项目伙伴与其他感兴趣各方之间讨论、协商和确定了所选定的用水户协会和渠道级水管理的组织机构。根据这些协议,乌兹别克斯坦、吉尔吉斯斯坦和塔吉克斯坦水利部门建立了新的分支机构——渠道管理处,即吉尔吉斯斯坦的阿拉万阿克布林渠道管理处、塔吉克斯坦的霍贾巴克尔干渠道管理处和乌兹别克斯坦的南费尔干纳干渠管理处,并且在 2003 年 12 月举行了成立大会,每条示范渠道都成立了渠道水委员会,2004 年明显显示了渠道水委员会的实际工作效益。在进一步的机构改革工作过程中,确定要发挥中间机构——流域管理局和州水利管理局的职能。在向水资源一体化管理过渡时公众代表的参与是有效因素,应在法律上予以肯定,因此在各级水管理机构建立了水委员会(或用水户联盟)。公众代表的参与保证了整个供水系统分水的公正,提高了水土资源的利用效率。

(5)客观上认识到中亚国家已有的法律基础不能支持水利部门要进行必要的改革。示范项目给中亚国家所有水利机构提出了一系列修改建议。法律应该确定政府、水利机构和用水户在水资源利用、保护和开发方面的作用和义务。在法律上必须明确水的社会经济和生态价值、水权、用水户协会的作用、部门之间的协调原则等。例如,有必要规定水利部门与自然保护机构、农业部门、地方权力机构的联系,水利部门的财政机制也应该在法律上获得明确的规定。示范项目非常关注用水户协会和渠道级的争议调解问题,并进行了社会调查,对以现行标准法律文件为依据调解争议和冲突的现有调解机制进行了分析。

(6)对示范渠道上量水设备的检查和补充给予了技术帮助,完成了示范用水户协会内部量水系统的大量工作,从而使得配水统计更加透明准确。量水设备主要是在跨国水利协调委员会地区气象中心制造的。对示范渠道和示范用水户协会范围内的供水过程进行了实时管理,在植物生长期,在用水户申请水量的基础上,以配水计划表的方式进行供水监督,这是平等和公正配水的第一步,同时减少了无效的供水损失。

(7)在示范农场范围内,示范田的登记卡为农场主进行潜力分析和提高水土利用效率创造了工具。根据气象条件,真实试验是预报用水量的工具,也为下一阶段广泛推广应用打下了基础。分析表明,在 10 个示范田块中,有 9 块明显提高了水土利用效率,剩下 1 块是因为农场主没有按照建议进行灌溉而导致效益下降。

(8)项目伙伴为了加强示范试验的指导,经常召开碰头会。从 2003 年开始,实际上每月召开一次协调会,在会上协调解决示范试验所遇到的所有问题。示范项目非常关注资料的定期发表,通过大众媒体宣传示范项目的活动信息,正是由于水资源一体化管理思想的广泛宣传,乌兹别克斯坦政府决定改变水资源管理方式,即按照水文地理原则管理水资源。

### 8.4.5 示范试验用水结果的比较与分析

#### 8.4.5.1 示范区灌溉用水的比较评估

根据渠道示范试验区 10 个农场的统计资料,用水效率按年度平均为:2002 年(即示范试验前)为 0.52,2003 年为 0.66,2004 年为 0.62;单位产量的耗水量 2002 年为 $1.14 \sim 7.12$ $m^3/kg$,2003 年为 $0.5 \sim 4.65$ $m^3/kg$,2004 年为 $0.7 \sim 3.6$ $m^3/kg$;示范区总效率提高了 $21\% \sim 135\%$。考虑到以往用水的缺陷和已经研制的建议,从 2003 年开始,对示范区灌溉用水的管理进行了改进,从而提高了效益指标。巧合的是,在示范区内,2003年的气候与2004年有很大的不同,2003年降水量较大,而且大部分降水都是在5~6月。例如,2004年5~6月降水只有46 mm,而2003年这个值达到112 mm,即相当于给土壤增补了660 $m^3/hm^2$ 的水,这在很大程度上预先决定了农作物的灌溉供水量和灌溉情况。因此,如果按照某些指标来评价灌溉用水,则相对于2003年来说,2004年大多数农场都提高了灌溉用水量和灌溉定额,而且一些农场还增加了灌溉次数(见表8-6)。

表8-6　示范区灌溉用水的主要指标

| 农场名称 | 灌溉次数 | | | 面积($hm^2$) | | | 单位毛供水量($m^3/hm^2$) | | |
|---|---|---|---|---|---|---|---|---|---|
| | 2002年 | 2003年 | 2004年 | 2002年 | 2003年 | 2004年 | 2002年 | 2003年 | 2004年 |
| 布哈林斯顿 | 8 | 7 | 8 | 12.6 | 12.6 | 4.6 | 12 968 | 7 643 | 8 815 |
| 赛义德 | 14 | 7 | 7 | 4.1 | 4.1 | 4.1 | 7 342 | 5 940 | 6 658 |
| 萨马托娃 | 11 | 7 | 8 | 6 | 7 | 7 | 8 264 | 5 012 | 8 032 |
| 霍然弘霍日 | 10 | 8 | 7 | 5.6 | 5.6 | 5.6 | 18 804 | 12 525 | 10 305 |
| 若济马 | 3 | 3 | 4 | 8 | 8 | 4.5 | 6 718 | 3 468 | 4 523 |
| 图尔吉阿里 | 6 | 5 | 5 | 2 | 1 | 1 | 4 020 | 3 429 | 3 290 |
| 托利勃容 | 4 | 7 | 7 | 5 | 5 | 5 | 9 399 | 5 925 | 5 761 |
| 托洛伊孔 | 2 | 2 | 2 | 3 | 2 | 2.5 | 5 803 | 4 569 | 5 494 |
| 努尔苏坦 | 2 | 1 | 3 | 0.9 | 1 | 1 | 5 120 | 2 130 | 4 393 |
| 桑德克 | 5 | 5 | 5 | 5 | 5 | 5 | 6 030 | 5 540 | 6 236 |

从表8-6中可以看出,关于小麦的灌溉用水,努尔苏坦农场只在春季进行了一次灌溉,灌溉用水量为2 130 $m^3/hm^2$ 就获得了小麦的丰收,而2004年因气候干旱,从4月末就开始灌溉,5~6月灌溉用水量更大,总用水量达到4 393 $m^3/hm^2$ 才获得了丰收。棉花用水也是如此,春旱使得农场不能靠天然土壤水份来播种。4月初部分农场就不得不进行一次保墒灌水。图尔吉阿里等农场经过保墒灌水还不能保证土壤水分,在棉花播种时不得不增加了一次灌溉。这样该农场在保墒浸润上就无效地用掉了1 051 $m^3/hm^2$ 的额度。尽管在整个植物生长期该农场合理地利用了地下水的补充,且根据土壤湿度和蒸发的灌溉计算工况合理利用灌溉水,使得总和灌溉水量比2003年有所减少。2004年,赛义德、霍然弘霍日、托利勃容等农场的用水量都在2003年用的用水量范围以内。霍然弘霍日主要是根据土壤湿度的计算模型准确地执行灌溉期和灌水标准,使得用水量有所减少;托利勃容主要是采用了独特的节水方式,从而减少了灌溉用水量。

### 8.4.5.2　示范区用水率评估

与2002年比较,所有农场的灌溉用水率都有比较大的提高,分别达到0.53~0.83,亦即直接向田野供给农作物生长需水用的灌溉水平均为65%。2004年灌溉用水效率按照数值来说比2003年稍有下降,虽然某些农场的最大值比2002年还高。例如,若济马、图尔吉阿里、托利勃容和桑德克,他们的灌溉用水率比2002年和2003年都高一点。塔吉克斯坦所有 3 个农场的用水率都有下降,虽然其中两个(赛义德和布哈林斯顿)下降不多,且在允许范围之内。从某些效率指标(灌溉放水和渗漏损失)来看,虽然灌溉放水和渗漏损失 2004 年高于 2003 年,但是仍然大大低于 2002 年,充分反映了这种土壤气候条件实际的可能损失。萨马托娃、霍然弘霍日、托洛伊孔和努尔苏坦农场的放水和渗漏损失也较大,其主要原因是覆盖在高渗透性砾石层上的细土层较薄,在这种土层上渗漏损失不可避免。其他农场在放水和渗漏损失方面取得了接近于标准值的结果。

总体来说,用水率按照年度平均为:2002 年为 0.52,2003 年为 0.66,2004 年为 0.62。示范区各农场的灌溉水利用率见表 8-7。从表 8-7 中所列出的数据可以看出,相对于 2003 年来说,2004 年的灌溉用水取得了比较稳定的效率。

表 8-7　示范区各农场的灌溉水利用率

| 农场名称 | 单位毛供水量 （m³/hm²） | | | 放水损失 （m³/hm²） | | | 渗流损失 （m³/hm²） | | | 利用率 | | |
|---|---|---|---|---|---|---|---|---|---|---|---|---|
| | 2002 年 | 2003 年 | 2004 年 | 2002 年 | 2003 年 | 2004 年 | 2002 年 | 2003 年 | 2004 年 | 2002 年 | 2003 年 | 2004 年 |
| 布哈林斯顿 | 12 968 | 7 643 | 8 815 | 2 483 | 1 557 | 1 361 | 4 604 | 622 | 1 588 | 0.45 | 0.71 | 0.67 |
| 赛义德 | 7 342 | 5 940 | 6 658 | 1 556 | 1 071 | 895 | 1 483 | 142 | 575 | 0.59 | 0.80 | 0.78 |
| 萨马托娃 | 8 264 | 5 012 | 8 032 | 853 | 468 | 339 | 1 628 | 674 | 2 364 | 0.70 | 0.77 | 0.66 |
| 霍然弘霍日 | 18 804 | 12 525 | 10 305 | 3 173 | 1 980 | 2 342 | 7 635 | 3 917 | 3 683 | 0.43 | 0.53 | 0.42 |
| 若济马 | 6 718 | 3 468 | 4 523 | 0 | 0 | 0 | 3 903 | 1 281 | 647 | 0.42 | 0.63 | 0.86 |
| 图尔吉阿里 | 4 020 | 3 429 | 3 290 | 255 | 453 | 164 | 430 | 133 | 292 | 0.83 | 0.83 | 0.86 |
| 托利勃容 | 9 399 | 5 925 | 5 761 | 1 208 | 1 685 | 1 485 | 2 679 | 631 | 643 | 0.59 | 0.61 | 0.63 |
| 托洛伊孔 | 5 803 | 4 569 | 5 494 | 1 855 | 606 | 1 666 | 2 333 | 2 040 | 1 398 | 0.28 | 0.42 | 0.34 |
| 努尔苏坦 | 5 120 | 2 130 | 4 393 | 942 | 418 | 1 200 | 1 597 | 418 | 1 404 | 0.50 | 0.61 | 0.41 |
| 桑德克 | 6 030 | 5 540 | 6 236 | 1 554 | 1 170 | 1 139 | 645 | 593 | 686 | 0.64 | 0.68 | 0 |

布哈林斯顿、赛义德、若济马、图尔吉阿里、托利勃容、努尔苏坦、桑德克等农场都发挥了自己的最大潜力(见图 8-4)。这些农场主要是靠提高农作物的产量来降低单位产量的耗水量。霍然弘霍日、图尔吉阿里、托利勃容和桑德克等农场不仅相对于 2002 年,而且相

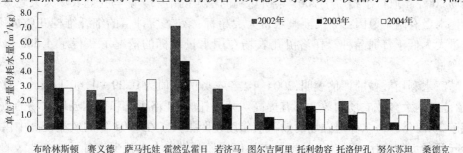

图 8-4　示范区单位产量的耗水量

对于 2003 年在降低灌溉用水量的同时提高了产量。

### 8.4.5.3　示范区用水效益的评估

2002 年的用水效益评估表明,在各农场中,实际的灌溉供水量超过了需水量,而且只要减少灌溉水量和灌溉次数就能提高产量。在示范区所作的工作和据此所获得的资料证明 2002 年所作的结论是正确的。根据 2003 年野外监测资料所进行的灌溉水－产量评估表明,每个示范区的变化很大。2004 年,为了达到所取得结果的稳定性,县工作组和州执行员严格坚持用 2003 年的评估方法进行工作。

根据 2004 年所进行的监测资料,单位产量的耗水量为 0.72 ~ 3.36 m³/kg,这稍稍低于 2003 年(0.5 ~ 4.65 m³/kg),而 2002 年单位产量的耗水量为 1.14 ~ 7.12 m³/kg(见表 8-8)。

表 8-8　示范区用水效益的主要指标的比较评估

| 农场名称 | 单位毛供水量（m³/hm²） | | | 产量（kg/hm²） | | | 单位产量耗水量（m³/kg） | | | 用水效益（kg/m³） | | |
|---|---|---|---|---|---|---|---|---|---|---|---|---|
| | 2002年 | 2003年 | 2004年 | 2002年 | 2003年 | 2004年 | 2002年 | 2003年 | 2004年 | 2002年 | 2003年 | 2004年 |
| 布哈林斯顿 | 12 968 | 7 643 | 8 815 | 2 540 | 2 722 | 3 104 | 5.29 | 2.81 | 2.84 | 0.19 | 0.36 | 0.35 |
| 赛义德 | 7 342 | 5 940 | 6 658 | 2 750 | 2 925 | 2 992 | 2.67 | 2.03 | 2.23 | 0.37 | 0.49 | 0.45 |
| 萨马托娃 | 8 264 | 5 012 | 8 032 | 3 220 | 3 253 | 2 340 | 2.57 | 1.54 | 1.54 | 0.39 | 0.65 | 0.29 |
| 霍然弘霍日 | 18 804 | 12 525 | 10 305 | 2 640 | 2 691 | 3 070 | 7.12 | 4.65 | 3.36 | 0.14 | 0.21 | 0.30 |
| 若济马 | 6 718 | 3 468 | 4 523 | 2 420 | 2 000 | 2 783 | 2.78 | 1.73 | 1.63 | 0.36 | 0.58 | 0.62 |
| 图尔吉阿里 | 4 020 | 3 429 | 3 290 | 3 520 | 3 920 | 4 600 | 1.14 | 0.87 | 0.72 | 0.88 | 1.14 | 1.40 |
| 托利勃容 | 9 399 | 5 925 | 5 761 | 3 790 | 3 620 | 4 100 | 2.48 | 1.64 | 1.41 | 0.40 | 0.61 | 0.71 |
| 托洛伊孔 | 5 803 | 4 569 | 5 494 | 3 000 | 4 430 | 4 580 | 1.93 | 1.03 | 1.2 | 0.52 | 0.97 | 0.83 |
| 努尔苏坦 | 5 120 | 2 130 | 4 393 | 2 440 | 4 300 | 4 300 | 2.10 | 0.50 | 1.02 | 0.48 | 2.02 | 0.98 |
| 桑德克 | 6 030 | 5 540 | 6 236 | 2 860 | 3 060 | 3 585 | 2.11 | 1.80 | 1.70 | 0.47 | 0.55 | 0.57 |

示范区单位产量耗水量的比较表明,总体来说,除萨马托娃和托洛伊孔农场外,大多数农场 2004 年取得了相对于 2003 年所达到的稳定的结果。萨马托娃农场大大超过单位产量耗水量有两个原因:第一,灌溉水量大大超标;第二,所种植的细纤维棉花收成不好,其产量大大低于普通品种。托洛伊孔农场在用水量超标的情况下获得了 4 580 kg/hm² 的高产量。

灌溉水利用效益的评估表明,2004 年,各农场的数值为 0.29 ~ 1.40 kg/m³。总体来说,示范区内大多数农场的效益都有提高。萨马托娃、托洛伊孔和努尔苏坦农场的数值再次低于 2003 年。努尔苏坦农场的效益值年度差距很大。在 2003 年的效益提高中供水量减少起了很大的作用,因 5 ~ 6 月雨量丰沛使得灌溉供水大大减少。对于这个地区的土壤气候条件来说,2004 年所取得的用水效益是真实可靠的,而 2003 年所取得的比较高的效益值只能看做是个意外惊喜。这个农场 2004 年的效益比 2002 年增加一倍。所有农场的用水效益全景图如图 8-5 所示。从图 8-5 中可以看出,大多数农场 2004 年的用水效益都高于 2002 年和 2003 年。

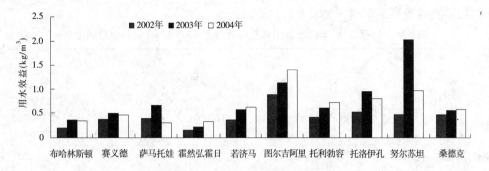

**图 8-5　示范区灌溉水的利用效益**

根据灌溉用水量和农作物收成的比较评估,无论是按照灌溉用水量还是按照所种植作物的收成,大部分农场都提高了效益(见表 8-9)。根据 2004 年的总结,与 2002 年相比,除萨马托娃农场效益下降 25% 外,示范区总效益提高了 21%～135%。相对于 2003 年,2004 年效益有以下各值:赛义德、霍然弘霍日、图尔吉阿里、若济马、托利勃容、桑德克等农场效益提高 2%～54%;萨马托娃、托洛伊孔和努尔苏坦等农场效益分别下降 55%、35% 和 52%;而布哈林斯顿农场 2004 年取得了与 2003 年非常接近的效益结果。

**表 8-9　按照灌溉用水量和农作物收成效率指标的比较评估**

| 农场名称 | 2002 年的效益 | 方案Ⅰ——按照用水量减少的评估 | | | 方案Ⅱ——按照产量提高的评估 | | |
|---|---|---|---|---|---|---|---|
| | | 与 2002 年比效益的提高(kg/m³) | | 与 2003 年比效益的稳定性 | 与 2002 年比效益的提高(kg/m³) | | 与 2003 年比效益的稳定性 |
| | | $P_w-1$ | $P_w-2$ | $P_w-3$ | $P_y-1$ | $P_y-2$ | $P_y-3$ |
| 布哈林斯顿 | 0.19 | 0.32 | 0.28 | 0.31 | 0.21 | 0.24 | 0.41 |
| 赛义德 | 0.37 | 0.46 | 0.46 | 0.44 | 0.40 | 0.41 | 0.50 |
| 萨马托娃 | 0.39 | 0.54 | 0.40 | 0.40 | 0.39 | 0.28 | 0.47 |
| 霍然弘霍日 | 0.14 | 0.21 | 0.26 | 0.26 | 0.14 | 0.18 | 0.25 |
| 若济马 | 0.36 | 0.58 | 0.54 | 0.44 | 0.30 | 0.41 | 0.80 |
| 图尔吉阿里 | 0.88 | 1.03 | 1.07 | 1.19 | 0.98 | 1.14 | 1.34 |
| 托利勃容 | 0.40 | 0.61 | 0.66 | 0.63 | 0.39 | 0.44 | 0.69 |
| 托洛伊孔 | 0.52 | 0.66 | 0.41 | 0.81 | 0.76 | 0.79 | 1.00 |
| 努尔苏坦 | 0.48 | 1.15 | 0.56 | 0.98 | 0.84 | 0.84 | 2.02 |
| 桑德克 | 0.47 | 0.52 | 0.57 | 0.49 | 0.51 | 0.59 | 0.65 |

注:$P_w-1$——按照灌溉用水量与 2002 年相比,2003 年效益的提高;$P_w-2$——按照灌溉用水量与 2002 年相比,2004 年效益的提高;$P_w-3$——按照灌溉用水量与 2003 年相比,2004 年效益的提高;$P_y-1$——按照农作物收成与 2002 年相比,2003 年效益的提高;$P_y-2$——按照农作物收成与 2002 年相比,2004 年效益的提高;$P_y-3$——按照农作物收成,2004 年收成和 2003 年供水量的效益。

在示范区,2003 年与 2002 年相比,效益按照灌溉水减少量提高了 30% ~ 95%,按照收成提高了 4% ~ 54%;2004 年与 2002 年相比,效益按照灌溉水减少量提高了 16% ~ 83%,按照收成提高了 11% ~ 72%(见表 8-10)。

表 8-10　按照 2002 年的灌溉用水量和收成 2003 年和 2004 年效益的提高

| 农场名称 | 总效益 ($kg/m^3$) | | | 对提高效益的贡献 | | | |
|---|---|---|---|---|---|---|---|
| | | | | 灌溉用水量 (相对于 2002 年) | | 产量提高 (相对于 2002 年) | |
| | $P_1$ | $P_2$ | $P_3$ | $\Pi_B1$ | $\Pi_B2$ | $\Pi_Y1$ | $\Pi_Y2$ |
| | 2002 | 2003 | 2004 | 2003 | 2004 | 2003 | 2004 |
| 布哈林斯顿 | 0.19 | 0.36 | 0.35 | 79 | 55 | 13 | 31 |
| 赛义德 | 0.37 | 0.49 | 0.45 | 77 | 51 | 21 | 44 |
| 萨马托娃 | 0.39 | 0.65 | 0.29 | 97 | 0 | 2 | 0 |
| 霍然弘霍日 | 0.14 | 0.21 | 0.30 | 95 | 74 | 4 | 15 |
| 若济马 | 0.36 | 0.58 | 0.62 | 100 | 69 | 0 | 21 |
| 图尔吉阿里 | 0.88 | 1.14 | 1.40 | 56 | 37 | 37 | 51 |
| 托利勃容 | 0.40 | 0.61 | 0.71 | 100 | 83 | 0 | 11 |
| 托洛伊孔 | 0.52 | 0.97 | 0.83 | 31 | 9 | 54 | 86 |
| 努尔苏坦 | 0.48 | 2.02 | 0.98 | 45 | 16 | 24 | 72 |
| 桑德克 | 0.47 | 0.55 | 0.57 | 54 | 0 | 42 | 100 |

从表 8-10 中可以看出,2004 年与 2003 年相比,6 家农场既在节水方面又在收成方面改善了效益。赛义德、霍然弘霍日、图尔吉阿里、托利勃容和桑德克减少了灌溉水量,布哈林斯顿农场达到了 2003 年的水平;萨马托娃农场由于种植细纤维棉花品种导致减产使得其效益值下降;若济马和努尔苏坦农场尽管其数值低于 2003 年,但无论是按照收成还是按照灌溉用水量都取得了非常接近于中水年的效益指标,虽然其数值低于 2003 年;托洛伊孔农场虽然在第一次春灌时超额用水对总效益有很大的影响,但也取得了最大可能的收成。

所采取的措施可以改善各农场的灌溉和耕作管理,因此有可能减少田地的供水量,提高棉花和小麦的产量,进而提高水与土地的利用效益(见表 8-11)。分析各农场 3 年来的结果可以得出结论,对于 2003 年所取得的灌溉水利用效益指标总体上是稳定的。

表 8-11　改善农业生产管理的指标

| 指标 | 塔吉克斯坦 | 乌兹别克斯坦 | 吉尔吉斯斯坦 | |
|---|---|---|---|---|
| 品种 | 棉花 | 棉花 | 棉花 | 小麦 |
| 供水量减少 | 33% | 34% | 17% | 40% |
| 产量提高 | 18% | 21% | 25% | 64% |
| 效益提高 | 62% | 69% | 52% | 96% |

从以上所述的示范试验用水结果的比较与分析可以看出,水资源一体化管理示范试验取得了单位用水量减少、灌溉水利用率提高、用水效益增加的良好结果。因此,中亚各国正在按照水资源一体化管理的原则改革水利管理体制,扩大试点范围,推广水资源一体化管理的经验,以便改善中亚各国因缺水而造成生态恶化的状况。

# 8.5 第三阶段示范试验的结果

## 8.5.1 示范试验的完善

在总结第二阶段的经验和教训的基础上,根据试验渠道的实际情况,第三阶段统一了水资源一体化管理的原则,扩大了试验范围,大力开发合作管水的潜力和推广成功的经验。这个阶段主要是解决纵横向联系问题,即在纵向上从 3 级渠道(用水户小组)到 2 级渠道(用水户协会)和主干渠道(用水户协会联盟)。这三级渠道的分水和公众参与过程与国家政策联系在一起。这是试验区最重要的成就,因为用水户和政府联合起来管理像渠道这样重要的经济设施在中亚尚属首次;在横向上,通过社会动员和提高透明度,达到了部门之间的一体化。在这个阶段,成功地从试验渠道和控制面积的行政管水过渡到按照需求分水,从按照用水时间收费过渡到按照用水量收费。这些都是第三阶段最重要的成果。具体成果归纳为如下几个方面。

### 8.5.1.1 完善了组织建设

(1)为了便于试验项目的顺利实施,完全按照水文地理边界原则建立渠道管理处,取代原来的州、区水利局或渠道管理处。例如,阿拉万阿克布林渠道管理处取代了原来的阿拉万区水利局和卡拉苏区水利局,南费尔干纳干渠管理局取代了原来的费尔干纳大干渠管理局、安集延州水利局和费尔干纳州水利局。把管理职能和领导以及跨部门利益合并到统一的渠道管理局中。由于费尔干纳大干渠管理局很大,所以组建了几个分局和 10 个水工段。

(2)在所有三条试验渠道上制订并与主管部门签订了"试验渠道共同领导"合同。根据合同组建了共同领导的机构——渠道水委员会董事会,董事会中包括水利机构和渠道用水户联盟的代表。用水户通过自己在董事会的代表参与渠道级共同领导的决策。

(3)在所有三条试验渠道上成立了渠道用水户联盟并进行了法律登记,成立了渠道用水户联盟董事会。在植物生长期董事会每旬召开一次董事会会议,会上根据分水指标,评估上个旬期试验渠道的分水状况,讨论并决定下个旬期的分水方案等重大问题,

(4)完成了用水户协会和渠道水委员会联盟的组建。通过这个联盟,吸引生态、饮用水供水和水电以及地方权力机构的代表、妇女、族群长老等参与水管理过程。

至此,完成了试验渠道的组织和领导机构,并已登记注册,各级机构都能正常发挥职能作用。

### 8.5.1.2 完善和补充了水管理法规

在第三阶段,跨国水利协调委员会科学信息中心与国际水资源管理研究所和瑞士发展与合作管理局根据示范试验情况,对在第一阶段拟定的法规作了补充,研制出以下建议

和指南等法规性文件：

（1）"根据水文地理原则和公众参与原则完善大型渠道用水管理现行法规的建议"。

该建议的主要内容是分给农场主的灌溉土地在法律上必须固定用水权；在用水户协会范围内建立节约用水量的水市场；用法律规定无论是用水户还是水利机构，违法违规用水都要承担责任；规定把跨农庄的灌溉渠网和所有农庄内的集排水管网的使用权交给用水户协会，对用水户协会实行优惠征税和优惠贷款。该建议已在三国国家水资源一体化管理协调或支持小组代表参加的研讨会上进行了讨论，并已散发给有关机构供其讨论和试用。

（2）"解决争议和矛盾的建议"。

建议认为在用水户协会和用水户之间以及在用水户协会与水利机构之间难免会产生矛盾和冲突。建议首先对吉、塔、乌三国现有的标准法规文件中已有的解决争议和冲突的机制进行了分析，提出了在当地权力机构中成立社区代表法庭的建议书，提出了解决用水争议的机制，提交了在用水户之间、在用水户协会和用水户之间、在用水户协会与水利机构之间防止产生争议和冲突的建议书。

（3）"用水户协会级水资源一体化管理指南"。

在该指南中反映了：在建立用水户协会时社会动员的方式和策略；用水户协会和用水户的相互义务的模式；在建立和发挥用水户协会职能时组织和经济措施；用水户的土壤改良服务；与水关系有关的争议及其解决机制；用水户协会技术经济指标的分析；在用水户协会和用水户之间相互结算的组织；用水户协会报告和检查制度。该指南已通过三国水利部门的审查并受到好评，并已散发给用水户协会工作人员和用水户。乌兹别克斯坦水利和农业部建议在所有用水户协会中把该指南作为业务条例使用。

（4）"在新建用水户协会中组织水量计量的建议"。

在制定该建议时进行了示范渠道内用水户的调查，调查表明，在渠道首部绝大多数都安装了水量计量设备和调节闸门。但是，在所调查的农场示范渠道 398 个放水口中只有 117 个安装了水文测站，其中只有 96 个有调节闸门。因此，建议对管理人员直接在现场进行用水计量系统的培训，在所有放水口安装水量计量设备。

（5）"在用水户协会中用水交易计划指南"。

该指南中反映了用水户协会的目标和任务、起始和现有交易概述、用水户协会交易－计划的长短期规划、交易－计划的市场分析特点和战略规划特点、交易－计划中指定损耗措施的统计及其与用水户协会成员年度损失的结合、基础设施修复工程的经济效益等等。

此外，在第三阶段还研制了分水选择系统——"用水户协会级日用水计划方法"、"用水户协会级灌溉水分配指南"、"用水户协会用水监督参考资料"、"用水户协会基础设施修复工程的规划和实施参考资料"、"用水户协会水量计量参考资料"、"用水户协会解决土壤改良问题参考资料"、"污水灌溉安全利用的建议"等。

以上所研制的建议、指南和参考资料都已通过三国主管部门的审查，并且已在费尔干纳盆地试验渠道上实际使用。而乌兹别克斯坦甚至将这些建议、指南和参考资料用于全国的用水户协会。

### 8.5.1.3 完善了技术和工艺

（1）安装了新的水文测量设备，包括在试验渠道的渠首安装了水尺、流量计和流速仪。其中在南费尔干纳干渠安装了水尺190根，流速仪4台，流量计1台；在阿拉万阿克布林渠道安装水尺62根，流速仪2台，流量计1台；在霍贾巴克尔干渠道安装水尺72根，流速仪2台，流量计1台。

（2）校正了安装在试验渠道渠首水文站的流量计的流量表，进行了水文站点的技术状态的原体观测，根据观测结果确认了南费尔干纳干渠上测水站点的资料。通过抽查流量的测量，验证了试验渠道上控制站点流量特性的可靠性。

（3）组织了渠道水文测量培训班，进行了水尺分度方式、流量特性曲线 $Q = f(H)$ 的绘制和水文站技术文件的填写的培训。

（4）制定了"干线渠道水文测量流量统计指南"。

（5）改进和应用了"费尔干纳盆地水资源一体化管理"项目的信息管理系统，费尔干纳信息管理系统是在 Access 和 GAMS 的数据库管理系统的基础上建立的。费尔干纳信息管理系统可以进行：①支渠和渠道实际取水量的统计；②登记旬供水量申报；③完成在水利系统不同申报方案和不同供水量的情况下各水工段之间水量不同分配方案的模拟试验；④寻求最佳分水方案；⑤完成分水效益分析。

分水指标系统包括：①在控制水文站上一天内流量的稳定性；②一旬内日平均供水量的稳定性；③供水的均匀性；④水费的收缴。

（6）在试验渠道上研制和应用了"利用信息管理系统编制和校正供水方案和分水指标计算的用户指南"、"分水监督和评估指南"以及"试验渠道运行指南"。

（7）组织了数据库中监督结果的系统输入、旬分水指标的计算、向用水户联盟和渠道水委员会提交分水指标、供其定期评估试验渠道上水管理质量和通过下个旬期（下个季度）的供水决定。

### 8.5.1.4 提高了用水效率

表8-12是三条试验渠道从2003～2007年实际供水量、供水均匀性和稳定性、效率系数及单位供水量的统计数据汇总。从表8-12中可以看出，三条试验渠道的实际供水量和单位供水量都呈逐年减少趋势，而供水的均匀性、稳定性和效率系数呈逐年增长趋势。这说明水资源一体化管理的示范试验是成功的，取得了令人满意的结果。

由于在试验渠道上建立了全新的纵横向联系和一系列法规和建议的实施，取得了以下结果：

（1）在渠道管理局与用水户之间实际上停止或大大减少了与分水有关的冲突。

（2）在阿拉万阿克布林渠道局和霍贾巴克尔干渠道局提高了水费收缴率。

（3）减少了渠道末端用水户看水的情况，渠道下游段用水户不需要值夜班看水。

（4）提高了水管理质量；简化了决策过程，而且决策更有效了；提高了供水的均匀性和稳定性；降低了单位供水量；减少了渠道供水损失。

表 8-12  试验渠道的分水指标

| 试验渠道 | 年份 | 实际供水量<br>（亿 m³） | 均匀性<br>（%） | 稳定性<br>（%） | 效率系数<br>（%） | 单位供水量<br>（m³/hm²） |
|---|---|---|---|---|---|---|
| 南费尔干纳<br>干渠 | 2003 | 10.53 | 60 | 85 | 81 | 12 600 |
| | 2004 | 9.25 | 89 | 87 | 88 | 11 000 |
| | 2005 | 8.71 | 94 | 85 | 87 | 10 300 |
| | 2006 | 8.16 | 94 | 84 | 89 | 9 200 |
| | 2007 | 6.43 | 92 | 84 | 86 | 7 200 |
| 阿拉万<br>阿克布林渠道 | 2003 | 0.83 | 45 | 70 | 54 | 13 100 |
| | 2004 | 0.66 | 63 | 91 | 53 | 9 800 |
| | 2005 | 0.57 | 69 | 84 | 54 | 8 500 |
| | 2006 | 0.54 | 74 | 81 | 59 | 8 000 |
| | 2007 | 0.64 | 82 | 90 | 59 | 8 300 |
| 霍贾巴克<br>尔干渠道 | 2003 | 1.16 | 36 | 41 | 80 | 14 400 |
| | 2004 | 1.13 | 82 | 58 | 78 | 15 800 |
| | 2005 | 1.15 | 73 | 64 | 78 | 16 500 |
| | 2006 | 0.90 | 80 | 54 | 80 | 12 100 |
| | 2007 | 0.88 | 77 | 62 | 81 | 11 800 |

## 8.5.2  跨境小河流水资源管理

2005～2006 年,为了研究费尔干纳盆地跨境小河流的水资源管理问题,跨国水利协调委员会科学信息中心与国际水资源管理研究所和瑞士发展与合作管理局一起研究了把跨境小河流作为新的组成部分列入"费尔干纳盆地水资源一体化管理"示范试验项目。在项目初期,中亚各国和国际组织主要关注和努力解决该地区跨境大型河流——阿姆河和锡尔河问题。相对而言,小河流的水资源管理问题还不那么迫切。而现在,阿姆河和锡尔河的水资源管理已在很大程度上井然有序。这样解决小河流的水资源管理问题被提上议事日程,因此从 2007 年 1 月起,跨境小河流被正式列入"费尔干纳盆地水资源一体化管理"示范试验项目。

最近 10 年,在小河流的上游,由于人口和新开垦土地的增长,以前达成的跨境小河流水资源利用协议有时得不到遵守。特别是在枯水年份分水情况非常复杂。在边境区社会局势的紧张常常导致违反已确定的跨国分水协议的后果,而且这种后果很容易升级成国家间的冲突。因此在这个层面上,瑞士发展与合作管理局支持研究费尔干纳盆地跨境小河流的水资源管理问题是非常及时而重要的。

2007 年 5 月 30～31 日，为了讨论"跨境小河流"部分的工作计划，在跨国水利协调委员会培训中心举办了首次研讨会，来自地方权力机构和管理部门以及水利和自然保护机构的代表(用水户代表包括市政公用部门、紧急情况部、地方团体、工业用水等用水户代表)共 30 位专家参加了研讨会的工作。研讨会首先确定在沙霍马尔丹河(长 112 km，年均径流量为 9.84 $m^3/s$，属于吉尔吉斯斯坦和乌兹别克斯坦共有)和霍贾巴克尔干河(长 117 km，年均径流量为 11.0 $m^3/s$，属于吉尔吉斯斯坦和塔吉克斯坦共有)进行试验，即按照水资源一体化管理原则，保证费尔干纳盆地跨境小河流水资源的稳定管理是"跨境小河流"部分的最终目的。

根据"跨境小河流"部分的主要工作任务和计划措施，与会专家热烈讨论了以下问题：

(1) 研究沙霍马尔丹河和霍贾巴克尔干河水资源分配现状的分水法律基础；

(2) 建立沙霍马尔丹河和霍贾巴克尔干河水资源管理的组织机构；

(3) 巩固主要协调委员会的潜力和过程的监督。

在讨论过程中，与会专家强调了实施"跨境小河流"部分的重要性和及时性。研讨会确定，主要优先解决较低级的用水公平分配问题；提出了应研制"跨境小河流"分水协议草案。协议应该包括与"跨境小河流"水资源管理有关的广泛问题(生态、信息交换、资料库、流域管理、优惠条件等)、水文站技术装备及资料库和信息系统建设和监督等。

自首次研讨会之后，到 2007 年年底，"跨境小河流"部分的领导人共举行了 9 次研讨会(咨询会、工作碰头会、圆桌会议、双边讨论会等)，共有 320 人次参加了这些会议，与会人员除了"跨境小河流"部分的执行人员和国家水资源一体化管理协调和支持小组成员之外，主要是当地的有关各方当事人。归纳起来，这些会议主要研究和讨论了以下问题：

(1)跨境水管理的法律问题。反复研讨了沙霍马尔丹河和霍贾巴克尔干河水管理协议和河流联合委员会条例。

(2)在沙霍马尔丹河和霍贾巴克尔干河流域应用水资源一体化管理原则。为了在互利的基础上共同管理和开发有限的小河水资源，讨论了建立统一的流域机构问题。

(3)沙霍马尔丹河和霍贾巴克尔干河跨境基础设施问题。建议恢复小河控制水文站和边界双方主要取水口的技术设备。

(4)建立沙霍马尔丹河和霍贾巴克尔干河的资料库。收集各种来源的信息，包括小河流域内苏联时期的正式参考资料和当地水利机构发布的资料。

(5)在分析现状的基础上，按照水资源一体化管理原则建立跨境分水的机制。

到第三阶段结束，以上工作正在有序进行中。

### 8.5.3 向全国推广示范试验成果

在第三阶段，为了在国家级支持和更好地贯彻执行水资源一体化管理原则，2005 年年末，在《费尔干纳盆地水资源一体化管理》项目领导成员的基础上，吉、塔、乌三国分别成立了国家水资源一体化管理协调和支持小组(简称小组)，各国的小组成员包括本国所有与水资源管理有关的关键部委的代表。例如,塔吉克斯坦小组由来自主要有关部委的8位代表组成,且得到塔政府的确认和授权。小组成立后就召开了协调会议,会上讨论并确定了工作方向。吉、乌小组的组成及授权与塔类似。归纳起来,三国小组的任务主要是:

(1)组织各个部门的代表按照相互协调好的计划进行水资源一体化管理的学习和培训;

(2)编制本国的水资源一体化管理培训计划;

(3)进行示范试验情况的分析和总结已取得的经验,以便向本国和其他国家推广;

(4)研究应用水资源一体化管理原则的干扰因素和制定消除这些干扰因素的指导建议;

(5)对水资源一体化管理方式的效果进行社会经济评估。

自小组成立以来,主要进行了以下工作:

(1)在全球水伙伴和联合国环境规划署代表的指导下,2006年,三国小组组织了研制本国水资源一体化管理国家"路线图"的工作。国家"路线图"是在指定期限(短期为2007~2009年。中期为2007~2012年,长期为2007~2025年)内开展水资源一体化管理活动的目标时间表和详细计划的工作图。现在三国的国家"路线图"已经本国政府确认并正在实施。

(2)根据在"费尔干纳盆地水资源一体化管理"项目中组织用水户协会和渠道用水户协会联盟的经验,三国小组先后组织或促进了研制本国的《用水户协会法》。在这方面,吉尔吉斯斯坦走在前面,早在2002年,即在"费尔干纳盆地水资源一体化管理"项目刚开始启动时就研制并颁布了《用水户协会法》,但那时仅在试验渠道范围内组建用水户协会和渠道用水户协会联盟,而现在在全国实施《用水户协会法》,全面推广组建用水户协会和渠道用水户协会联盟的经验。塔吉克斯坦小组促进了本国《用水户协会法》的研制和水法的修改,其《用水户协会法》已于2006年11月21日颁布并于2007年1月1日开始实施。乌兹别克斯坦小组所制定的建立和发挥用水户协会职能的建议成为其国家《用水户协会法》的基础,该法草案已交给国家立法机构、枢密院和农业部。但目前尚未见到正式颁布的决定。

(3)三国小组分别在本国举办了各种培训班、圆桌会议、咨询会、报告会和研讨会,大力宣传水资源一体化管理理念,宣传和推广费尔干纳示范渠道的成功经验和管理方式,在报纸、杂志和网页上发表文章,推动和促进水资源一体化管理活动在本国全面开展。

综上所述,中亚费尔干纳盆地水资源一体化管理示范试验的第三阶段取得了丰富的成果。示范试验不仅在指定的渠道上全面展开,而且推广到了试验区内的小河流,这说明水资源一体化管理是解决用水矛盾的最佳方式,是符合时代发展要求的。应该指出的是,吉、塔、乌三国的国家水资源一体化管理协调和支持小组的成立以及小组所做的工作充分说明,水资源一体化管理已从费尔干纳盆地的示范渠道走向三国的全国各地,正在向纵深发展。这不仅要导致三国水资源管理的全面改革,而且对世界各国特别是缺水地区的水资源管理都具有重要意义。

## 8.6 第四阶段示范试验的结果

在第四阶段,主要完善、合并水资源一体化管理的制度、组织结构和管理方式,并形成工作能力,消除执行人所发现的缺陷,把在三条示范渠道上所获得的应用水资源一体化管理的经验应用到费尔干纳盆地的其他地区,并进一步推广到三个国家的流域级。在每个国家都建立了水资源一体化管理的督察组,以支持政府努力把水资源一体化管理推向全国,并根据要求把分水工作重新定位。应该集中关注水资源一体化管理机构的经济稳定性问题、"谁应该为什么付费"问题和农业与其他用水户的支付能力等问题。在这个阶段,在三国政府的领导和与其他捐款人的协调下,计划全面拓展从渠道管理处到用水户协会/用水户小组等机构的作用和任务。沿着跨境河流建立共同委员会作为对话平台,根据水资源一体化管理原则管理跨境小河流的水资源。在国际水资源研究所和科技信息中心督察员的领导下,合并指导水管理的野外工作队,负责规划和实施示范区范围内的项目。第四阶段在以下几个方面取得了新的进展。

### 8.6.1 示范试验的完善

(1)无论是在数量方面还是在质量方面,用水户联盟和渠道水委员会董事会的工作都取得了进展。用水户联盟和渠道水委员会会议次数比过去几年都增加了,扩大了讨论问题的范围(既研究技术也研究制度问题)。现在会议的决定是通过更具体的解决方案。

(2)在三条示范渠道水委员会董事会的基础上建立了国家协调委员会。除渠道水委员会董事会成员外,"费尔干纳盆地水资源一体化管理"项目地区领导小组的代表及国家经理人和国家协调员也进入国家协调委员会,国家协调委员会是在项目内外应用水资源一体化管理原则的重要组织工具。

(3)完成了三条示范渠道水委员会联盟的组建工作。确认了渠道水委员会、检查委员会和仲裁委员会成员的更新和渠道水委员会的工作计划,除渠道水委员会董事会成员外,地方(州、区)权力部门、水保护部门、水利监督部门的代表以及妇女代表也进入了渠道水委员会联盟。

(4)用水户联盟和渠道水委员会与其他部门的合作在解决水保护区和饮用水供水方面开始有具体的实际结果。

(5)研制并与水管人员和用水户讨论了示范渠道管理处和用水户协会收取水费的经济激励建议。

(6)完成了(吉尔吉斯斯坦奥什州)右岸干渠体制建立工作,制定了右岸干渠管理处、右岸干渠用水户联盟的章程和其他文件。

(7)按照水文地理边界的原则,增加了三条示范渠道用水户协会的数量,完善了组织机构。所有基础用水户协会都与渠道管理处签订了供水合同,在用水户农场分水点做好水量统计记录。

(8)根据水资源一体化管理的原则,研制并与感兴趣各方讨论了大型合作社(农场)改组的理念。在庄园区建立了新的用水户协会,签订了供水合同,并且水利机构和用水户协会从庄园区收取供水服务费。

（9）为了在中亚国家推广水资源一体化管理的经验，出版和发行了 17 本小册子，制定了 3 个规程：即应用水文地理边界原则的规程、吸引公众参与水管理的规程以及向水资源共同管理过渡的规程。

（10）建议包括在示范项目范围内重新安装 215 台不同类型的水量计量设备，到 2008 年年底已建成 84 座水文站并带有相应的合格证。在完善示范渠道信息管理系统的程序方面消除了试验运行时所发现的程序缺陷。考虑到机械灌溉的特点，完善了日用水计划的编制方法。

### 8.6.2　跨境小河流的水资源管理

（1）通过地方指令，进行了社会动员，按照水文地理原则，把原来的合作农场改建成霍贾巴克尔干用水户协会，并进行了登记注册。

（2）跨境小河流的大多数感兴趣各方确认了水资源一体化管理的经验和成果，根据与感兴趣各方的协商结果，制定了在跨境小河流上实施水资源一体化管理原则的战略，讨论并确定了存在的问题、制度结构和水资源一体化管理的计划。

（3）在跨境小河流的每一个部分都建立了非正式的工作小组，小组主要由感兴趣各方的代表组成，以便进一步协商和实施水资源一体化管理原则。

（4）建立共同委员会，在跨境小河流的示范流域，根据水资源一体化管理原则达成共同管理水资源的协议。

（5）沿着示范渠道和跨境小河流，布置并建成了 350 多个水文站（点），安装了水量测量仪器，改善了用水户协会的水量统计。2009 年和 2010 年要在加强从用水户协会到整个流域的水量统计机制完成既定的工作。

### 8.6.3　国家水资源一体化管理协调和支持小组的工作

（1）研究了国家水资源一体化管理协调和支持小组的工作策略和工作状态，根据与相关国家部门的协商，确定了协调和支持小组的职能。

（2）在 2008 年，协调和支持小组举行了 2 次研讨会，研究了在国家级实施水资源一体化管理原则的障碍，讨论了解决水资源一体化管理应用问题的方案，确定了 2009 ~ 2010 年必须关注的主要问题。

（3）编制水资源一体化管理制度和在示范渠道上试验过的管理方法的文件并准备推广应用。

（4）为了在费尔干纳盆地推广水资源一体化管理，协调和支持小组继续与费尔干纳盆地各国的主要研究和教学机构合作，编制并商定了应用水资源一体化管理原则的行动计划，把应用水资源一体化管理原则列入教学计划，向中小学生和大学生普及水资源一体化管理原则的知识。

（5）2009 年和 2010 年计划进一步发挥推广水资源一体化管理方式的国家政策和权力机构的职能。

（6）2009 年和 2010 年计划评估各级管理和工作机构的财政和经济状况以及支付能

力,从经济、社会和生态角度进行示范项目作用的评估。

从以上所述中可以看出,在第四阶段,在示范渠道及其控制区以及跨境小河流上研制和试验了水资源一体化管理的制度、组织和管理方式。水资源一体化管理的主要原则实际上已经完善、巩固和推广实施,同时积累了促进水资源一体化管理在中亚其他地区推广实施的经验。但是,在第四阶段末期,在保证水资源一体化管理长期稳定发展方面还存在一些问题。首先是要解决中亚灌溉系统的财政经济活动能力问题,还有就是在三国现有的国家水资源管理体制中,水资源一体化管理模式在渠道级一体化的公开性问题。

## 8.7　第五阶段的主要任务

在第五阶段,除解决在第四阶段所遗留的问题外,在相关国家的领导下以及捐款人的协调下,计划在每一个国家建立一个从用水户协会/用水户小组到渠道管理处的水资源一体化管理组织行动范围和职责的公示。

为了保持在前四个阶段所取得的重要进展和所积累的成功经验,项目的执行还是委托给国际水资源管理研究所和跨国水利协调委员会科技信息中心。执行伙伴应该确保有效的合作和积极地与政府和捐款人合作,以便对水资源一体化管理的关键理念形成功能一致的协调和巩固。

以上所述只是截至 2011 年年底的信息报道,尚未见到 2011 年的年度总结报告。但是从所收集到的资料来看,推广水资源一体化管理方式的工作正在中亚国家稳步推进。

## 8.8　阿姆河和锡尔河下游过渡到水资源一体化管理项目

### 8.8.1　阿姆河和锡尔河下游存在的主要问题

"阿姆河和锡尔河下游水资源一体化管理"示范试验项目。在美国国务院环境办公室的支持下,2004 年完成了该项目的初步论证。示范试验选定在哈萨克斯坦克孜勒奥尔达州卡扎林斯克水利枢纽右岸总干渠灌溉系统、土库曼斯坦达绍古兹州"沙瓦特"渠道灌溉系统和乌兹别克斯坦花拉子模州"帕尔万－加扎瓦特"和卡拉卡尔帕克"库瓦内什贾尔马"灌溉系统上实施。必要的实施文件已经制定出来。2007 年,跨国水利协调委员会科学信息中心通过决定,请求亚洲开发银行审查该项目,并为该项目的实施提供资金支持。

由于水资源管理的某些缺失,阿姆河和锡尔河(简称两河)下游存在社会和生态紧张情况,这在水量极低(2000 年和 2001 年)时表现特别明显。

不仅在两河下游,而且在整个咸海流域,其社会经济和生态情况都很复杂。这是因为最近 5～10 年水资源不合理的管理所造成的后果。位于下游的绿洲,由于不良的生存条件,需要进行复杂而昂贵的土壤改良措施。缺水不仅造成地区内国家之间的矛盾和冲突,而且造成国家内部的矛盾和冲突。特别是在河流下游地区,既出现了人口荷载的不平衡,也出现了用水保障的不平衡。概括起来,两河下游主要存在以下问题。

#### 8.8.1.1 社会经济问题

阿姆河下游的乌兹别克斯坦花拉子模州和卡拉卡尔帕克斯坦共和国、土库曼斯坦的达绍古兹州和锡尔河下游的哈萨克斯坦克孜勒奥尔达州的总人口为484.56万人,其中在农村居住并以农业生产为主要收入来源的人口为295.02万人(占60%多)。用水效益和效率对地区居民的福祉具有特别重要的意义。地区的经济发展与用水保障的完整关系注定了一种特别的作用,即把水资源管理引领到遵守经济增长与保护生态系统相互联系的平衡上来。这种平衡在1970~1990年期间遭到了严重的破坏,造成了咸海危机。两河下游所表现出的主要社会经济问题是:

(1)复杂的自然气候条件;

(2)农业产出率急剧下降(与1990年相比下降50%);

(3)除花拉子模州外,土地资源较多而严重缺水;

(4)与河流上游区相比,灌溉水水质较差;

(5)在贫水条件下,水管理中忽视了公正和平等以及水源区与下游之间水的不平等分配更加强化了水资源短缺的严重性;

(6)与其他地区相比,人均国民生产总值水平低下,收入的不成比例首先反映在主要食品的需求上,例如,卡拉卡尔帕克斯坦不仅粮食不足,由于收入低下,居民购买力有限,除蔬菜、瓜果和粮食外,其食品消费不符合生理标准,且大多数居民处于蛋白质和维他命饥饿状态。

#### 8.8.1.2 生态问题

两河下游的生态情况取决于河流的自然水量。最近40年来,人类活动(取水、集排水、污水以及水库对径流的调节)对河流中下游的影响不断加强。

在1911~1960年间,两河的总径流量为1 170亿 $m^3$/年,其中阿姆河约800亿 $m^3$/年,锡尔河为370亿 $m^3$/年。实际流入咸海的水量是560亿 $m^3$/年,其中阿姆河为420亿 $m^3$/年,锡尔河为140亿 $m^3$/年。后来,随着大片灌溉土地的开垦,河流进入咸海的水量大幅度减少:1961~1970年间平均减少到300 $m^3$/年(占年均值的54%),1971~1980年间减少到167 $m^3$/年(占年均值的30%),

1981~1998年间减少到35~76 $m^3$/年(占年均值的6%~13%)。

在一些贫水年份阿姆河和锡尔河实际上没有水进入咸海。

按照剩余原则,咸海沿海地区现行水管理系统是在很低的管理水平下,实现到三角洲河口的所有供水、分水和排水,因此或者是三角洲完全干涸,或者突然有很大的来水,在最好的情况下也只能蓄积和利用16%~20%来水。作为低水平管理的后果,造成在阿姆河流域2000~2001年贫水年严重缺水,粮食减产;而锡尔河流域2003~2004年冬季洪水泛滥成灾。最近几年在两河下游和三角洲上,在过境水资源的管理上所表现出的矛盾特别尖锐。

由于2000~2001年是贫水年,咸海沿海地区实际上没有保持稳定的自然景观,逐渐退化的自然景观与河流水文情况的变化相适应。河水水质发生了很大的变化,高矿化度污水份量的增加导致河水矿化度大大增加和卫生状况恶化。缺乏关注以及缺乏考虑生态要求导致三角洲自然条件的荒漠化和退化。咸海沿海地区生态情况的变化与两河的径流调节和咸海的干涸有关,进入咸海的河水大幅度减少促使荒漠过程的发展,导致三角洲土壤天然潜力的损失,降低了生物产量和土壤肥力。

### 8.8.1.3 水利问题

近年来,跨国渠道共同管理的效果降低了,这一方面是下游非常缺水引起的(阿姆河整个流域水资源管理不合理),另一方面是管理损失和分开组织自行取水造成大量水损失引起的。

多年调节水库的运行工况在经济部门的用水保障和咸海沿海地区生态系统的支持中起着关键的作用。位于上游的这些水库在设计时是作为两河流域统一水利系统的灌溉发电工程使用的,中亚各国独立后这个系统的稳定性遭到了系统性破坏。因此,下游的天然景观发生退化。可用水资源预报和评估的可信度很低,缺少河流实际径流量和流域实时缺水量的完整信息,从而造成 2000 年植物生长期不可控制的情况,并加速了超限取水行动。

这些行为是地区内用水户用水保障不平等的主要原因,它导致了河流下游的灾难性后果。用水需求没有进行有效的监控,超限用水没有用经济杠杆限制,更没有追求法律责任。2000~2001 年缺水消极后果的分析表明,应该对天然和人为的水资源短缺给于基本的关注,由于没有监控取水,对可用水资源没有客观评估(包括损失计算),从而出现了对水库中径流调节无效管理和国家行动不一致的情况。例如,根据跨国水利协调委员会科学信息中心的计算,2000 年在阿姆河下游因缺水造成的总损失为 2.5 亿美元。在植物生长期,如果按比例分配整个河流的水资源,那么下游的用水保障率可以维持在 80%,产量的损失不大于 15%,这样因供水不足所造成的总损失总计不超过 5 000 万美元,也就是说,仅 2000 年阿姆河下游因管理不善多损失了 2 亿美元。

在锡尔河流域,自独立以来,因流域内各国在利用过境水方面的利益不一致,甚至发生利益冲突,实际上出现了过境水管理的所有问题:

(1)锡尔河流域上游国家(吉尔吉斯斯坦、塔吉克斯坦)对大型水电站的水力发电工况感兴趣,并要求自己的国家进一步发挥水力发电的潜力。

(2)锡尔河流域下游国家(哈萨克斯坦、乌兹别克斯坦)对稳定发挥灌溉基础设施的功能和防止冬季洪水灾害感兴趣。

在锡尔河流域利用水资源、水能资源和燃料资源方面所形成的复杂情况主要是由以下因素决定的:

(1)没有可信赖的水利情况的经济评估。在发电和灌溉的利益方面以及考虑到锡尔河下游和三角洲的生态方面,没有与流域水库系统运行有关的利润和损失平衡的整体综合评估。

(2)没有各方的利润和损失与年度水量关系的微分分析。

(3)从经济角度来看,没有大型水电站运行工况和超标准放水的最佳化分析。

在现代条件下,两河下游每一个国家都不能单独地解决上述问题,问题的解决在很大程度上可以交给水资源一体化管理。水资源一体化管理优先满足生态和饮用水供水需求,它能在所有各管理环节上减少非生产用水的损失,提高用水效率,同时建立稳定、平等和有根据的水分配。

### 8.8.2 两河下游过渡到水资源一体化管理的论证

2004年2月,在总结费尔干纳盆地水资源一体化管理示范试验项目成功经验的基础上,针对因水资源管理不善而造成的两河下游生态和社会经济问题,跨国水利协调委员会通过决议,将水资源一体化管理推广到两河下游,提出了"两河下游过渡到水资源一体化管理"项目,并邀请哈萨克斯坦、土库曼斯坦和乌兹别克斯坦水利和农业机构的专家们一起参加初步论证研究。初步论证的目的是提供实施支持及发展水资源一体化管理系统和在国家级及国际级建立水伙伴的详细计划。初步论证的主要内容是:

(1)评述和分析现状的发展趋势和查明需要解决的问题;

(2)分析发挥水资源一体化管理功能的政治、法规、组织保障;

(3)评述在两河下游实施水资源管理问题的国家和国际项目;

(4)规划两河下游应用水资源一体化管理的项目;

(5)拟订未来行动的计划。

初步论证认为,2000~2001年的缺水和2003~2004年的洪水所造成的冲突情况清楚地表明,缺水和水资源管理水平低下是最主要问题,消除两河下游存在的生态和社会经济问题需要时间,只有在水资源所有管理级别应用水资源一体化管理才能逐步解决所存在的问题。在过渡到水资源一体化管理的基础上,可以划分出一系列水资源利用的主要方向(饮用水供应、灌溉农业和生态用水)。初步论证认为,在两河下游需要解决以下与水有关的问题:

(1)提高供水系统的效率;

(2)在国际级和国家级满足生态对水资源的需求;

(3)消除按照国家、灌溉系统和渠道分水的不平等,提高供水保证率和稳定性;

(4)恢复农业生产。

这些问题应该根据每个用水户、灌溉系统和下游整体要求(节约用水、提高水土利用效率和改善水质)来综合解决,包括:

(1)理智地审查作物栽培和土地轮作的优先方向;

(2)客观和透彻地评估不同来水量的年度及周期可用水资源的现状与远景;

(3)明确用水标准;

(4)共同利用河川径流、回归水和地下水;

(5)消除水资源管理的技术缺陷;

(6)遵守国际级和国家级分水的原则,引入轮灌和降低管理损失。

### 8.8.3 两河下游过渡到水资源一体化管理项目的先行试验

在提出"两河下游过渡到水资源一体化管理"项目的初步论证不久,该项目就获得了美国国务院地区环境办公室的资金(5万美元)支持,跨国水利协调委员会科学信息中心与哈萨克斯坦、土库曼斯坦和乌兹别克斯坦一起共同实施了项目的先行试验,其主要目的是在两河下游选择试验渠道,进一步论证过渡到水资源一体化管理的基本原则。在试验报告中分析了以下问题:

（1）对所形成的局面进行了评估,相对于其他地区,两河下游的特点是自然条件复杂、人均国民生产总值低下、灌溉水和饮用水的严重短缺、水质和灌溉土地质量低劣、相互关联和相互制约的生态、经济、社会和跨界问题;

（2）查明了水和其他自然资源的管理系统的缺陷及用水状况,通过应用水资源一体化管理原则解决这些问题的可能性和途径;

（3）在国际级和国家级应用水资源一体化管理的政治、法规、制度和社会经济的前提条件及其改善措施;

（4）考虑到在两河下游和在费尔干纳盆地应用水资源一体化管理的现有经验,在试验渠道上实时修订水资源一体化管理原则的方式;

（5）确定了应用水资源一体化管理原则的阶段及工程的概算造价;

（6）在三国先行应用水资源一体化管理的试验渠道的选择。

按照优先等级的标准来选择试验渠道,其中地方权力机构、用水户本身和农场主对实行水利部门改革的决心被认为是关键因素,试验渠道的典型性也是标准之一。结果在中亚三国(土库曼斯坦、乌兹别克斯坦、哈萨克斯坦)的四个州中选择了不同水管理等级的试验项目《大型灌溉系统 用水户联合体——农场》(见表8-13)。报告的执行者还分别对两河流域修改了水资源一体化管理的跨界问题,从而可以包括地区内的所有水管理等级——从跨国级到农场主级。

表 8-13　所选定的试验渠道的特性

| 州名 | 试验渠道名称 | 试验面积（hm²） | 用水保证率（%） | |
|------|------------|----------------|----------|----------|
| | | | 2000 年 | 2001 年 |
| 阿姆河下游 | | | | |
| 花拉子模州 | 帕尔万　加扎瓦特灌渠 | 61 700 | 76.8 | 55.0 |
| 达绍古兹州 | 沙瓦特灌渠 | 98 000 | 34.0 | 42.0 |
| 卡拉卡尔帕克 | 库瓦内什贾尔马灌渠 | 40 370 | 25.1 | 33.1 |
| 锡尔河下游 | | | | |
| 克孜勒奥尔达州 | 卡扎林斯克灌渠 | 11 300 | 82.0 | 87.0 |

## 8.8.4　两河下游过渡到水资源一体化管理的设计建议

在进行了先行试验之后,跨国水利协调委员会提出了"两河下游过渡到水资源一体化管理项目的设计建议书"。在建议书中除指出两河下游存在的人口出生率下降和迁徙过程的加强、国民生产总值(包括人均值)下降、主要农产品产量下降、缺水分布不均、河水水质下降、土地盐碱化增大和灌溉面积减少等问题外,对该项目提出了一系列设计建议,并且针对阿姆河三角洲的现状,提出了改善现状的工程措施(见表8-14)。

表 8-14　改善阿姆河三角洲社会经济和生态情况的措施

| 建筑物名称 | 水面标高（m） | 堤顶标高（m） | 水面面积（km²） | 容量（万 m³） | 堤坝长度（km） |
|---|---|---|---|---|---|
| 阿吉拜－1 | 46.0 | 47.5 | 281.3 | 25 860 | 18.0 |
| 阿吉拜－2 | 45.0 | 46.5 | 174.4 | 39 040 | 39.2 |
| 吉尔特尔巴斯－1 | 45.0 | 46.5 | 624.2 | 89 480 | 54 |
| 穆伊纳克水库 | 52.5 | 54.0 | 97.4 | 16 220 | 19.3 |
| 雷巴奇耶水库 | 52.5 | 54.0 | 62.4 | 13 420 | 8.0 |
| 梅日杜列琴斯基水库 | 57.0 | 59.0 | 267.4 | 42 120 | 53.33 |
| 吉尔特尔巴斯 | 52.0 | 53.5 | 353.0 | 37 240 | 39 |
| 合计 | | | 1 860.1 | 263 380 | 230.83 |

建议书认为：

（1）在两河下游应用水资源一体化管理需要签订"国际级水管理"补充文件；

（2）在下游应用水资源一体化管理时应该考虑三角洲土地的自然和经济特点；

（3）在国家和地区级成功应用水资源一体化管理的必要条件是吸引水托管人进入各级水管理系统。

最重要的是，寻求对各方都能接受的国家和地区利益平衡，在自愿和建设性地解决冲突的情况下可以：

（1）确定局部（国家的）和共同（地区的）战略发展目标；

（2）查明阻碍达到这些目标的关键问题；

（3）确认和协商争论事实；

（4）实现各方相互能接受的行动检查。

## 8.8.5　两河下游过渡到水资源一体化管理的项目设计

在跨国水利协调委员会所提出的建议书的基础上进行了项目设计。其主要内容如下。

### 8.8.5.1　过渡到水资源一体化管理的主要活动

为了在指定的试验项目范围内合理地解决不同水管理等级的上述问题，计划进行以下活动：

（1）在水文地理边界范围内，切实保证水利单位有与水资源一体化管理原则相应的管辖权，可以采取及时的管水决定和供水服务，区域行政机构不得干涉；

（2）考虑到用水动态和水资源多部门的应用，根据水文气象信息的实时分析，在水文地理单元范围内考虑所有用水类型的一体化管理，保证这些信息以便于实际利用的格式交给所有用水户；

（3）考虑到农业生产、市政和农村供水、工业和自然用水以及其他用水部门的需求，制定用水和需水的战略规划；

（4）管水决定的实际分散，把管理功能交给尽可能低的管水等级（用水户协会及其

联盟、渠道委员会);

（5）由国家直接管理供水逐渐过渡到调整水利部门以及它与其他经济部门的相互关系；

（6）逐渐过渡到管理用水户协会以及水利机构的活动，在国家相关的法律基础范围内由选举委员会赋予相应的授权执行水政策，确定本水利系统的规则和程序；

（7）通过在实践中应用提高水土效率的措施，保证达到农场主完全能够支付用水户协会范围内灌溉和排水系统运行和维护以及小修和完善的费用的条件；

（8）有目的地形成相关的法律，以便保证实施过境水资源的政府间协定；

（9）切实保证渠道委员会、用水户协会及其联盟参与流域水利机构制定水政策和过境水资源的管理规定。

无条件地在下游试验区切实实行水资源一体化管理的主要原则，对于水利三级管理（农场主、用水户协会、灌溉系统管理处)，他们与水资源过境管理观念的结合是两河下游和三角洲计划工程的最重要方向。这种方式除给专家和社会公众实际的帮助外，还给以后扩大水资源一体化管理的应用规模打下基础。考虑到两河水资源管理的特点，规定了以下重点：

对于阿姆河流域：

（1）考虑河流放水工况，并且把河流放水与系统内水库蓄水和用水情况相结合；

（2）有可能增加阿富汗境内从河流的取水；

（3）考虑饮用水供水的三角洲渠道运行工况；

（4）考虑咸海沿岸地区水域的充水和运行工况。

对于锡尔河流域：

（1）纳伦河梯级水电站的运行与中下游用水需求的相结合——"发电与灌溉"；

（2）纳伦河水能观测的发展前景；

（3）沙尔达拉水库以下锡尔河下游冰冻情况的特点；

（4）考虑艾达尔库尔水域充水情况及其可能性；

（5）考虑咸海的小海和北部沿岸地区的情况和要求。

在水资源一体化管理原则的基础上，跨境管理所有这些因素的研究可以找到依据并给政府提出建立下游稳定供水的配套措施。

### 8.8.5.2　项目中所规定的水伙伴管理等级

（1）地区组织负责过境水流的管理；

（2）国家组织负责渠道灌溉系统的管理；

（3）用水户协会/联合会负责农场主/承租段的管理。

### 8.8.5.3　过渡到水资源一体化管理试验的主要阶段

试验计划分为三个阶段，第一阶段的主要任务是：

（1）现状的监测和评估；

（2）在试验渠道上补充安装水量计量和水工技术设备；

（3）研制包括提高用水效益等针对性建议；

（4）建立项目信息库；

（5）研制新的和修正以前研制的数学模型。

第二阶段的主要任务是：

（1）创造能平稳过渡到水资源一体化管理的氛围；

（2）模型和建议的实用性及其使用的培训；

（3）水资源一体化管理系统的工作人员和相关参与者业务技能的培训和提高；

（4）在两年时间内规范性建议的实时修订。

第三阶段的主要任务是：

（1）根据试验应用的结果，修正法律、组织、技术、经济文件和模型，扩大水资源一体化管理在两河下游和三角洲的应用范围；

（2）分析和评估试验应用的结果和提出推广所取得结果应用的建议。

### 8.8.5.4  过渡到水资源一体化管理试验的预期结果

（1）在水资源一体化管理原则的基础上，通过发展和完善两河流域水利联合公司的活动，在分配两河的径流时加强国际合作。

（2）建立流域水利联合公司的公共董事会（委员会），吸引各国、州及水力发电综合体、水文气象局、大型干渠管理局，三角洲综合体等主要用水户的代表参加。

（3）在每个流域水利联合公司内建立专门从事河水计量和水质管理的分支机构，研制改善天然水流状况的必要措施和综合利用地表水、地下水和回归水的建议。

（4）地区内各国应商定河流跨境径流管理的主要文件。

（5）两河流域委员会（董事会）及其参加规划和管理的条例。

（6）自然综合体和两河三角洲的生态对水资源需要量的计算值。

（7）不同来水量的年份河流拥有水资源的确定。

（8）考虑水情特点的不同来水量年份水资源调节和分配的规程。

（9）在极限年份（贫水年和丰水年）流域水利联合公司的工作规程。

（10）水库系统的工作程序，放水和充水制度。

（11）国家河流径流管理和调节段之间财政上的相互关系程序。

（12）国家和一些大型用水户对遵守工况条件的责任条例。

两河流域水资源管理综合模型。考虑到两河和规划区（在年度和远景剖面图上取水、回归水的形成、用水效率）的相互作用，这种综合模型是以下各项的基础：

（1）流域水利联合公司、国家、用水部门研制自己行动方案和评估其对下游区域和邻近国家的影响；

（2）确定管理决定的可能后果和通过决定时达成协议的途径；

（3）大大改进两河径流的统计和预报系统，以便提高预报的质量和可操作性和保证国家水文气象管理局、水利机构、流域水利联合公司及其委员会之间的信息交换。

### 8.8.5.5  实际实施水资源一体化管理原则

在所选定的试验灌溉系统、用水户协会和农场中要达到：

（1）考虑自然综合体的需要保证用水稳定性；

（2）在所有等级的水利机构水资源公平和平等分配；

（3）向所有类型的用水户平等而公平地供水；

（4）大大减少非生产用水的损失；

（5）有效地组建水资源管理机构；

（6）应用水资源民主管理原则，通过吸引所有部门和感兴趣各方，首先是直接用水户的代表参与用水管理；

（7）解决部分与用水保障首先是饮用水有关的社会问题，提高水土资源的利用效率。

跨国水利协调委员会所完成的项目设计可以把中亚所有国家吸引到试验渠道上水资源一体化管理原则的修改过程中。在两河下游试验渠道上水资源一体化管理原则的审定可以形成在州、国家和地区范围内后续应用水资源一体化管理的前提条件。

## 8.8.6 两河下游过渡到水资源一体化管理项目的预算费用

该项目的预算费用主要有以下用途：①用于农场和示范田的费用 29.87 万美元；②用于用水户协会/联合会/合作社的费用 41.82 万美元；③用于灌溉系统和渠道管理的费用 47.8 万美元；④用于阿姆河流域过境水资源管理的费用 23.5 万美元；⑤用于锡尔河流域过境水资源管理的费用 25.0 万美元，合计 176.28 万美元，再加上包括国际技术顾问的费用，该项目总的计划预算费用为 352.55 万美元。

跨国水利协调委员会科学信息中心寻找实现这个项目的投资人。项目投资人既可以进行整体投资，也可以为以下单项投资（包括跨界流域级、大型灌溉系统级、用水户协会级以及农场主级）。每一个单项都是根据水文地理（流域）原则进行水资源管理。

2007 年 4 月 25 日，跨国水利协调委员会在阿拉木图召开了第 47 次例会，会上通过了决定请亚洲开发银行审查已准备好的"两河下游过渡到水资源一体化管理"的试验项目并接受为其提供资金的建议。但是作者至今没有找到亚洲开发银行答复的相关资料。

### 参 考 文 献

[1] 中亚地区水资源问题. 中国水资源网, 2005-12-16.

[2] 瓦丁姆·索科洛夫. 万五一, 译, 孙磊, 校. 咸海流域地区土地与水资源管理战略阐述与分析. http://www.hwcc.com.cn/2005-09-07.

[3] Местное действие 1: Тестирование практических путей реализации принципов ИУВР в Центральной Азии на примере пилотных проектов. http://www.cawater-info.net/4wwf/action1.htm.

[4] IWMI, НИЦ МКВК. Проект 《Интегрированное управление водными ресурсами в Ферганской долине (ИУВР-Фергана)》. http://iwrm.icwc-aral.uz/index/news-ru.htm.

[5] Внедрение принципов интегрированного управления водными ресурсами——Техническая записка Проект ИУВР-Фергана. Http://www.cawater-info.net/library/rus/iwrm/policy-brief-1.pdf.

[6] В. А. Духовный, Д. Р. Зиганшина, А. Г. сорокин. Управление водными ресурсами в центральной азии: от киото к мексике. http://www.cawater-info.net/library/rus/dukhovny_ziganshina_sorokin.pdf.

[7] В. А. Духовный Интегрированное управление водными ресурсами (ИУВР)——инструменты и практика внедрения в Центральной Азии. http://www.cawater-info.net/library/iwrm.htm.

[8] МКВК, SDC, IWMI, НИЦ МКВК. Проект 《Интегрированное управление водными ресурсами в Ферганской долине (ИУВР-Фергана)》, Руководство поиспользованию концепции интегрированного управления водными ресурсами для пилотных каналов. Ташкент - февраль

2005 г. http：// www. cawater-info. net/ library/iwrm. htm.

［9］ МКВК, SDC, IWMI, НИЦ МКВК. Проект 《Интегрированное управление водными ресурсами в Ферганской долине （ИУВР-Фергана）》, Руководство по использованию концепции интегрированного управления водными ресурсами на уровне ассоциаций водопользователей. Ташкент - февраль 2005 г. . http：// www. caжater-info. net/ library/iwrm. htm.

［10］ МКВК, SDC, IWMI, НИЦ МКВК. Проект 《Интегрированное управление водными ресурсами в Ферганской долине （ИУВР-Фергана）》, предлагаемая основа для перехода кинтегрированному управлению водными ресурсами в ферганской долине при активном участии водо- полвзоателей Ташкент - 2004 . http：// www. cawater-info. net/ library/iwrm. htm.

［11］ МКВК, SDC, IWMI, НИЦ МКВК. Проект 《Интегрированное управление водными ресурсами в Ферганской долине （ИУВР-Фергана）》, Руковдство по организационному совершенствованию управления водораспредением на основе оБщественного участия и гидрографического принципана уровне пилотных каналов Ташкент - февраль 2005 г. http：// www. cawater-info. net/ library/iwrm. htm.

［12］ Тучин А. И. Показатели и критерии эффективности управления водораспределением в ИУВР-Фергана. http：// www. cawater-info. net/ library/iwrm. htm.

［13］ А. Ш. Джайлообаев. Перспектива развития ИУВР в Кыргызской Республике. http：// www. icwc-aral. uz/15years/pdf/.

［14］ У. Сапаров. прыблемы и перспективы иувр в туркеменистане. http：// www. icwc-aral. uz/ 15years/pdf/saparov_ru. pdf.

［15］ 《Дорожная Карта》 деятелъности по пеоеходу к интегрированному управлению водными ресурсами （иувр） и оБоснования позиций краткосрочного периода деетелъности в республике таджикистан. http：// www. cawater-info. net/ucc-water/pdf/taj-road-map-ru. pdf.

［16］ 杨立信. 水利工程与生态环境(1)——咸海流域实例分析[M]. 郑州:黄河水利出版社,2004.

［17］ Распространение опыта проекта Интегрированное Управление Водными Ресурсами （ИУВР）. http：// www. swiss-cooperation. admin. ch/centralasia/ru/Home/Activities_in_Tajikisan/WATER_MAN-AGEMENT/ Integrated_Water_Resource_Management_in_Fergana_valle.

［18］ Водный Кодекс Республики Казахстан. http：//base. zakon. kz/doc/lawyer/? doc_id = 1042116.

［19］ программа интегрированно управления водными ресурсми и повышения эффективности водопользования Республики Казахстан до 2025 года. http：// www. voda. kz/new/doc_plane. php.

［20］ программа 《 интегрированного управления водными ресурами и повышения эффективности водополъзования республики казахстан дло 2025 года》. http：// www. minagri. kz/docs/ 2022/ programm_iuvr. doc.

［21］ А. К. Кеншимов. Управление водными ресурсами в Казахстане：Перспективы применения Плана ИУВР и реализация положений Водного кодекса на национальном и бассейновом уровнях. http：// www. icwc--aral. uz/15years/pdf/kenshimov_ru. pdf.

［22］ Александра АЛЕХОВА. Мокрые страсти-2. /http：// www. liter. kz/print. php? lan = russian&id = 151&pub =8208/13. 09. 2007.

［23］ 《Дорожнаякарта》деятедъности по переходу к интегрированному управлению водными ресурсрсами （иувр） и оБоснования позиций краткосрочного периода деятелъности в республике таджикистан. http：// www. cawater-info. net/ucc-water/pdf/taj_road_map_ru. pdf.

［24］ 《 Дорожнаякарта 》 деятелъности по переходу к интегрированному управлению водными ресурсами （ иувр ） и обоснования позисий краткосрочногопериода деятелъноцти в кыргызскойреспублике. http：// www. cawater-info. net/ucc-water/pdf/kyr_road_map_ru. pdf.

［25］《Дорожнаякарта》Деятелъности по переходу к интегрированному управлению водными ресурсами （ иувр ） и обоснования позицийкраткосрочногопериода деятелъности в республике узбекистан http：// www. cawater-info. net/ucc-water/pdf/uzb_road_map_ru. pdf.

［26］ Совместный регионалъный семинар ГВП ЦАК И UCC-WATER 《Ускорение осуществления целейинтегрированного управления во дными р есурсами в централъной азии》. http：// sic. ic-wc-aral. uz/releases/rus/123. htm.

［27］ Поддержка Программой ООН по окружающей среде （ UNEP ） стран Центральной Азии для достижения целей ИУВР 2005. 《Ускорение процесса》. http：// www. gwpcacena. net/ru/pdf/newsletter _15_august_ru. pdf.

［28］ 杨立信. 费尔干纳盆地水资源一体化管理示范试验［J］. 水利水电快报,2008(10)16-19.

［29］ 杨立信. 费尔干纳盆地水资源一体化管理示范试验阶段结果［J］. 水利水电快报,2009(3):6-9.

［30］ IWMI , НИЦ МКВК. Проект 《Интегрированное управление водными ресурсами в Ферганской долине(ИУВР-Фергана)》 http：// iwrm. icwc-aral. uz/index/news-ru. htm.

［31］ В. А. Духовный Интегрированное управление водными ресурсами （ИУВР）——инструменты и практика внедрения в Центральной Азии. . http：// www. сажater-info. net/ library/ iwrm. htm.

［32］ МКВК, SDC, IWMI, НИЦ МКВК. Проект 《Интегрированное управление водными ресурсами в Ферганской долине （ ИУВР-Фергана ）》, Руководтвопо исползованию к онцепции интегрированного управления водными ресурсама для пилотных каналов Ташкент - февраль 2005 г. http：// www. cawater-info. net/ library/iwrm. htm.

［33］ МКВК, SDC, IWMI, НИЦ МКВК. Проект 《Интегрированное управление водными ресурсами в Ферганской долине （ ИУВР-Фергана ）》, Руководствопоисползованию к онцеуции интегрированного управления водными ресурсами на уровне ассоциаций водопользователей. Ташкент - февраль 2005 г. . http：// www. cawater-info. net/ library/iwrm. htm.

［34］ МКВК, SDC, IWMI, НИЦ МКВК. Проект 《Интегрированное управление водными ресурсами в Ферганской долине(ИУВР-Фергана)》,Предлагаемая основа для перехода к интегрированному управлению водными ресурсами вферганской долине при активном участииводополъзователей Ташкент - 2004 . http：// www. cawater-info. net/ library/iwrm. htm.

［35］ МКВК, SDC, IWMI, НИЦ МКВК. Проект 《Интегрированное управление водными ресурсами в Ферганской долине(ИУВР-Фергана)》 Руководство по орга низационному совершенстованвю управления водораспредялением на основе общественного участиягидрогоафического принципа на уровне пилотных калов Ташкент - февраль 2005 г. http：// www. cawater-info. net/ library/iwrm. htm.

［36］ Тучин А. И. Показатели и критерии эффективности управления водораспределением в Ферганской долине --ИУВР-Фергана. . http：// www. cawater-info. net/ library/iwrm. htm.

［37］ ПРЕСС-РЕЛИЗ, ИТОГИ ГОДА 《Интегрированное управление водными ресурсами в Ферганской долине --ИУВР-Фергана》. http：// www. iwmi. cgiar. org/centralasia/html/files/PressRelease. pdf / 6 марта, 2007 г.

［38］ МКВК, SDC, IWMI, НИЦ МКВК. Проект 《Интегрированное управление водными ресурсами в Ферганской долине （ ИУВР-Фергана ）》 Оценка и анализ продуктивности исползования оросителъной водыи земли. /Ташкент - февраль 2005г.

[39] Основные резулътаты по деятельности 《Пилотные Каналы》 за 2002-2007гг. http：// iwrm. icwc-aral. uz/ pdf/ progress_reports/ pk2007_ru. pdf.

[40] Основные резулвтаы по деятельности 《Ассоциации водопользователей》 проекта 《ИУВР - Фергана》 за период 2002 - 2007 г. г. http：// iwrm. icwc-aral. uz/ pdf/ progress_reports/ avp2007_ru. pdf.

[41] Основные резулътаы по деятельности 《Распространение усовершенствованныхтехнологий по повышению продуктивности воды》 http：// iwrm. icwc-aral. uz/ pdf/ progress_reports/ vut2007_ru. pdf.

[42] Основные резулвтаты по Компоненту 《ТМР》 проекта 《ИУВР-Фергана》. http：// iwrm. icwc-aral. uz/ pdf/ progress_reports/ tsr2007_ru. pdf.

[43] Семинар по компонету 《трансграничные малые реки》 проекта иувр-Фергана, No. 15 （139） июнь 2007 г. http：// sic. icwc-aral. uz/ releases/ rus/ 139. htm.

[44] Семинар 《пели и задачи националъной группы координации и поддержки （нгкп） кыргызской республики в Ⅲ Фазе проекта《иувр-Фергана》. http：// sic. icwc-aral. uz/ releases/ rus/ 106. htm.

[45] Достигнутые результаты фазы Ⅱ. http：// iwrm. icwc-aral. uz/ results_2_ru. htm.

[46] Важные достижения проекта по интегрированному управлению водными ресурсами в Ферганской Долине （ИУВР-Фергана） за период с 1 мая по декабрь 2008года. http：// iwrm. icwc-aral. uz/ results_ 4_ru. htm.

[47] Хорст М. Г. О переходе к интегрированному управлению водными ресурсами в низовъях и делътахрек амударви и сырдарьи. http：// www. cawater-info. net/4wwf/ pdf/ khorst1. pdf.

[48] В. А. Духовный. Проектные предложения мквк по переходу к иувр в низовъях рек амударъи и сырдаръи. http：// www. cawater-info. net/ ucc-water/ pdf/ presentation_tashkent_final_vad2_ru. pdf.

[49] Ю. Х. Основные результаты реализации проекта 《Переход к ИУВР в низовьях рек Амударья и Сырдарья》. http：// cawater-info. net/ library/ rus/ abstract/ rysbekov2. pdf.

[50] 47-е очередное заседание МКВК. http：// www. icwc-aral. uz/15years/ icwc_47_ru. htm.

[51] Проект 《Переход на интегрированное управление водными ресурсами в низовьях рек Сырдарья и Амударья》. http：// www. cawater-info. net/ bd/ gosdep. htm.

# 9 水资源一体化管理在世界各国的应用实践

## 9.1 水资源管理面临的挑战

200 多年前,随着世界第一台蒸汽机在英国诞生,轰轰烈烈的工业革命由此开始。工业文明使得科学技术取得了突飞猛进的发展,从而带动了工农业经济的迅速发展。水是经济不可或缺的资源,各行各业都要用水。经济的迅速发展必然带动河流水资源的开发利用。河流水资源是水资源的主要组成部分,是可再生资源中应用最广泛和最便利、技术最成熟、利用效率最高、经济效益最好的一种资源。世界各国对河流水资源的开发利用极为重视,尤其是发达国家更是利用优越的自然条件,大力兴建水利工程。例如,密西西比河是整个北美洲第一长河,支流众多,水量丰沛,洪涝灾害比较严重,美国投入了巨大的力量整治这一水系,修建了大规模的水利工程。多目标开发而且大多数都是综合利用工程。现如今密西西比河流域集航运、防洪、灌溉、发电等多方位、多功能于一体,充分利用其水资源为经济建设服务,其主要用途是:①航运:通过 100 多年的整治,目前在干、支流上修建的 157 座船闸和 16 处航道裁弯取直工程,构成了美国南北航运的大动脉。干支流通航总里程为 2.59 万 km,其中水深在 2.7 m 以上的航道长 9 700 km,并开发了多条运河与五大湖及其他水系相连,构成了一张沟通湖海的干支流航道网。②防洪:现有干流堤防 3 540 km(包括城市防洪墙在内),支流堤防 4 000 余 km,保护耕地 606.7 万 hm²。干支流已建成大中型水库约 150 座,总库容约 2 257.1 亿 m³,占其多年平均径流量 5 800 亿 m³ 的 38.9%,水电装机总容量 755.34 万 kW。密西西比河流域的航道整治、船闸建设、防洪工程、水力资源开发、大型水库建设等已基本完成,现在只剩下密苏里河支流的一些中小型水库以及俄亥俄河的船闸尚待改建。再比如,多瑙河干支流水量丰沛,水能资源丰富,计划共建 45 个座梯级水利枢纽。至今,已建和在建共 38 座,除德国境内上游 18 级是单纯发电工程外,多瑙河干流上其余 27 级都是多目标的综合利用工程,其主要用途是:①发电:总装机容量 502.3 万 kW,年发电量 983.8 亿 kWh,水能开发利用率为 65%。②航运:多瑙河的干流是自由通航的国际航道,规定都要建双线船闸;德国、奥地利境内上中游 20 级船闸;每线闸室宽 24 m,长 230 m,槛上水深 2.7 m,可容纳 11 m×80 m 的驳船 4 艘和推轮 1 艘,一次过闸能力 5 000 t。③供水:2000 年总用水量 580 亿 m³,其中灌溉用水为 345 亿 m³;④防洪:沿多瑙河、蒂萨河及其支流两岸,除 202 km 长的高岸段和 36 km 长的防洪墙段外,还修建了 3 907 km 长的防洪堤,相当于每公里建有堤防 165 m。多瑙河的防洪标准为:一般地区按 60~80 年一遇洪水设计;城市和工厂为 120~150 年一遇,特别重点保护地区为 1 000 年一遇。南斯拉夫在多瑙河干支流上有堤防 3 939 km,保护面积为 153 万 km²。以上两例充分代表了发达国家水利工程建设的发展水平,也说明了发达国家水资源开发利用处于最后完善阶段。与发达国家相比,发展中国家尚处于水资源大规模开发利用阶段,而欠发达国家尚处在寻求资金开发利用水资源的初始阶段。

综上所述,100多年来,随着科学技术的发展,世界各国对河流水资源的开发和利用投入了大量的资金,使水利工程取得了巨大的成就。特别是欧美等发达国家,基本上完成了技术上可行、经济上有利可图的项目的开发。据不完全统计,全世界共兴建了坝高超过15 m,或者库容超过300万 $m^3$ 的大坝约5万座(亦有说是5.1万多座),水库总库容为65 291.4亿 $m^3$,占世界河流多年平均径流量427 860亿 $m^3$ 的15.3%;另有10万多座超过10万 $m^3$ 库容的小坝,几百万座小于10万 $m^3$ 库容的坝。另外,兴建调水工程345座,调水量为5 971.7亿 $m^3$/年。从水能资源的开发程度来看,2008年全世界水电发电量为30 450亿 kWh,占所有发电量总和的17%;水电总装机容量为8.48亿 kW,占经济可开发量87 280亿 kWh 的39.5%。目前,全球有55个国家50%以上的电力由水电供应,其中24个国家的水电比重超过90%,大多数发达国家水电开发水平都在70%以上,其中挪威为99%,巴西达到96%,意大利、瑞士、瑞典、法国等国家超过90%,日本约为84%,美国为82%,英国为80%,德国约为73%。而发展中国家水平多在30%以下,欠发达国家的水电开发水平就更低了。从各大洲来看,欧洲为72%,中北美洲为70%,南美洲为35%,亚洲为23%,而非洲水电总和开发量还不到经济可开发量的8%。由此可见,各大洲的开发水平很不平衡,差距相当大。

工业文明使得科学技术取得了突飞猛进的发展,生产力得到了极大的提高,给人类创造了无与伦比的巨大物质财富。然而,事物都有两面性,发达的工业文明在带来财富的同时,也带来了巨大的负作用——资源耗竭和水体污染。

从世界水资源的开发利用角度来看,世界水资源的时空分布原本就极不均匀,加上水质恶化极为普遍,气候变化对水资源有不良影响,以及世界人口剧增导致人均水资源量大幅度下降和用水量成倍增长,世界上越来越多的国家在水资源可持续利用上面临着前所未有的挑战,具体如下:

(1)水资源分布不均。全球10个丰水国(巴西、俄罗斯、加拿大、印度尼西亚、美国、中国大陆、哥伦比亚、秘鲁、印度、扎伊尔)的水资源总量为269 380亿 $m^3$/年,占世界水资源总量的61.55%,人均水资源量为7 957.6 $m^3$/年;而10个贫水国(科威特、阿联酋、卡塔尔、沙特阿拉伯、马尔代夫、利比亚、以色列、马耳他、约旦、巴林)的水资源总量为52.2亿 $m^3$/年,占世界水资源总量的0.012 2%,人均水资源量为100.58 $m^3$/年。水资源的分布不均给水资源管理带来巨大的挑战。

(2)40多个国家超过20亿人受到水紧缺的影响。2002年因缺水全球有26亿人无法享用基本卫生设施;发展中国家有一半人口受到污染水源的威胁,这导致发病率增加;预计到2025年,水危机将蔓延到48个国家,35亿人为水所困。每年因不安全的饮用水和基本卫生条件的缺乏造成160万5岁以下儿童的死亡,2002年,全球约有310万人死于腹泻和疟疾。

(3)每天有200万 t 的人类垃圾被排放到河道内。大量的工业废料和含有多种化学毒素的废弃水伴随着人类生活垃圾源源不断地倾倒在江河湖泊海洋乃至渗入地下。有人估算全球受到污染的淡水总量可能达到 $1.2 \times 10^5$ 亿 $m^3$,这相当于全球河川径流总量的

28%以上。排水的污染负荷逐渐超出环境的自净能力,从而使环境容量失去平衡。水污染使得原本可以饮用、利用的淡水大范围地不能饮用和利用。

(4)工业化和城镇化使用水量大幅度增加。工业化使人口迅速向城市集中,城镇化是一个重要的社会发展趋势。据联合国人口委员会的统计,到2006年,全球有一半人口居住在城镇。到2015年,全世界将有26个城市跃入特大城市行列。2030年,城镇人口比例将增加到占全球总人口的近2/3。统计资料显示,城市人均用水量比农村人均用水量增加一倍,从而造成城市用水需求大幅度增加。

(5)20世纪90年代,90%的自然灾害与水有关。在所有自然灾害导致死亡的人数中,洪灾占15%,干旱占42%。有记录的自然灾害的损失从1990年的300亿美元增加到1999年的700亿美元。据估计,实际损失是这些有记录数量的2倍或更多。这些数据表明自然灾害正日趋增加,而且对欠发达国家产生更为严重的影响,约97%的自然灾害死亡人数来自发展中国家和欠发达国家。1996年以来,洪水与干旱发生的次数增加了一倍。

(6)水资源短缺造成的压力越来越大。在过去50年中,由水引发的冲突共507起,其中37起是跨国境的暴力纷争,21起演变为军事冲突。因水资源而引发争端的趋势已在中东、非洲、亚洲的部分地区不断出现。

(7)用水量的增长速度是人口增长速度的2倍。据联合国统计,从1900年到1995年的95年时间,全球人口从16亿人增至52亿人,增加325%,而用水量1900年全世界还不到6 500亿 $m^3$,1995年全球总用水量为39 060亿 $m^3$,增加到6倍多,用水增长速度是人口增长速度的2倍。

(8)缺水和水污染对生态系统影响巨大。长期以来,在干旱、半干旱地区的水资源开发没有考虑生态环境保护和改善的用水问题,致使这些地区的生态环境出现了令人不安的恶化,表现为地表植被退化甚至死亡、河流断流、湖泊萎缩、下游河床淤积、河口生态恶化、土地次生盐渍化等生态环境问题。

(9)气候变异和气候变化导致洪水和干旱的频率和强度增加。全球平均海平面每年上升1~2 mm;非极地冰川大范围缩小,雪盖面积下降,永久性冻土退化;厄尔尼诺事件更加频繁和强烈;动植物的生长范围向高海拔移动,它们的生长周期和习性也随之变化。

(10)水土流失损失巨大。据联合国环境规划署报告,目前全球已有110多个国家、40%以上的陆地表面、10亿以上的人口受到荒漠化的影响。其中3/4的土壤退化发生在发展中国家和欠发达国家。全球每年有数百亿吨的表土流失,土地荒漠化每年给全球造成约420亿美元的经济损失。水土流失导致陆地处于干旱、半干旱状态,森林在缩减,沙漠在扩展,土壤退化在扩大。在北非、中东、南亚、东亚和拉美的部分地区,土壤风蚀尤为严重。

另外,据联合国2006年公布的《世界水发展报告》报道,由于大量引用河川径流,全球各地的大河正在以令人不安的速度干涸。专家警告,如果情况继续恶化下去,将会给人类和整个生态系统以及地球的未来带来灾难性的后果。在全球500条最大的河流当中,已有超过一半的河流干涸问题很严重,甚至有一些大河已经退化成涓涓细流。据报道,尼罗河、亚马孙河、印度河等这些全球性的大水系由于承受的压力太大,它们的入海水量已经大幅度减少,这将给地球带来灾难性的后果。统计显示,美国的科罗拉多河、中东的约旦河、中亚的阿姆河和锡尔河、美国与墨西哥之间的格兰德河也出现了严重的断流。这份具有影响力的联合国报告向世界各国发出警告——全球的河流、湖泊和其他淡水系统正在面临"令人担忧的退化"。联合国环境项目主管克劳斯·托朴弗表示,目前全球的河流正在"面临灾难"。

综上所述,目前,世界水资源开发利用面临着水资源分布不均、洪涝灾害、干旱缺水、水质恶化及水土流失等五大基本问题,由这些问题衍生的生态问题、民众健康问题、粮食安全问题、社会经济发展问题、水事纠纷问题、应对气候变化问题、水资源管理问题等给水资源管理部门带来巨大的挑战,水管部门必须解决以下问题:

(1)人们如何能获得安全的饮用水和清洁卫生?

(2)如何解决各种用水户之间的竞争而不破坏经济增长目标?

(3)如何保证对生态环境系统的保护?

(4)如何防止水旱灾害的发生和发展?

(5)如何化解水事纠纷和矛盾?

(6)如何应对气候变化带来的不利影响?

这些问题不解决,就很难实现社会经济可持续发展的总目标。这些问题给我们带来了一个巨大的疑问,那就是"世界水资源怎么啦?按说人均 6 108 $m^3$ 的水(世界水资源总量 427 570 亿 $m^3$/70 亿人口)是足够人类使用的,那究竟在什么地方出了问题?"通过长久而深入的思考和讨论,我们认识到是管理问题,是在水资源管理上出了问题。我们的想法得到了专家们的认证。荣获 2006 年斯德哥尔摩水奖的第三世界水资源管理中心主任阿西特·比斯瓦斯教授说:让我对传统观念提出不同意见,这个世界并没有面临水危机,我们拥有足够我们做任何事情所需的水资源,(但是)我们对水资源的管理存在极大失误。专家们还说,水资源问题与利用有关,造成缺水问题"98% 是人为原因,2% 是自然原因",世界不缺水,缺的是对水资源的有效管理。

水资源管理具有很大的复杂性和不确定性,水资源管理者必须处理竞争性的用水需求。管理系统的脆弱将严重妨碍社会经济的可持续发展,严重妨碍社会经济的用水需求与生态环境用水需求之间的平衡,从而产生各种各样的与水资源有关的问题和水资源危机。因此,可以说水资源危机本质上是管理危机。也就是说,传统的水资源管理的管理理念、管理体制和管理方式都存在问题。分析世界各国水资源管理的历史我们发现,大多数国家在水资源管理上所走过的道路基本上大同小异,大体上可以概括为:在管理理念上,传统水资源管理以工程水利为主导,强调水资源的开发和利用,较少关注水资源的节约与保护;在管理体制上,大多数国家都以各行各业的部门管理为主,管水和用水以本部门的利益为中心,很少考虑其他部门的需要和要求,管理机构分散在各行业主管部门,互相很少交流,甚至存在交叉和冲突的决策机制,上游和下游关于沿岸权和取水权往往冲突,公共资源向私人或部门转移,以至与水有关的法律法规都存在冲突和矛盾之处;在管理方式上,以往大多数国家都采用分散管理方式,与管理机构分散在各行业主管部门相适应,条块分割,多头管理,各自为政。美国等实行市场经济体制的国家采用市场化管理。然而,市场化并非是灵丹妙药,对欠发达国家和非实行市场经济体制的国家不一定适合。

面对世界水资源管理出现的如此众多的问题和挑战,荷兰的水资源管理专家们提出了用水资源一体化管理来应对这些挑战。水资源一体化管理应在一个整体框架内进行,即把所有水(地表水、地下水、回归水、净化水等)、所有社会经济利益(社会各部门)、所有利益相关者(参与)、各管理等级(行政)、所有相关学科(组织)、可持续性(包括环境、政治、社会、文化、经济、金融和法律等)融入在一个整体框架内进行管理(雅斯贝尔斯,2001年)。

该框架是如此广泛,其目的是要抛弃分部门的方法,创建一个政府和利益相关者共同参与的平台,制定和实施水资源一体化管理规划,达到环境、社会经济发展、技术进步和财政可持续性,让有限的水资源在社会经济和生态环境的可持续发展中发挥更大的效益。水资源一体化管理一经提出,就得到了世界各国的响应,并在实践中得到广泛的应用和发展。

# 9.2 水资源一体化管理现状

水资源一体化管理问世以后,得到了许多水资源管理专家学者的认同,不仅在理论上获得了飞速发展且日臻完善,而且在实践中也得到了大力的推广应用。如今水资源一体化管理已成为国际公认的水资源管理模式。下面从国际会议和国际机构以及国家层面上来简要介绍水资源一体化管理推广应用的现状。

## 9.2.1 水资源一体化管理的国际会议

许多国际机构和组织为了推行水资源一体化管理,已经举行了多次国际会议。除前文所述的1992年都柏林会议和里约热内卢会议外,世界上还召开了一系列有关水资源一体化管理的重大国际会议。

2000年国际水文科学学会(IAHS)在美国召开的"水资源一体化管理研讨会",主要探讨了在可持续发展条件下的水资源一体化管理的内容和目标,交流水资源一体化管理的经验。此次研讨会达成一个共识:未来水资源管理的一个基本原则就是流域的统一管理,其目的是防止土地退化、保护淡水资源、保护生物多样性、实现水资源可持续利用。会议认为,为了实现流域统一管理的目标,必须做到:①复杂的水资源管理活动必须建立在有效的科学规划基础上;②必须显著提高预测各项管理活动结果的能力;③为了达到水资源管理的目的,持续的检测和评估工作十分必要;④水资源管理活动必须是透明和公开的。

2002年在约翰内斯堡召开的世界可持续发展大会上通过了"行动计划"等重要文件。在这份"行动计划"中指出:各国政府已逐渐采取水资源一体化管理的框架原则。同时号召所有国家"制订水资源一体化管理的计划和到2005年提高用水效益的计划,并对发展中国家给予支持"。实质上,这些计划是制定和实施国家水战略的连续和长期过程的重要阶段,这些计划可能成为动力工具,在水资源管理方面帮助正确地形成行动目标,发展水利基础设施,改善用水效率和提供与用水有关的服务。行动的战略计划应该是长期的,而非到2005年。因此,到2005年的目标应该理解为中间目标,"到2005年所有国家应该完成水资源一体化管理（规划的制定）过程或大大推动水资源一体化管理的进程"。因此，水资源一体化管理计划和提高用水效益只是向目标方向运动的中间步骤。

联合国可持续发展委员会在其后续的会议（2003 年第 11 次会议，2004 年第 12 次会议和 2005 年第 13 次会议）都对水资源一体化管理问题给予了高度重视，在第 12 会议上讨论了水资源一体化管理的 2005 目标行动和水资源一体化管理方法。现在世界许多国家都已准备和正在准备水资源一体化管理的国家报告。

世界水论坛已召开了 5 次会议，其主题分别为："水、生命和环境"、"水和国家管理"、"水、粮食和环境"、"水与气候"和"采取地方行动，应对全球挑战"。国家管理、粮食生产对水需求的增加和提高"每一滴水生产更多粮食"效益的要求、可持续发挥生态系统功能的生态流量以及气候变化对水文循环的影响等所有这一切都是水资源一体化管理规划过程的重要因素。因此可以说，每一届水论坛的主题都是水资源一体化管理的核心内容，都是对水资源一体化管理理论和实践的总结和提高，并为水资源一体化管理做出了重要贡献。在第 2 届水论坛上，世界水理事会认为，保护 21 世纪全球水安全应在以下几个方面采取行动：①以流域为单元对水土资源实行综合系统管理，包括建立公众参与的体制框架和充分的信息交流；②政府应加强对水资源统一管理的体制、方法和社会影响等的研究；③对所有的水服务实行全成本定价，同时为低收入社区和个人提供补贴，用水户参与对水的管理；④加强各国在国际地表水和地下水区域水资源开发利用中的协调与合作，解决存在的争端；⑤增加私营部门对水利基础设施的投资，从目前的每年 160 亿 ~ 200 亿美元增加到 1 250 亿美元；与此同时，目前政府对水资源基础设施的投资将改为由政府和海外发展组织每年提供 500 亿美元的补贴。可以说第 2 届水论坛为各国的水资源一体化管理指明了行动方向。2003 年，在第 3 届世界水论坛和部长级会议上，对水资源一体化管理与流域管理进行了专题讨论。在此会议上，集中了全世界最有影响力的流域管理的新方法和新理念。第 4 届水论坛把"实施水资源一体化管理"作为其第 2 个框架议题，而且大会围绕着水资源一体化管理，分析并了解了通过地方变革以水资源一体化管理应对水资源管理挑战的外在环境（包括政治、社会、经济、财政、文化和技术等方面）；分析了水和其他政策领域中的交叉问题并推动相互间的配合，包括在制定水政策时，要进行宏观经济考虑；优化了不同用水单位之间有效和高效率的水分配机制；协调了水行动和水政策发展的措施，包括政策内部协调和利益相关者参与的机制和过程；检查了为解决冲突所采取的手段和机制的有效性，以避免出现机会主义、超越职责权限的水管理、对地表水和地下水进行联合管理、对淡水和海水联合管理、对流域水质进行统一管理等；在水资源一体化管理中设计新的机制和政策过程以实现公众参与和商议。

2008 年，作为可持续发展委员会第 16 次会议的一部分，联合国水机制（UN-Water）对全球国家水资源一体化管理计划执行情况进行的调查发现，27 个发达国家中的 16 个、77 个发展中国家中的 19 个，完全或部分执行了水资源一体化管理计划。报告指出：有好的迹象表明水资源一体化管理方法正在被纳入国家计划和战略中去，由此带来的有形收益要么明显，要么在不久的将来可能实现。过去几十年，很多国家为改进水资源管理的制度和法律框架做出了巨大努力。最近被采用的国家水法和政策，一般都考虑了好的管理所带来的价值和水资源一体化管理原则，如参与、性别和平等问题，环境问题和经济评估等。

除上述会议外,一些国际组织为了推动水资源一体化管理在世界范围内实施,还召开了一系列国际会议,表9-1中列出了与水资源一体化管理有关的国际会议情况。从表9-1中可以看出,一些国际机构是多么重视水资源一体化管理的推广和实施。

表9-1 与水资源一体化管理有关的国际会议

| 年份 | 会议名称 | 主要内容 |
|---|---|---|
| 1991 | 北欧人淡水倡议 | 本次倡议促成了哥本哈根非正式协商会议,代表来自各国政府和国际组织并形成了哥本哈根声明。声明强调了农村地区水资源可持续性开发和管理未来战略的两项主要原则:①水和土地资源应在合适的最下一级进行管理;②水应看成是一种经济商品,其价值应反映出其最有价值的潜在利用 |
| 1992 | 都柏林国际水与环境 | 500名代表参加会议,包括政府指派的专家和80个国际组织的代表。在都柏林声明中形成水资源一体化管理4项行动指导原则,即著名的"都柏林原则" |
| 1992 | 里约热内卢联合国环境与发展会议 | 环境与发展之间的关系在最高政治层面得到了认同。《21世纪议程》包括40章。淡水资源在第18章进行了阐述。第18章系统地描述7个计划区。这7个计划中大多数覆盖了与马德普拉塔8项建议相同的问题 |
| 1993 | 世界银行水资源管理政策文件 | 根据过去的经验教训,世界银行旨在采用综合性政策框架并将水作为一种经济商品看待,与一种分散的管理和供应结构结合起来。该政策框架与都柏林声明和21世纪议程保持了一致 |
| 1994 | 可持续发展委员会(CSD) | 可持续发展委员会在1994年敦促联合国各机构即环境计划署、粮农组织、工业发展组织、世界卫生组织、世界气象组织、科教文组织、开发计划署、美国气象局以及其他机构加大力度,开展CSD以及联合国大会特别会议提出的世界淡水资源综合评估。CSD还邀请各国政府进行积极合作,具体提到了瑞典政府。斯德哥尔摩环境研究所受瑞典政府委托积极开展本项工作 |
| 1994 | 经合组织发展援助委员会 | 本次会议认同了都柏林会议的大部分原则 |
| 1997 | 第19届特别联大 | 审议环境发展大会5年来各国执行《21世纪议程》情况,通过《进一步执行"21世纪议程"方案》(第34、35段为淡水问题章节) |
| 2000 | 水资源一体化管理研讨会 | 国际水文科学学会在美国召开的研讨会,主要探讨了可持续发展条件下水资源一体化管理的内容和目标,以及交流水资源一体化管理的经验 |

| 年份 | 会议名称 | 主要内容 |
|------|---------|---------|
| 2000 | 第 2 届世界水论坛及部长级会议(简称海牙会议) | 来自 135 个国家和国际组织的 4 600 多名代表参加,113 名部长级官员参加了水论坛部长级会议,一致通过了《21 世纪水安全——海牙世界部长级会议宣言》。世界水理事会向大会提交了《世界水展望——使水成为每个人关注的事情》,非政府网络组织"全球水伙伴"向大会提交了《实现水安全:行动框架》 |
| 2002 | 世界可持续发展大会 | 大会通过了"行动计划"等重要文件。在这份"行动计划"中指出:"各国政府已逐渐采取水资源一体化管理的框架原则"。同时号召所有国家"制订水资源一体化管理的计划和到 2005 年提高用水效益的计划,并对发展中国家给予支持" |
| 2003 | 欧洲东南边界河流流域和湖泊盆地管理规划会议 | 会议聚焦多瑙河流域南部边界河流及其流经的亚得里亚海、爱琴海,黑海及爱奥尼亚海沿岸,以及这些地区湖泊盆地边界的系列管理。该计划帮助该项地区国家以及在主要利益共享者的合作下共同完成水资源一体化管理规划和有效的用水计划机制 |
| 2005 | 第 2 届黄河国际论坛 | 会议设 6 个专题,其第 2 个议题为流域水资源一体化管理及现代技术应用。内容包括流域水资源管理与保护模式及发展趋势、河流多功能协调技术、信息技术与水管理现代化、流域管理立法框架等 |
| 2006 | 第 4 届世界水论坛 | 会议把"实施水资源一体化管理"作为它的第 2 个框架议题,而且大会围绕着水资源一体化管理,对"通过地方变革以水资源一体化管理应对水资源管理挑战的外在环境"等 6 个议题进行了研究和探讨 |
| 2006 | 第 3 届国际水资源一体化管理研讨会 | 国际水文科学学会在德国召开 |
| 2006 | 全球水伙伴的咨询伙伴会议 | 来自全球水伙伴的区域、国家和地区水伙伴的 100 多个国家的 200 多名代表在南泰利耶出席了全球水伙伴网络系统会议。会议完成了全球水伙伴对在国家层面水资源一体化管理规划上的联合工作、研究投入使用水资源一体化管理工具箱、全球水伙伴的伙伴关系、衡量全球水伙伴的工作成绩等 5 个主要工作领域的详细审查 |
| 2007 | 第 3 届黄河国际论坛 | 中心议题是流域水资源可持续利用与河流三角洲生态系统的良性维持,主要内容之一是现代流域水资源一体化管理模式及发展趋势 |

| 年份 | 会议名称 | 主要内容 |
|---|---|---|
| 2007 | 水资源一体化管理培训国际会议（瑞典） | 在 8 月 6~28 日举行。议题:为参与国提供支持和模拟水资源一体化管理培训计划,鼓励参与者进入水资源一体化管理的工作 |
| 2007 | 水资源一体化管理培训国际会议（老挝） | 在 4 月 4 日举行。议题:为参与国提供支持和模拟水资源一体化管理培训计划,鼓励参与者进入水资源一体化管理的工作 |
| 2009 | 中挪一体化水资源管理:可持续发展中的机遇和挑战国际研讨会 | 60 多位专家学者出席本次研讨会,目的是寻求可持续性发展中的挑战和机遇,包括 4 个主题:水质和水量变化的驱动力、区域和全球水系统面临的压力、水环境评价、政策干预和社会发展的区域响应 |
| 2010 | 第 5 届国际水资源一体化管理研讨会 | 国际水文科学协会和国际水资源协会主办、水文水资源与水利工程科学国家重点实验室等承办的"第五届国际水资源综合管理暨第三届国际水文学研究方法学术研讨会"在河海大学隆重举行。10 多个国家的 200 多名学者与会 |
| 2011 | 水资源一体化管理国际会议 | 由国际水学会主办,10 月 12~13 日在德国德累思顿召开。主要议题有在变化中的地球水管理:历史教训与创新远景。分论题有:环境变化下的水资源、技术与执行情况、指导与先进监测手段、用来提高技术管理水平的信息与决策支持系统、水和废水管理的发展、水资源管理的执行与制度 |

## 9.2.2 推动水资源一体化管理的国际机构和组织

（1）全球水伙伴（GWP）。在联合国的支持下,1996 年创立的全球水伙伴是一个促进和推动水资源一体化管理的国际性非政府网络组织,其使命就是支持不同国家对水资源进行可持续管理。针对水部门所面临的主要挑战,全球水伙伴以水资源一体化管理为重点,推动水、土地和相关资源的协调发展和管理,并以此作为同它的伙伴进行协调合作的基本原则。目前,全球水伙伴通过创建全球性、地区性和国家性的水论坛,广泛开展水资源可持续开发利用和管理的宣传和交流活动,有力地促进了水资源一体化管理的发展,并且在水资源一体化管理的实施过程中为利益共享者提供支持。全球水伙伴强调指出,为了世界的水安全,迫切需要对水资源管理进行改革,主张在区域（国家）和流域内的利益相关者,通过协商对话,取得一致的认识和行动;主张针对水资源一体化管理需要优先解决的问题,努力发展新知识、总结推广新经验。全球水伙伴把不同的区域和国家、不同的捐助机构以及投资者集合在一起,以满足对水资源一体化管理进行战略性援助的需要,为不同各方的对话提供中立讲坛,广泛听取各方意见。全球水伙伴成立以来,不少发展中国家和发达国家的政府机构以及联合国机构、开发银行、专业学会、民间团体、研究机构、非政府组织、民营公司参加了这个国际性组织,广泛地开展水资源可持续开发利用和一体化管理的宣传和促进活动等。其目的是确保水、土以及相关资源的协调开发与管理,使经济和社会财富达到最大而不损害重要环境系统的可持续性。为纪念全球水伙伴成立十周年,2006 年 8 月在斯德哥尔摩举行了一系列会议。全球水伙伴的执行秘书长依密利·盖伯端利指出,全球水伙伴从 1996 年到 2000 年的第 2 届世界水论坛,将工作重心放在全球问题上,从 2000 年至 2002 年将重点放在区域行动上,从 2002 年至今,将工作重心转移到国家层面上,在 2002 年可持续发展的世界首脑会议上提出"到 2005 年所有国家都具有水资源一体化管理和有效用水计划"。虽然最近在国家和地区层面上完成了许多工作,特别是支持各国政府发展它们的水资源一体化管理规划,全球水伙伴目前仍大多处在全球层面上。全球水伙伴技术委员会主席罗伯多·棱顿在介绍技术委员会自成立以来的主要工作成果时指出,1999 年,全球水伙伴技术咨询委员会编写了一套专门论述水资源一体化管理的丛书,2002 年,全球水伙伴研制并出版了《水资源一体化管理工具箱》。这些重要文件不仅奠定了水资源一体化管理的理论基础,而且给各国水资源一体化管理提供了政策指导建议。在墨西哥举行的第 4 届世界水论坛上,全球水伙伴发表了水资源一体化管理的主题报告,为讨论全球水伙伴倾向于水资源一体化管理定下调子。技术委员会出版发行了《催化改变》系列丛书。为帮助处理水资源一体化管理在国家层面上的催化改变,技术委员会已制订出一份城市水资源一体化管理的背景资料,同时正在计划出版一册有关水资源一体化管理的案例研究,它将重点集中在实际问题解决上,说服政策制定者对水资源的发展、管理和利用进行综合价值的考虑。下一个主要挑战是指标、监察和评估。通过利益相关者的鉴定,全球水伙伴正对水资源一体化管理规划过程的监视工作进行援助。在未来技术委员会将观察传统议题,在流域管理上提供一个知识基地,将询问流域组织相关流域管理、水资源一体化管理、基础结构等是否在正确轨道上向前发展。

水资源一体化管理本身需要不断发展,其应用过程也需要不断总结。可以说,现在世界上所有国家都是处在这个过程的不同阶段。2006 年 2 月,全球水伙伴发表了以"构建变革的舞台"为标题对世界各国制订和实施水资源一体化管理情况的调查报告。该调查报告把被调研的国家分为 4 类:①第 1 类是已有计划和战略的国家;②第 2 类是正在制订计划和战略的国家;③第 3 类是仅仅起步准备制订国家战略和计划;④第 4 类没有反馈调查表和没有被列入被调研的国家。表 9-2 列出世界各大洲各类国家数量的分布情况。

表 9-2　世界各大洲各类国家数量的分布

| 类别 | 非洲 | 亚洲和大洋洲 | 欧洲 | 拉丁美洲 | 小岛国 | 合计 |
| --- | --- | --- | --- | --- | --- | --- |
| 第 1 类 | 5 | 6(包括中国) | 7 | 1 | 1 | 20 |
| 第 2 类 | 21 | 11 | 3 | 10 | 5 | 50 |
| 第 3 类 | 12 | 6 | 0 | 5 | 2 | 25 |
| 总计 | 38 | 23 | 10 | 16 | 8 | 95 |

这是全球水伙伴在 2005 年 11 ~ 12 月间进行的第 2 次非正式调查。从调查结果来看,全世界在水资源一体化管理方面所取得的进展是令人鼓舞的。该调查报告把本次调查成果与 2003 年第 1 次调查成果做了对比分析。第 1 类国家在 2003 年占世界各国的比例为 13% ,在 2005 年已达到 21% ;第 2 类 2003 年为 47% ,在 2005 年已达 53% ;第 3 类 2003 年为 40% ,2005 年已减少为 26% 。总计世界上已有 95 个国家已完成或正在完成水资源一体化管理计划的制订。这项调研实际上是对通过水资源一体化管理走向水管理改革的一次评估。可见在世界范围内,水资源一体化管理已逐渐取代传统的水资源管理,是促进社会和谐发展、人与自然和谐相处、确保水资源可持续利用的新的发展趋势。

(2)亚洲开发银行(ADB)。水资源一体化管理是亚洲开发银行水政策的一项主要内容。亚洲开发银行曾指出,过去的水资源项目往往不考虑所在区域的水资源协调发展战略,甚至不考虑项目区内主要项目目标以外的用水问题。亚洲开发银行的水政策主张根据水资源一体化管理的理念重新强调水资源本身可持续性的重要意义,而不是仅仅关注水资源的生产性使用问题。为了保护和管理水资源,水资源一体化管理既关注水量,也重视水质。

亚洲开发银行在水政策中承诺要协助发展中国家成员对水行业,尤其是在最基本的流域层面上开展综合性评估。这种评估对全面实行水资源一体化管理所要求的改革具有重要意义。在亚洲开发银行的水资助计划(2006 ~ 2010 年)中,亚洲开发银行研究制定了一个评价方法,以判断不同流域水资源一体化管理的发展情况。值得关注的是亚洲开发银行确定的用于对国家、流域或地区层面上实施水资源一体化管理要素和采用的评分方法(见附件 1)。这个方法是为亚洲开发银行于 2006 ~ 2010 年期间在亚太区 25 个流域实行水资源一体化管理的计划服务的。可以利用这个评级体系每一年或每几年对同一机构或区域进行能力建设效果的评级。需要指出的是,这个方法未赋予各类要素以不同的权重,而赋予利益相关者参与及行业间合作之类活动的“分数”应当比赋予大多数水资源管理中一些常规的偏技术性活动的分数高得多。然而,这一评估方法可用于比较,但也许不应当过于认真地把它作为衡量在水行业的发展和管理中实行水资源一体化管理成效的绝对指标。

(3)非洲水事部长理事会(AMCOW)。2002 年 4 月 30 日在尼日利亚的首都阿布贾举行了首次非洲部长级水事会议,来自 41 个非洲国家的部长和代表出席了会议,同时宣告成立非洲水事部长理事会,目前所有非洲国家负责水资源的部长都加入了该组织。理事会是非洲发展新伙伴关系的一部分。在理事会的任务中规定,社会和经济可持续发展与维护非洲的生态系统是其主要任务,理事会要在水资源利用和管理方面提供政治领导、政策和战略指导,制定政策方向和进行宣传教育,推动各成员国之间在水资源、大河流域管理等问题上的地区合作,促进水安全,社会和经济可持续发展和消除贫困,加强水资源管理和供水服务,以解决非洲的水和卫生问题。

最近几年,非洲水事部长理事会所取得的重大成就主要有三项:一是建立了非洲水资源基金会(AWF),二是推动了非洲各流域组织在加强水资源管理方面开展活动,三是加强了非洲的水资源一体化管理。

非洲水资源基金会是在 2003 年 10 月 31 日召开的非洲水事部长理事会第 2 届会议

正式成立的,其主要目的是吸引国际财团、发达国家和个人对非洲水资源的开发利用和保护进行投资。在非洲开发银行的帮助下,非洲水资源基金会在成立之初时就筹集了资金6.23亿美元。基金会为非洲各国加强地区合作、共同解决诸多水资源问题发挥了重要作用。最近几年,非洲水资源基金会进行了大量的工作,筹集了大量的资金用于开展水资源一体化管理活动。

在非洲水事部长理事会及其他国际机构的帮助下,非洲所有的主要河流及其二级支流都建立了流域管理组织。2006 年,由非洲水事理事会组织,联邦德国提供资金支持,在Speke Resort Hotel 召开了非洲河流及湖泊流域组织会议,会议目的是讨论加强南南合作,使非洲的高层决策者同意建立并支持新的流域组织,努力让这些流域机构参与到解决非洲水资源危机的行动中。

在水资源一体化管理方面,非洲水事部长理事会更是做了大量的工作。在理事会成立之初的声明中指出,水资源一体化管理是社会、经济和环境方面的需要,是非洲水事部长级理事会所有成员国的优先事项。因为非洲大部分河流是两个或两个以上国家之间共享的水源,应该加强国家和国际共享水资源的区域合作,共同开发和保护水资源,有效和可持续地利用有限的水资源,加强科学技术的有效应用,在农业灌溉地区进行投资和水产养殖以保证经济发展和粮食安全,确保非洲人没有获得安全饮用水和卫生设施的比例到2015 年减少75%,到2025 年减少95%。具体行动方案要求每年投资20 亿美元进行水利基础设施建设,各成员国要支持所在流域采取水资源一体化管理措施,重点是在国家级和跨界区域级进行水资源一体化管理。研制和支持水资源一体化管理的政策,共同发展共享水域的流域组织,加强在该领域的信息和知识交流。

2008 年,非洲水事部长理事会发表的宣言呼吁非洲地区性经济共同体发展和强化适合本地区水资源一体化管理的方法,强化地区性展示中心的示范作用和强化农业、水力发电、水资源管理,有效应对气候变化、荒漠化、水旱灾害,建立管理网络。支持非洲流域组织对2007 年的约翰内斯堡宣言和水资源一体化管理持赞成态度,宣言中承诺将推动非洲各国政府、流域组织进行广泛的合作,支持各成员国之间在共享河流上进行合作,制定水资源一体化管理规划,把水资源一体化管理作为各国和地区合作和发展的基础,系统地解决和维护生态系统,保持生物多样性和野生动物。2011 年,非洲水事部长理事会因卓有成效的工作而获得了联合国的大奖。

(4)南部非洲发展共同体(SADC)。现有15 个成员国,即安哥拉、博茨瓦纳、津巴布韦、莱索托、马拉维、莫桑比克、纳米比亚、斯威士兰、坦桑尼亚、赞比亚、南非、毛里求斯、刚果(金)、塞舌尔和马达加斯加,总人口为2 亿人,约占非洲的24.7%。南部非洲发展共同体是非洲经济一体化发展水平较高的区域性组织。南部非洲发展共同体内包括赞比西河、奥兰治河、林波波河3 大水系,这3 大水系都成立了流域管理机构。

当前,南部非洲发展共同体(以下简称南共体)区域内40%的人口缺乏清洁用水,预计到2025 年,几乎一半的南部非洲发展共同体国家将面临严重缺水。事实上,尽管该地区有许多地方水量充足且水质良好,然而由于管理不善和缺乏基础设施导致获取用水的机会有限。为了改善这一状况,南部非洲发展共同体的政治领袖们采取水资源一体化管理作为水行业的指导框架。多个南部非洲发展共同体成员国已经做出回应,开始根据水资源一体化管理原则在其国家内部开展水务改革。这些改革包括研究制定国家的水政策、法律和法规以及成立以流域为基础的水资源管理机构负责开展规划。

迄今为止，南部非洲发展共同体在解决本地区水资源共享问题方面已经确定了25项工程计划，估计总投资额为7 000万美元。

2007年，南部非洲发展共同体研制了区域水资源战略报告，该报告要求制定和执行水资源一体化管理战略。战略目标之一是通过水资源一体化管理，以促进区域经济一体化。报告认为，南部非洲发展共同体实施水资源一体化管理面临的挑战是：水资源分布不均匀，水的供与求不合理；来自跨界河流的水资源分配不合理；因普遍的贫穷和落后，获得安全饮用水和足够的卫生设施水平低下；供水基础设施不足和发展不平衡无法满足不断增长的需求；水资源信息管理不足和不一致；法律、政策执行不力和监管薄弱；在国家、流域和区域各级的体制能力不足和任务不明确，跨部门协调能力软弱；缺乏水资源一体化管理的意识；利益相关者很少参与水资源管理等等。报告要求区域内各国要勇于面对这些挑战，按照国际公认的水资源一体化管理原则，促进流域级的联合规划，制订流域水资源一体化管理计划，利益共享，公平地使用流域水资源。流域管理计划应基于经济、环境和社会的分析，以平衡各成员国的经济发展。

其他相关国际组织：世界水委员会、联合国环境规划署、联合国教科文组织、联合国粮农组织、世界银行、欧盟、国际水资源管理研究所等机构都公认水资源一体化管理的基本理念，认为在水资源一体化管理理念范围内可以帮助世界各国按照成本－效益较优和可持续发展的方式解决水问题。

## 9.2.3 水资源一体化管理在世界各国的应用

近20年来，世界各国已把流域水资源一体化管理整合到经济、社会和生态环境可持续性发展的制度与政策框架内。水资源一体化管理的理论提出以后，人们在总结美国田纳西河流域、法国罗纳河流域、荷兰莱茵河河口、澳大利亚墨累－达令河流域和南非奥兰治河流域的治理经验时，发现这些河流流域的治理理念与水资源一体化管理化理念同出一辙，几乎是完全一致的。这就进一步验证了水资源一体化管理是切实可行的，从而使得人们在决定新的流域治理过程中，优先推荐应用水资源一体化管理方式，使得水资源一体化管理在全球得到了如火如荼的发展。例如，在乌干达、布基纳法索、印度、尼加拉瓜和其他国家已经在法律和政治上应用水资源一体化管理方式。他们有的制定了符合水资源一体化管理的法律法规，有的在工程实践中按照水资源一体化管理的要求进行管理，经常分析水资源一体化管理的情况。中国黄河流域水资源一体化管理的实践向人们表明了水资源危机是可以克服的，印度、中亚五国、非洲等广大发展中国家和一些欠发达国家已经制定或开始实施的水资源一体化管理的政策和制度必将对克服全球性水危机起决定性的作用。下面根据所收集到的资料，简要介绍发展中国家和欠发达国家在这方面的实践活动。

在非洲，许多流域机构为了实行新的政策改革，纷纷转向水资源的一体化管理。水资源一体化管理不仅只限于国家层面，也包括2个或更多国家共享的流域管理中应用。最近几年，在非洲已有几个国家开始实行需求管理的理念（以水资源一体化管理的名义），如调整水价、实行取水许可制度、将地区水务部门转变成流域管理机构等。尽管对此进行

总结为时尚早,然而像加纳这样的国家已经提出了第二阶段的工作设想。不过,该地区的工作仍存在以下4个方面的问题:

(1)大部分的改革措施没有得到实施;

(2)改革的实施打乱了传统的水管理体系;

(3)当积极实施改革措施(尤其是取水许可和水资源费)时,偏远农村的贫困人口受到严重的冲击;

(4)"需求管理改革"使决策者放弃了水行业其他重要的工作,如改善水利基础设施和服务。

喀麦隆水资源主管部门是水利与能源部。由于横向协作关系,水资源管理还涉及多个部。为贯彻1998年颁布的《水法》,依照2001年5月签订的实施办法,水利与能源部具有颁发取水和排水执照的权力。其他部门和私人公司以及一些非政府组织,在水资源利用和管理方面也发挥了一定的作用。一些国际援助组织给水利基础设施建设提供了资金和技术支持。喀麦隆认为,其目前的水资源管理体制不能解决水资源的可持续利用问题,只有实施水资源一体化管理,充分考虑整个流域内的水资源动态,包括让所有用水户参与管理决策,协调所有利益相关者的发展而不以剥夺子孙后代的利益为代价。实施水资源一体化管理可防止水资源退化,解决主要河流的通航能力受到影响的问题,考虑渔业养殖方面的需求。喀麦隆已经接受采取水资源一体化管理的方法加强水资源的可持续发展。水资源一体化管理计划已于2009年年底公布;同时制定了向地方分权的法律,将水资源管理的一些权力分配到地方。把水资源一体化管理纳入到自然资源综合管理和改善民生中。

在乌干达,为了更好地进行水资源管理,实行权力下放。要求在地方开展水资源一体化管理行动。但是地方政府存在着技术和财政资源不足的问题,此外地方社区缺乏责任意识也带来了困难。下放权力结合示范项目的实施已帮助当地社区提高了不同利益相关者在水资源管理中的责任意识,对转变地方政府对水资源管理的态度起到了帮助作用。

厄立特里亚、塞内加尔、马拉维已充分理解了水资源一体化管理规划的重要性。厄立特里亚提高水管理的强烈政治愿望导致国家优先关注水资源一体化管理机构的设立。通过参观访问不同的国家和区域,通过连接地方利益相关者,树立起对水资源一体化管理规划的正确认识。尽管水资源管理有良好的政治支持,但仅仅是机构就位并不能保证参与。厄立特里亚水伙伴面临着扩大伙伴基地和增加主要利益相关者参与到水管理上来的挑战。塞内加尔的水资源一体化管理规划程序已完成其利益相关者的咨询。一个附加挑战是,在政府变动、行政部门重组、新的部门领导和人员被任命时,它作为一项政府优先来继续保持该程序。马拉维水资源一体化管理规划程序与国家发展战略联系良好,以致国家自2006年财政年度对水务的预算拨款增加了将近30%,其重要的政治原因是把水资源一体化管理包括到马拉维的国家发展战略中。马拉维实施水资源一体化管理的主要挑战是:主要机构利益相关者接受改变缓慢,在协调政策和法律上进步有限,许多人希望提交水资源一体化管理的实际成果。

由于水资源短缺、水质恶化和用水量大幅增加,墨西哥充分认识到了水资源一体化管理的重要性,在2004年修正版的国家水法中明确规定流域机构和流域委员会要制订水资源一体化管理计划及其执行路线图,通过下放水资源管理权限,提高污水排放费费率,更好地执行征收污水排放费来减少污染和提升水质,提高用水效率并减少水污染;创造更多的资源为水资源一体化管理计划提供资金保障,达到水资源可持续利用的目标。

南非正处在根据水资源一体化管理理念研究制定水资源一体化管理体系的早期阶段。该国水文和经济条件变化很大:一方面,其应用技术的水平很高,也很好地建立了体制框架;另一方面,在农村和难民区,明显具有发展中国家的特点。南非全球水伙伴致力于通过协作、共同发展和水资源的可持续管理来减少贫穷,通过加强地区间政策制定者、从业者、研究人员的合作推动水资源一体化管理。水资源一体化管理的目的是寻求水资源的合理利用与可持续利用,促进社会公平、环境可持续发展及提高经济效率。不能将资源利用者与管理者分离开来,必须以技术与社会和谐的方法实现一体化管理。为了成功实现水资源一体化管理,必须考虑性别影响,即男性与女性在立法、公共安全及执行策略和程序中的性别差异,必须保证以平等的关系参与水资源一体化管理。当地经验表明,消除贫困与在水资源管理中妇女的参与程度有很大关系。水资源一体化管理的成功在很大程度上取决于所有相关机构、组织及个人之间建立的合作关系。这个合作框架系统必须有助于大至国际工程小至个别农场的计划编制。近年来,南非在水资源一体化管理的实施过程中取得了长足进步。在解决水资源问题的行动上,南非政府可谓是世界各国的榜样。从 1995 年至今,南非政府让 1 000 万人喝上了清洁的饮用水,南非国内无法获得清洁饮用水的人口已经减少了一半。

政治愿望是水资源一体化管理的前提,应该由政府来组织和领导,政府将其他行政部门,如财政部,带进水资源一体化管理程序具有决策性的必要,在政府的政策制度方面将水管理带到一个具备策略重要性的更高层次,并吸收更多的资源和支持。政府作为管理者,国家水伙伴作为帮助者,公民作为拥有者形成广泛的政治基础是十分必要的。水资源一体化管理规划程序应成为国家发展战略的一部分,政府的承诺需转换成在基金上的支持。水资源一体化管理规划可帮助解决国家之间和国家内的水资源冲突,特别是相邻国家的用水和跨境水问题的冲突。国家层面的水资源一体化管理程序根据一个国家的行政结构体制进行操作,但是水资源一体化管理在等级社会比在更民主的社会更难实行。农村水资源管理的分散既是挑战又是福音。政策和法规可能存在,但能力、知识、资源、工具和授权的完全理解可能不存在。这使水资源一体化管理规划的正确应用成为困难。在分散和集中的水资源管理上需要更多的指导和比较研究。

20 世纪 90 年代以来,国家层面的地方水伙伴在各国之内,特别是在印度、尼泊尔、斯里兰卡和孟加拉国、埃塞俄比亚、保加利亚,已显示出它作为有用的机构实行水资源一体化管理。在这些国家,地区伙伴提供有效率的多方利益相关者平台,以当地资源、以当地适宜的方法、在当地处理与水相关的问题。印度马特拉施特拉地区水伙伴、尼泊尔麦河地方水伙伴和保加利亚黑海流域瓦那地方水伙伴说明了地区伙伴促进水资源一体化管理的重要作用,他们主要致力于提高认识和能力建设。在工作中,它们已与流域领导层、区域环境和水务巡视员、学校、大专院校、水供应站、污水排放公司和非政府组织建立了紧密联系。但是将地方水伙伴上升到一个高度需要在地区层面的水资源一体化管理的能力建设上付出相当大的努力。

由于人口增长、快速城市化和工业化、环境恶化、资源无节制的开发、低效用水和贫困,并且由于气候变化更加恶化,印度河流域是世界上面临水资源挑战的主要地区之一。印度水资源专家认为,印度河流域和印度未来应加强可持续的水资源一体化管理,包括供水管理和需水管理。水资源一体化管理的解决方法和优选政策目标为:

(1)保证水资源的可持续利用并制定高效率的具有地区差异性的政策;

(2)开发和执行坚实的地下水管理和能源消耗政策;

(3)改进脆弱的粮食安全;

(4)改进基础设施的政策。

满足这些必要性条件将有助于改进生产力,减少农村贫困以及增强整个人类发展。

世界上许多国家都在讨论和试行水资源一体化管理。但是各国的条件不同,需要采用不同的方法,理解这一点很有必要。在不同国家实行水资源一体化管理受到不同因素的影响,其中一些影响因素列于表9-3。

表9-3　发达国家和欠发达国家实施水资源一体化管理的影响因素

| 发达国家 | 欠发达国家 |
| --- | --- |
| 基础设施<br>·高度发展,基础设施普遍地不断改善<br>·基础设施降低了对自然灾害影响的脆弱性<br>·基础设施维护意识高<br>·数据和信息质量高,协调良好 | 基础设施<br>·往往比较脆弱,经常处于恶化的状态<br>·对自然灾害影响的脆弱性高<br>·基础设施维护意识低<br>·数据和信息库不总是可以使用 |
| 能力<br>·科学和管理技能丰富<br>·地方一级也具备专业技能<br>·具有适应技术进步的灵活性 | 能力<br>·科学和管理技能有限<br>·专业技能集中在中央一级<br>·通常处于求生存的状态,可能会错失技术进步 |
| 经济<br>·混合的,受服务需求驱动;由于具有多样性而有抗冲击能力<br>·经济独立并可持续<br>·长期远景规划<br>·富裕,有资金进行水资源一体化管理和对气候变化作出适应性调整 | 经济<br>·高度依赖土地,易受气候影响<br>·高度依赖援助机构和非政府组织援助<br>·短期规划<br>·资金有限,实行水资源一体化管理和对气候变化进行适应性调整的空间有限 |
| 社会、政治<br>·人口增长率低<br>·通常公众知情良好,高度重视科学<br>·各利益相关者政治权力高<br>·决策权力分散 | 社会、政治<br>·人口增长率高,对土地的压力大<br>·通常公众缺乏知情,不重视科学<br>·各利益相关者往往没有权力,不敢施加压力<br>·决策权力更加集中 |
| 环境意识和管理<br>·对规划和水资源一体化管理的期待程度高<br>·愿意保护美好环境 | 环境意识和管理<br>·期待和实现目标的程度都较低<br>·需要生存的基本条件 |

由表 9-3 可以得出结论,对于水资源一体化管理,发达国家和欠发达国家的目标与方法将有所不同,但是其过程应基本相同。由于影响因素不同,大多数发达国家已基本上实现或正在实施水资源一体化管理,而欠发达国家尚处在引入水资源一体化管理理念的初始阶段。相信欠发达国家引入水资源一体化管理应当能使水资源管理得到逐步改进。

水资源一体化管理带来的效益是建立更加完善的水资源管理制度,这种制度可以在考虑环境和社会经济条件且不会给经济发展带来明显不利影响的情况下,以可持续的方式满足水管理需求。发达国家已达到了这个目标,发展中国家正在向这个目标靠近,而欠发达国家还需要巨大的投入和不懈的努力才能实现这个目标。

# 9.3 水资源一体化管理法规

立法对水资源一体化管理的重要性在于:立法确立了水管理的目标、原则、体制和运行机制,并对管理机构进行授权。从 20 世纪末至今,一些国家和地区制定了专项法律与法规,把流域一体化管理作为水管理的基本框架。依据可持续性、公平与公众信任的原则,通过水所有权国有化与重新分配水使用权,公平利用水资源,确保水生态系统的需水量,将决策权分散到尽可能低的层次,并建立新的行政管理机构。下面根据所收集到的文献,简要介绍国外在制定水资源一体化管理法规方面的现状。

欧盟的《水框架指令》是迄今为止欧盟水立法中最具实质性的法规,该指令促进了欧洲各国水资源一体化管理,尤其强调要以流域为基础来管理与水相关的事务。《水框架指令》最根本的要求是按照标准格式编制内容广泛的流域管理规划。流域管理规划的内容包括为每个水体设定目标,并为实现这些目标研究制订计划和措施。《水框架指令》提出水资源一体化管理在很大程度上是为了解决治理问题,改善欧洲各国的水资源和环境管理。从某种角度来说,水资源一体化管理包含水管理的各个方面,范围广泛;而《水框架指令》的重点是协调一致地保护环境。《水框架指令》的重点是:将水资源保护的范围扩大至包括一切水体、地表水和地下水;规定使所有水体达到"良好状态"的时限;基于流域的水管理;采用排放限值和质量标准的"组合方法",正确地制定价格;使更多的利益相关者(包括公民)更加积极参与流域管理;协调各国的法律。《水框架指令》遵循水资源一体化管理的理念,预先假定水资源一体化管理的许多方法已经到位,可以确保《水框架指令》的有效实施,如部门间的合作(或者至少没有合作的障碍)。所以,《水框架指令》不失为一个很好的实施水资源一体化管理的法律文件。

在 21 世纪初,非洲一些国际河流的沿岸国家共同制定了水资源一体化管理战略;成立了一些跨国组织及覆盖多个国家的流域管理机构,并把这些机构融入到正式政府组织中。如 2002 年,塞内加尔河流域发展机构通过宪章规定塞内加尔河不同用户间水量的分配必须以资源有效性、地区合作和水资源一体化管理为基础。一部分非洲国家已经制定或正在研制水资源一体化管理的发展战略。在加纳水法(1998 年)、南非水法(1998 年)和马里水规范(2007 年)中规定采用水资源一体化管理方法,塞内加尔、尼日尼亚、乌干达、布基纳法索、尼加拉瓜等国家已制定出相关法规来推动实施水资源一体化管理方式。水资源一体化管理已被写入贝宁、马拉维、马里和赞比亚的《国家发展计划》和《减困战略文件》中。贝宁、厄立特里亚、斯威士兰和赞比亚已经起草和拟定修改了水法。贝宁完善了立法,而佛得角制定了新的水资源管理框架。厄立特里亚还制定了水质指导方针以及用水许可和水利基础设施建设规范。

南非共和国的1998年国家水法为水资源一体化管理提供了实施框架。南非的用水部门正在按照水资源一体化管理的原则进行改革。通过了诸如共享水资源系统草案(水资源一体化管理的地区战略行动计划)及共同的水远景规划。2004年,南非国家水资源战略获得了批准,其中涵盖了许多水资源一体化管理的原则。为了保护水资源,南非正在建立一个新的水体分类体系,将水体划分为"自然的"、"有适度使用/影响的"、"大量使用/严重影响的"和"不可接受地恶化的"。对于每个水体都要确定储备区,以满足人类和水生环境的基本需求。明确水资源质量目标是确定水资源管理战略的重点。该国正在依据主要的流域建立大约19个水管理区(2011年前完成),每个管理区都将成立一个流域管理机构,水务林业部将授予各流域管理机构相关的权力,作为法定机构负责管理水资源和协调其管辖区内与水有关的活动。流域管理机构将研究制定流域管理战略,为流域内的水资源管理提供框架。

摩洛哥1995年的水法为水资源利用和保护建立了法律手段。法律呼吁建立流域机构。摩洛哥乌姆赖比阿河是摩洛哥第一大河。干支流上建有多座水坝,有防洪、灌溉之利。根据摩洛哥的水法,设立了乌姆赖比阿河流域管理机构并获得财政自主的授权。该流域机构具有以下职责:履行水政策,建立水权和特许权目录,监测地表水和地下水的质量和数量,签发取水许可证和特许权,控制水资源利用,负责流域管理,制订和执行国家水资源一体化管理的流域开发计划,控制污染和征收污染费,给合约机构提供财政支持以控制污染和进行水资源管理和洪水管理。

加拿大自1984年开始制定《加拿大水质导则》,此后还陆续颁发了《加拿大水生生物保护水质导则》、《加拿大农业用水保护水质导则》、《加拿大饮用水质导则》和《加拿大娱乐用水导则》,水质导则和目标不仅保护了用水户和环境,也促进了水资源的可持续发展。加拿大联邦政府于1987年颁发了《联邦水政策》,其后各省(地区)也陆续制定和颁发了一些水政策,通过这些水政策,正式确定了水资源一体化管理的思想。

1987的《联邦水政策》的目标主要有两个,即保护和增强水资源的质量及促进水资源的有效管理和使用。该政策的变化主要体现在以下几方面:

(1)在规划、管理和开发水资源的过程中必须对包括水生资源和陆生资源在内的整个生态系统给予关注。

(2)更加重视对地下水资源的管理。

(3)在水资源管理中给予地方更多的权限,提高当事各方在水管理(如政策制定、规划、实施和评价等)方面的参与程度。

(4)制定需求战略,要让用水户支付水费并对所有成本费用综合加以考虑,通过水费回收成本和费用的方式提高当地自我发展的水平。

(5)更加注重水资源的管理和保护。

(6)制定合理的全国性水资源调控政策。为实现水政策的主要目标,加拿大联邦政府建议采取5个方面的战略措施:水价、科学研究、综合规划、立法和公众教育。

（7）深入研究定价方面的问题，包括水价值的确定、供水边际成本、用水需求模型、水费核定办法等。

（8）提倡按水的实际成本收费，以便使用水者真正意识到水资源和输水系统的真正价值，对其进行有限利用，促进节约用水。

（9）考虑提高水价以及其他节水措施对未来用水量的影响。

（10）通过用水户支付的筹资方式提高水资源开发利用水平，将水价与需水量结合起来考虑，使水资源管理体制朝着提高经济效益的方向发展。

（11）将水作为整个大生态系统的一部分对待。在水费上体现出对水资源保护的因素，合理收取排污费、污水处理费、超额用水费，以促进生活及工业废水的循环利用。

（12）给地方更多管理权限并通过跨学科、跨部门、跨地区的组织和机构促进有关政策、法规的贯彻实施。

（13）加强宣传，提高全民的环境保护意识及节约用水的自觉性，同时研究并推广节水技术，促进水资源的有效利用。

（14）加拿大各省（地区）的水价体系不尽相同，基本上是由当地政府及有关部门根据当地实际情况因地制宜地制定的。基本的定价原则为：在考虑水资源开发利用的可持续发展的原则的基础上，将水的综合成本与用户的支付能力与愿望综合考虑，最大程度地谋求用户的理解与合作。目前，加拿大的水费正在向可体现水的真实价值的实际费率靠拢，即在水费的构成上要考虑到水资源的有关开发成本、水处理及污水处理成本、超额用水费费率、季节性费率等。在费率形式上，统一费率、固定费率、递减费率和递增费率等形式均存在。

墨西哥国家水法（2004年修正版）规定国家水委员会作为联邦授权机构，负责水资源管理。其核心是必须在流域机构的领导下，风险承担者通过流域委员会参与制订从流域（或含水层）开始的技术和财务计划、年度预算以及计划编制等。

墨西哥国家水法规定，与流域委员会合作的流域机构应该对以下几方面负责：①规划并实施流域内所有的水资源管理和投资事务；②发布、管理和加强水使用权利和义务的权限，并监控和评估流域或含水层的水量和水质；③设置征收比率并征收所有费用（包括用户用水费、原水费用、水污染处罚费等）；④财政规划和管理包括基于水资源一体化管理的基金来源、使用和年度预算等。

为流域机构和流域委员会设定资金和费用征收也是一个很重要的举措，因为这将允许流域的利益共享者来决策他们所需资源并设置资金，以满足他们作为通过水资源一体化管理计划进程进行决策的需要。鼓励用水者为流域发展提出建议，同时鼓励他们通过流域委员会直接参与管理和决策。

乌拉圭于2004年通过人民投票的方式对其宪法进行了修正，修正后的宪法将水资源确定为一种公共财产，并且将获取饮用水和良好的卫生医疗服务作为一项基本的人身权利。宪法方面的改革同样推动了水资源一体化管理的进程，水资源一体化管理要求在流域管理层面上，应允许公众参与到水资源的规划和管理工作中来。2008年10月，一项新的信息公开法（法令18.381）得以颁布，这一行动是符合宪法改革精神的。

巴西于1997年颁布了《国家水资源政策法》，它是一部吸取了现代水资源管理原则和手段的新水法。第一次明确规定了"国家水资源管理系统"的组成包括国家水资源理事会、州和地区水资源理事会、流域委员会、联邦、州和城市其他有关的水组织及水机构。它还将流域作为水管理的基本单位。2000年7月17日，巴西政府又颁布法律成立国家水务署(ANA)，作为执行国家水资源政策的联邦机构。

巴西和乌拉圭两国都在贯彻约翰内斯堡实施计划中涉及水资源一体化管理和水资源利用效率方面的规划。巴西1997年颁布的全国水资源法将水资源一体化管理原则纳入其中，将利益攸关方的参与涵盖到全国水资源政策中。自那时起，巴西开始采取具体的行动来保证这些原则得以实施，政府已经推出一个新的组织来促进以一体化和参与的方式进行水资源管理，建立了一个水资源国家委员会和一个国家水调节机构以及在联邦和州的层面上的流域委员会。因此，巴西的行动达到了约翰内斯堡实施计划中的各项要求。尽管乌拉圭的宪法允许利益攸关方在水资源管理中有权进行参与，拥有分散的管理权以及能够采用流域管理的方式，但是此规定并没有被大范围的执行。

德国有关水资源一体化管理的条文主要包括联邦水法、废水水费条例。1996年颁布了联邦水法，与水有关的法律法规还有地下水法令(1997年3月颁布)、饮用水法、化学肥料使用法等。德国水资源一体化管理政策的长期目标是：①保持或恢复水资源的生态平衡；②在数量与质量上确保饮用水和工业用水的供应；③确保服务于公众福利的用水。德国水政策的原则为：预防在先；多方合作；谁污染谁付费原则以及奖励与分权原则。此外，依照水资源法，为了协调日常出现的问题和执法，州机构联合组成了州联合水委员会。

新西兰议会于1991年将60多部不完整、不全面甚至相互抵触的法律法规统一成《资源管理法》，彻底改变了中央和地方政府在环境规划和评估方面的机制和程序。政府制定了严格的污水排放标准，对有损水生态环境的水电项目标和大坝建设项目也做出了严格限定。新西兰有关水的法律有：①2007年修订的《饮水卫生法》；②1991年《资源管理法》，共分15章，立法目的是实现自然资源等有形资源的可持续管理。立法规定了区域和非区政府的管理职责和权限。区域政府负责水、土壤保护、海岸资源(不包括渔业)、地热资源、大气质量、自然灾害和有害物的管理；非区政府(市和城区政府)负责土地利用和噪声控制的管理。水资源的使用仍采用许可制度，水资源利用的许可由地方、区政府作出。

在亚洲国家中，水资源和能源部门有着级别不同而且非常复杂的机构及法律框架。有些国家的法律框架(政策和指导方针)不甚清晰，因此很难在具体部门的计划和发展中应用，但是又有一些国家把国家小组或核心小组转变成协调能源与水资源开发的最高机构。例如，斯里兰卡建立了审评水部门改革的总统工作组；缅甸正在建立一个水务委员会；越南已经成立了河流流域组织。近年来，东亚、南亚、西亚地区的国家(柬埔寨、印尼、日本、韩国、老挝、菲律宾和越南)在亚洲发展银行和全球水伙伴的帮助下进行了水资源一体化管理的培训。亚洲开发银行负责人 Arriens 先生说：水资源一体化管理是亚洲开发银行水部门政策的基石。流域组织是协助规划和实施水资源一体化管理的关键工具。亚洲开发银行的许多水部门的项目现在都涉及流域组织，比如在中国、老挝和越南的项目。水资源一体化管理首先要改变人们对水资源的观念。

在拉丁美洲，正在推广成立流域委员会作为水资源一体化管理的方法，每个流域委员会由流域内的用水户组成,其主要职责是进行水量分配和为水资源保护提供经费。因此,将水资源一体化管理的多个目标集中起来形成一种制度,可从理论上确保在水资源管理过程中权衡各项目标。

为实现水资源一体化管理的目标,哥伦比亚采取了行政、经济和计划等多种手段。行政手段包括取水特许权/许可证、排污许可证、环境许可证等,经济手段包括水资源使用费和排污费,计划手段即制订了流域调控与管理计划。为了实现水资源一体化管理在水量分配和水质保护方面的公平目标,保证流域内所有用水户和社区参与确定水质目标和指定水资源用途的过程,由社会各行各业代表所组成的机构做出最终决策。

# 9.4　水资源一体化管理体制

有效的管理体制是实施水资源一体化管理的体制保证。为了有效地管理流域水资源,现在世界上大多数河流根据相关的法律、协议或政府授权建立了流域管理机构。例如,莱茵河流域的管理机构是通过国际协议建立了莱茵河航运中央委员会、莱茵河国际保护委员会(1950 年)和莱茵河国际水文委员会(1951 年)。墨累 – 达令河流域通过联邦政府与州政府的《墨累 – 达令河流域动议》建立了部级理事会、流域管理委员会和社区咨询委员会等。流域管理机构是流域综合管理的执行、监督与技术支撑的主体,但不同的流域管理机构在授权与管理方式上有较大的差别。流域管理机构作为利益相关方参与的公共决策平台,其权威性往往是各种利益平衡的结果与反映。有效的流域管理机构通常有法定的组织结构、议事程序与决策机制,其决策对地方政府有制约作用。虽然流域管理机构的权限范围会随着流域问题的演变而有所调整,其权威性也会受到来自地方与部门的挑战,但符合国情和流域特点的流域机构仍然是流域水资源一体化管理的体制保障。

德国:水资源的管理体制为联邦政府环境和自然保护、核安全部是负责水资源管理的主体机构。水资源管理工作的实施由州和市政府完成。州政府的水管理机构大多与相关的州机构融为一体。在大多数州内,水资源管理机构分为 3 级,但其具体职责因州而异。高层机构内设水资源部门和环境部门,负责制定战略决策与实施并对下属机构实行监督。中层机构为地区政府和地区政府首脑办公室,负责执行地区水资源管理计划、水资源法规定的首要程序和行政程序、水资源使用许可和具体管理。基层水管理机构为城市地区和农村地区的技术机构,负责水资源法设立的程序和技术建议、小范围水资源利用和废水排放的监测、技术指导和政策执行上。

加拿大:联邦政府实行多部门的水管理体制,各部门根据授权承担一定的水管理职能。加拿大联邦政府中有 20 多个部门涉及水管理,其中最主要的部门是环境部、自然资源部、农业部、卫生部和印第安和北方事务部。各省(地区)对水管理负全面责任,各省级政府中相应的机构负责水管理工作,包括径流调节、灌溉、用水、水力发电、渔业、水环境保护等。因水资源状况不同,各省(地区)政府负责水管理的部门设置不一,但大多设环境局。

加拿大的国际水事活动比较频繁。但由于地理环境的因素,它的跨界涉水事务主要是与美国打交道,特别是在哥伦比亚河开发和五大湖区治理水事中,两国政府以及有关流域管理机构、科研机构之间有着长期的交流和密切的合作关系。

2002年11月魁北克采用的水政策,旨在为其33个主要河道建立流域组织以在流域层面上实现一体化水管理。为了促进可持续发展,作为中立咨询平台的流域组织在流域层面上组织并实施水资源一体化管理。流域组织的任务是动员地方和地区利益相关者尽可能地协调行动来影响水资源和相关生态系统,并保证公众参与。为了完成其任务,流域组织有如下实践:①通过公共信息和共众参与开发和修改水资源规划;②和水利益相关者签订合同并监督执行;③就流域问题通知利益相关者和普通公众;④为了确保 GIEBV 和圣劳伦斯综合管理坚实的关系,参与执行圣劳伦斯综合管理计划。

巴西:目前从事水资源开发与管理工作的机构分为联邦、州、市和流域四级。建立了43个流域管理委员会,其中39个是州级机构,4个属联邦直接管理。流域委会员由来自联邦政府、相关州、城市、用水户以及流域内其他与水有关的机构的代表组成,其主要职责包括:批准流域的水资源规划;作为解决水冲突的第一级行政部门,监督流域水资源规划的实施;为州和国家水资源理事会提供授予水权的建议;对用水收费提出建议;为多目标工程的费用分摊建立标准并且促进其实施等。水机构是流域委员会的执行秘书处,负责流域委员会有关水方面的具体工作。

厄瓜多尔:目前该国的水管理体制是中央、地方和流域管理相结合的管理模式。中央的水管理部门制定水资源开发利用保护政策,对重要河流进行宏观管理,国家水资源委员会作为水行政主管部门,授权其他用水机构取水权。地方水管理,由大省、市的相关部门行使水管理职能,包括供排水、水污染治理、制定水价政策等,随着中央水相关行政权力的下放,地方水管理职能在不断增大。流域管理方面,一些流域研究会、流域协会等负责流域性管理,目前有关流域管理的体制仍处于实践摸索与完善之中。

玻利维亚:该国于2006年对水资源管理部门进行了调整,成立了专门负责水资源管理的水资源部,由其制定统一政策协同现有其他水管理部门共同管理全国水资源。目前,玻利维亚的水管理体制是中央、地方和流域管理相结合的管理模式。中央政府制定水资源开发利用保护政策,对重要河流进行宏观管理,水资源部作为水行政主管部门,行使主要水管理职能,其他有关部参与相关管理。地方水管理,由大区、省的垂直部门行使水管理职能,包括供排水、水污染防治、制定水价政策等。玻利维亚的水价由基础卫生监管局负责,但是它在制定基本的价格、配额、税收等标准后,将定价权授予服务部门,这在拉丁美洲是独一无二的。

尼日尔河流域管理局:尼日尔河是非洲第3大河,该河流域居住有1.5亿人口。尼日尔河流域组织(ABN)是尼日尔河流域区域性多边合作组织,现有9个成员国,分别是:贝宁、布基纳法索、喀麦隆、科特迪瓦、几内亚、马里、尼日尔、尼日利亚和乍得。尼日尔河流域组织的宗旨是协调各成员国为开发尼日尔河流域资源制定政策,促进各成员国之间相互合作,制定和执行流域的整体开发规划,组织共同工程,把开发和经营管理得来的各项经济收入用于尼日尔河流域的内部发展——能源、水利、农业、牧业、渔业、养殖等方面。国家元首和政府首脑峰会、部长会议、技术专家委员会、行政秘书委员会是尼日尔河流域管理局的上层机构。

尼日尔河流域组织正在构建一个9个国家共享该河水资源的设想,即通过磋商并在各成员国达成一致的情况下,制订一个可持续发展的行动计划,一个法令和制度框架,采用可持续的公平的一体化管理方式开发流域水资源,促进流域内社会经济可持续发展、生态稳定,使尼日尔河流域管理局实现其战略目标。

针对非洲尼日尔河流域生态系统不断退化以及贫困问题日益严重的现状,尼日尔河流域组织申请世界银行启动该河流域水资源开发和生态系统管理项目,旨在通过应用水资源一体化管理方式,加强水资源开发和生态保护,解决流域各国缺水、农业灌溉、用电需求等各方面的问题,达到流域经济可持续发展的目的。世界银行执行董事会批准了向尼日尔河流域 9 个国家提供 5 亿美元的经济发展项目信贷。尼日尔河流域发展项目将分 2 期,12 年内完成。1 期项目为 5 年,集中开发尼日尔河主流域的 5 个国家。世界银行将向上述国家提供 1.86 亿美元的信贷资金。按照尼日尔河流域可持续发展规划,2 期项目还将包括布几纳法索、喀麦隆、乍得和科特迪瓦等 4 个国家。尼日尔河流域水资源开发和生态系统建设项目,对该地区的发展具有非常重要的作用,它将应用水资源一体化管理方式,大大提高流域内水资源的可持续利用,挖掘流域内水电开发的潜能,并最终推动尼日尔河流域各国的经济增长。为了真正给生活在尼日尔河流域的人谋取利益,必须充分发挥尼日尔河流域组织机构的作用。因此,该项目将首次强化尼日尔河流域管理局作为重要的政府部门职能,监督水资源一体化管理方式的实施,管理并协调好流域内各国水资源的利用和保护。

刚果河流域组织的水资源一体化管理:刚果—乌班吉—桑加流域国际委员会于 1999 年由喀麦隆、中非共和国、刚果民主共和国建立,最初任务是应对航运问题。作为一个流域组织于 2004 年才真正行使职能。2007 年,四国修改了最初协议,刚果—乌班吉—桑加流域国际委员会被赋予进行流域水资源一体化管理的权力。当前该组织正在开发水资源信息系统、行动计划和管理规划。目前作为观察员的安哥拉和其他沿岸国家有可能加入刚果—乌班吉—桑加流域国际委员会。成员国正在建设中间建筑物。除航运提出的挑战外,刚果河流域还面临重要的其他挑战,包括管理森林资源和开发基础设施,如乌班吉—乍得调水工程和因加坝的建设等项目。

塞内加尔河开发组织水资源一体化管理的变革:塞内加尔河流域开发组织(OMVS) 1972 年建立时,其重心是开发基础设施以解决干旱导致的缺水威胁,开发农业、减少水电成本以及改进航运等。那时,塞内加尔河流域开发组织主要致力于基础设施开发,它在沿岸国家之间分担成本和共享利益上起着重要作用。1998 年,环境影响和监测计划注意到管理缺失和所涉及的风险。于 2000 年建立了环境观测台作为支持流域管理的工具。2002 年,塞内加尔河流域内的国家和政府首脑会议强调了流域水资源一体化管理方法的必要性。环境观测台于是变成了可持续发展观测台,其重心从共享资源管理转移到可持续发展信息和数据管理,在流域层面上提出水资源开发和管理蓝图。该蓝图将是在地区层面上的水资源一体化管理计划。现在,塞内加尔河开发组织既是建立流域可持续发展需要基础设施的机构,也是行使水资源一体化管理机构职能的组织。

沃尔特流域建立水管理一体化管理框架:沃尔特流域 6 个国家于 2004 年 7 月建立了沃尔特流域技术委员会。这个跨政府委员会授权建立沃尔特流域水资源一体化管理的部门。于是,沃尔特流域技术委员会咨询了西非经济共同体水资源协调部门、各成员国专家和欧盟水管理机构。沃尔特流域技术委员会设定了建立流域行政机构必须的组织机构、人力和财政资源、财政机制、跨国协调制度和规划方法。为了确保一致和开发合适的行动计划,考虑了 6 个成员国水资源管理的国家战略,还集成了外部财政机构如非洲开发银行、世界银行以及其他捐赠人的方案。

乍得湖流域委员会:因为终年干旱和过度用水,乍得湖的面积在不到 40 年的时间里已经缩小了 90%。如果不加以控制,将可能导致人道主义灾难。2008 年,乍得湖流域委员会设立了乍得湖流域委员会全球环境基金项目,长远目标是通过协调一致的乍得湖流域水土资源一体化管理,实现全球环境效益。该项目通过精心策划和加强沿岸国家利益相关者之间的合作和能力建设,克服共同管理的障碍。乍得湖流域委员会全球环境基金项目要求达到:计划建立统一领导机构和成员国的相关领导机构;加强区域政策和体制机制建设 Output 加强利益相关方的参与和教育,倡议利益相关者参与管理;建立利益相关者参与管理的示范项目等。开发计划署和世界银行全球环境基金为这个项目的实施机构。乍得湖流域委员会 2011 年在乍得首都恩贾梅纳举办招标会,拟对流经中非共和国的乌班吉河河水北调乍得湖的项目进行可行性研讨和实地勘探,以便尽快援救濒临枯竭的乍得湖。流域组织国际网络把一些非洲流域组织作为流域组织实行水资源一体化管理执行标准的试点,这些流域组织是尼日尔(ABN)、塞内加尔(OMVS)、刚果(CICOS)、奥兰治(ORASEKOM)、维多利亚湖(LVBC)、乍得湖(LCBC)、沃尔特河(ABV)、冈比亚(OMVG)、尼罗河(NBI)和奥卡万戈(OKACOM)流域。

墨累河-达令流域机构:代替委员会的机构:2008 年,澳大利亚建立了能力更强更集中的墨累河-达令流域机构替代了原来的流域委员会。新机构管理的流域面积达 1 061 469 km²,并确保流域水资源管理是以一体化和可持续方式进行,即准备流域规划供部长采纳,包括设置整个流域地表水和地下水系统能抽取水的可持续极限,建议部长认定国家水资源规划(这些规划先前被每个州或地区政府认定过),开发促进整个墨累河-达令流域水交易的水权信息服务,测量和监测流域的水资源(之前是州和地区的职责),收集信息并进行研究;使社区进行流域资源管理。

新机构将确定流域水资源风险如气候变化以及管理这些风险的战略,为州水资源规划、环境目标、水优先条件和流域水资源目标确定统一要求,研制水质和盐分管理规划和水权交易准则。

罗马尼亚国家水域行政管理(Apele Romane)、流域董事会和委员会:罗马尼亚国家水域行政管理局是负责水资源管理和开发的国家机构,整体负责罗马尼亚水资源管理。在国家水域行政管理局领导下,有 11 个按流域或流域群组织的流域董事会以及 1 个国家水文和水管理局。流域董事会负责执行其流域内国家水战略的执行。流域委员会是根据 1996 年通过的水法并经 2004 年修改后建立起来的。其组织和运行规则 2000 年经政府批准。流域委员会由不负责环境和健康、市县机构、用水户、非政府组织和国家水域行政管理局的代表组成。

流域董事会的功能:阐述、监测和评估流域管理计划,执行欧盟准则以获得所有水体良好状态,建设和维护水基础设施,确保新建水工程及防洪工程,监测水质和水量,提供按需供水管理服务,通告、审定和控制用水,防洪,向用水户和地方行政机构提供意外水污染预警。

流域委员会的功能:商定水资源一体化水管理计划和水工程开发方案,商定预防意外污染的计划,建议水管理规范和标准的修改,研制废水排放的专门规范,建议与水管理投资有关的优先权,确保信息收集、分析和共享。

危地马拉伊萨瓦尔湖和杜尔塞河流域可持续管理机构:具有有限权利的咨询实体。危地马拉位于中美洲北部,全国多年平均降水深约为 2 000 mm,折合水量 2 173 亿 $m^3$,但降水分布不均,山脉对降水量有明显影响。危地马拉涉及水资源管理的政府机构主要是农业部和环境与自然资源部。农业部除负责灌溉和排水事务外,还负责水资源综合管理规划的制定。它关注的是水资源管理的政治、法律和体制框架,信息,可持续能力以及宣传教育。环境与自然资源部负责水资源的保护和污染防治,以及流域和水资源的合理利用。

危地马拉政府于 1998 年建立了伊萨瓦尔湖和杜尔塞河流域可持续管理机构(AMA-SURLI),以保护伊萨瓦尔湖和杜尔塞河的旅游景点。流域可持续管理机构是环境部下属的流域组织,但其代表来自其他公共机构、市政和私人部门。流域可持续管理机构决策不是约束的,是具有非常有限的咨询实体。

流域可持续管理机构为大量管理活动提供一个讨论平台,提供农业、渔业、采矿、水污染、耕作范围扩展以及航运等方面的咨询服务。

巴西南帕拉伊巴河水文地理流域一体化委员会:联邦国家流域组织。巴西东南部南帕拉伊巴河流域面积约为 55 500 $km^2$,该流域人口约为 550 万人。流域调水供给里约热内卢市的 870 万人口。巴西国内生产总值的约 10% 依赖该流域的水。

南帕拉伊巴河流域一体化委员会(CEIVAP)由 60 个成员组成,其中:用水户占 40%;公共—联邦、州和市政机构占 35%;非政府组织占 25%。从 1997 年起,一体化委员会进行了如下实践:在巴西最先执行用水收费;批准流域规划,包括投资计划,用于恢复流域水质和改善用水;建立流域水事机构;在城市执行环境教育和社会动员计划。

德国鲁尔河流域水资源一体化管理:鲁尔河是莱茵河的一条主要支流。鲁尔组织是一个自治实体,服从北莱茵－威斯特伐利亚州法律。该组织服务人口 520 万人,管理大量的基础设施,从废水处理厂到水库、泵站和水电站。没有新的基础设施规划,计划就倾向于环境措施、运行、预防性维护和修复。主要任务是恢复河道以修正基础设施过度开发的负面影响。例如,计划包括恢复目前约 1 200 座河流结构物阻碍鱼迁徙的行动。

鲁尔组织的决策实体是其会员大会、监督委员会和执行委员会。会员大会由会员中选出的 152 个代表组成。监督委员 15 人,执行监督职责。执行委员会是该组织的法定代表,并进行日常运行。鲁尔组织法令设定水费。该组织进行了如下实践:作为州控制但自主行政的实体保证完全参与完成任务和对费用的独立权;由于该组织负责鲁尔流域地区,它能将其工作倾向于自然条件,无社区边界阻碍;跨地区组织在运作厂矿项目时产生了成本节约协作效应;该组织从北莱茵－威斯特伐利亚州利用市政贷款和其他信贷。

斯里兰卡马哈威利河权利机构的水资源一体化管理的变革。斯里兰卡马哈威利河权利机构(MASL)负责水利设施、蓄水、水电、调节水分配、灌溉、收集和处理农产品。

在世界银行的资助下,斯里兰卡政府正在改革马哈威利河权利机构。改革内容包括分配和转包任务、分散决策权和征收水服务费用等。迦罗－奥耶河流域（斯里兰卡北部）被选为改革的试验流域，决策权分散给该组织，将着重处理决策环境问题和处理民事社会问题。2003 年，对试验工程的评价表明：税法草案需要修改以避免冲突和功能障碍；每个部分的职责和协调机制，特别是流域委员会的职责和权利需要更明晰；工程规划和程序应更倾向于需求调节，但由于经济指标较弱而遇阻；流域组织活动的交流应加以改进。

墨西哥尤卡坦半岛水资源一体化管理。墨西哥尤卡坦半岛由 3 个州组成，即坎佩切州、金塔纳罗奥州和尤卡坦州。尤卡坦半岛流域组织代表国家水委员会负责尤卡坦半岛的水资源管理。流域委员会和利益相关者合作在地区层面上进行地下水资源一体化管理，并获得授权进行：为尤卡坦半岛含水层制订地区行动计划；为水信息系统联网；保证用水户参与；与地方行政机构合作，已经在城市建立了 42 个水文化机构，鼓励水的有效利用和防止污染。

湄公河流域：在地区、执行和政策层面的一体化管理。2006～2010 年湄公河委员会战略规划框架是水资源一体化管理。主要管理原则是在地区层面上：湄公河委员会与老挝、泰国、柬埔寨和越南国家湄公河委员会合作，以促进各方参与。通过在利益相关者中进行教育来提高水资源一体化管理的意识，并提出了利益相关者参与和交流计划。在执行层面上：湄公河委员会允许那些遭受工程影响的人对工程规划、执行和监测决策起作用。流域开发方案规划是可参与的，而且为了监测整个工作方案，湄公河委员会邀请伙伴作为观察员参与其联合委员会和理事会会议，开发伙伴也通过管理会议积极参与湄公河委员会的决策。在政策层面上：2008 年，湄公河委员会启动了一个地区咨询，提出在湄公河委员会层面上利益相关者参与的一般原则和湄公河委员会管理实体利益相关者参与的政策。这将拓宽政治决策过程和所有权、加强利益相关者和湄公河委员会之间的地区协调。

# 9.5　水资源一体化管理规划

编制流域水资源一体化管理规划是流域管理机构进行流域水资源一体化管理的重要手段，几乎所有的流域管理机构都将编制流域综合规划作为最重要和最核心的工作，通过流域综合规划对支流和地方的流域管理进行指导，而且规划的目标和指标常常是有法律效力的。

流域综合规划的内容包括被广泛接受的远景目标、近期目标、规划期限、组织方式、规划咨询与实施等。从国际流域管理规划的内容来看，传统的规划比较注重工程与项目规划，而近期的流域水资源一体化管理规划则更加注重流域的生态环境与社会经济的平衡发展，很少涉及单个工程项目的计划。当然，由于国情不同，流域水资源一体化管理规划的目标也不一样。欧洲人清晰地表述莱茵河流域的治理目标是"让大马哈鱼重返莱茵河"。而发展中国家和欠发达国家则注重在不伤害生态环境的情况下推动社会经济发展。

## 9.5.1 非洲水资源一体化管理规划

在联合国、全球水伙伴、世界水委员会等国际机构的支持和帮助下，布基纳法索于2003年完成了水资源一体化管理规划。肯尼亚、马里、塞内加尔和赞比亚都于2008年完成了规划。贝宁、佛得角、厄立特里亚、莫桑比克和斯威士兰也在制定类似的规划。据不完全统计，到目前为止，喀麦隆、布隆迪、埃塞俄比亚、马拉维、斯威士兰、赞比亚、南非共和国、尼日尼亚、乌干达、尼加拉瓜、哥斯达黎加、安哥拉、博茨瓦拉、纳米比亚、坦桑尼亚、津巴布韦、中非共和国、刚果、民主刚果、科特迪瓦、加纳、多哥、巴拿马、萨尔瓦多、洪都拉斯和危地马拉等都正在制定水资源一体化管理规划。

东非的玛拉河流域正在制定水资源一体化管理规划。玛拉河流域是由肯尼亚和坦桑尼亚共享的跨国河流。该流域面临着环境恶化的威胁，而且缺乏解决水资源问题的制度框架。为此，他们实施了一个项目，支持采用水资源一体化管理原则和措施，与两国的利益相关者一起工作。该项目期望对法律制度，特别是两国跨界协定的形成产生影响，支持设立相应的机构进行水资源一体化管理，坚持对环境服务进行补偿等原则，使当地组织受益北非国家已制订计划即通过对在这些国家易于得到的海水进行淡化并实施水资源一体化管理来解决严峻的缺水问题。在地中海国家，废水回收和灌溉水再利用是水资源一体化管理的一个重要手段。

在全球水伙伴的推动下，在撒哈拉沙漠以南的4个地区共13个国家开展了为期五年的水资源一体化管理规划，这13个国家是非洲中部(喀麦隆)、非洲东部(布隆迪、厄立特里亚、埃塞俄比亚和肯尼亚)、非洲南部(马拉维、莫桑比克、斯威士兰和赞比亚)和非洲西部(贝宁、佛得角、马里和塞内加尔)，而且所有这些国家与全球水伙伴建立了新型的、新兴的或是预先存在的伙伴关系。通过制订国家水资源一体化管理计划，将水资源纳入减贫战略，发展金融工具支持水资源开发，其目标是通过水资源一体化管理的方法在四个主要方面提供支持，以促进经济可持续发展和减贫：实现2002年世界可持续发展峰会上确定的制订国家水资源一体化管理计划的目标，发展现有的、新的以及潜在的伙伴关系，将水资源纳入削减贫困战略，增加对更广泛的金融工具的理解和可能的实现途径。

作为水资源一体化管理计划过程的最初步骤，每个参与国之间建立了国家水伙伴关系。这些水伙伴关系为众多利益攸关方提供了中立的平台和发表观点的渠道。他们推动了全国范围内的计划进程，同时认可政府有责任和义务在计划进程中起带头作用。

通过国家水伙伴关系的建立，作为推动开发过程的九大要素得到了确认，每种因素或者属于水务范畴，或者超出水务范畴。这些因素被划分成了4大类，分别是：①开发环境；②确定战略路线图；③确保可持续发展；④强化进程。这些因素在主报告中进行了详细阐述，它们为其他开发的从业人员提供了全面的指导方针。

除了上述因素，认清水资源现状是界定增强水安全行动的重要步骤。每个已制订水资源一体化管理计划的国家都进行了全面的形势分析，描述了国内水资源状况。国家水资源一体化管理计划的制订是建立在形势分析的基础之上的。国家级别的水资源一体化管理需要这种明确的、优先的和有成本的行动。计划描述了实施安排，概述了角色和责任，确定了财政资源调动的策略。水资源一体化管理规划方案帮助广大利益相关者改善水资源管理的行动。每个参与国家现在都有一个水安全性大大增强的有利环境。到2008年,共有7个国家的政府完成和通过了国家水资源一体化管理计划,2个国家尚在审议中。另外3个国家准备好了计划草案。此外,还有一个政府完成和通过了流域(地方级别)水资源一体化管理计划。

制订水资源一体化管理计划的经验告诉我们,水资源一体化管理计划制订后更重要的是实施该计划,包括良好的优先行动,解决紧迫的优先发展问题以及考虑财政和能力的现实情况。应当授权现存机构和地方风险投资人寻找解决各自水安全挑战的方法,外人不能介入地方专家的工作,但可以通过同行评审进行支持和补充。

推动发展进程需要时间,而人民生活和经济受到的影响也只能在长期显现。然而,水资源一体化管理计划已经取得了一些立竿见影的效果,对于增强国家水安全具有重大价值。

水资源一体化管理和其他发展措施如下:

(1)水资源一体化管理规划作为更广泛的国家发展计划已开始执行,涉及跨部门的合作和职责的整合由政府机构主持。更高级别的政府机构,例如,财政和经济计划部、内阁和总理或副总统办公室是推动整合的领导机构。

(2)水资源一体化管理与国家优先发展计划相结合可获得利益相关者的支持,即使这些超出了水部门。

(3)水资源一体化管理要灵活、务实,要作为一个持续的过程而不是单独项目。

(4)水资源一体化管理要立足于国家的发展状况,考虑各国的差异以及适应计划范围和预算的变化。

(5)将与水相关的气候变化嵌入水资源管理计划,而不是把它作为一个独立的问题,以避免重复和分散。把适应气候变化作为发展计划是水安全议题的一部分,要符合国家发展优先事项。

(6)制定水资源管理融资的经济依据必须寻找获得水资源管理财政资金的适当途径。

大多数国家加强了水资源管理能力,并认识到水资源对国家发展的制约。水务融资已经得到改善,资金来自当地和国际来源的筹集。例如,赞比亚政府正将水资源一体化管理计划作为年度预算分配和水计划拨款决策指导的依据,世界银行已经制定了"水联合辅助战略",为水资源一体化管理计划内的项目实施提供支持。丹麦和荷兰为支持贝宁的水资源一体化管理计划提供了160万欧元;而一些国际机构(非洲开发银行,比利时、丹麦、德国、荷兰、瑞典、联合国教科文组织、联合国环境开发署和世界卫生组织)已承诺为马里水资源一体化管理计划的实施融资近2 000万欧元。马拉维财政部在其2006/06财政年预算中将国家水务基金款项增加了大约64%。

水资源一体化管理规划通过加强地方级别的水安全促进了人们生活的改善。贝宁第三大城市20万居民现在依靠奥帕拉水库提供安全水。而在斯威士兰的卡兰加社区,9 600人可以获得洁净水。此外,埃塞俄比亚的贝尔奇河流域与水有关的冲突已得到处理,取水途径得到加强。

虽然制订了如此多的国家计划,而且取得了立竿见影的效果,但水资源一体化管理计划能够实现真实的成就取决于计划实施的方式。地方投资人广泛地参与计划进程,而外部顾问形成的压力被降至最小。不同国家拟订计划的方式十分迥异,因为它们尝试了将水资源一体化管理计划与其他开发活动整合在一起。因此,各国使用的水资源一体化管理方法,体现了独有的制度环境,具有更强的国家归属感,而不是像以前那样靠外界驱动来实施计划。

水资源管理是国家发展的核心内容,需要新的方法。气候变化在很大程度上影响到水资源,使得很多地区洪水和干旱的风险越来越大,威胁着水安全和国家发展。因为加强水资源一体化管理是应对气候变化最重要的有效措施之一,所以许多非洲国家都在积极编制或实施水资源一体化管理的规划。

#### 9.5.1.1 喀麦隆水资源一体化管理规划

喀麦隆水资源一体化管理的组织机构:2007 年年底以前,喀麦隆还没有一个全国性的水资源一体化管理计划,甚至也没有一个局部小流域的计划。在有关方面的资助下,喀麦隆水利与能源部制订了水资源一体化管理计划,在全球水伙伴这个平台上,多个利益相关者参与了该计划。

在喀麦隆政府的支持下,荷兰倡仪项目开始实施,其职责是开发和实施水资源一体化管理计划,国家水利委员会担当水资源一体化管理项目的指导委员会的角色,并作为政府咨询机构来决定水资源的有关政策。

#### 9.5.1.2 奥兰治河流域委员会水资源一体化管理规划

奥兰治河的水资源一体化管理计划分两个阶段完成。第一阶段于 2007 年完成,编制了一套综合报告,主要是说明流域的关键环节。第二阶段包括以下相互关联的活动:结合奥兰治河流域模型的研制让流域所有成员国参与;研制奥兰治河流域数据采集和显示系统;奥兰治河水文评估的更新和扩展,评估要求制订和执行奥兰治河水资源一体化管理计划;集水区边界的确定;气候变化对奥兰治河流域的影响的评估;对环境要求的评估;奥兰治河流域灌溉部门需水管理的潜力评估。这些行动将在 2009 ~ 2010 年进行。

据联合国粮农组织估计,非洲实施水资源一体化管理计划惠及的面积将由目前的1 400万 $hm^2$ 增加至 2015 年的 3 000 万 $hm^2$。这要求总数约为 370 亿美元的投资。应着力提高公共投资和官方对水资源控制和管理的力度,加强公共与私人部门的合作,建立更具吸引力的长期投资体制。水资源一体化管理能致力于与水有关的灾害(洪水、干旱、污染)的预防和管理。

总之,非洲大多数国家在增强水资源一体化管理有利环境,以实现水安全方面取得了进展,已界定了机构角色以及更好的协调安排。水资源一体化管理计划有助于改善水资源状况,加强了国家水安全的管理能力以及通过能力建设更好地理解水资源一体化管理的必要性。证据表明,许多国家正在实施水资源一体化管理计划。财务资源继续在地方和国际间调动。

### 9.5.2 亚洲水资源一体化管理规划

2003 ~ 2004 年,在联合国经济及社会理事会亚洲及太平洋经济社会委员会的推动下,在亚洲各国的水资源及能源部门的计划和管理中,除中亚五国外,已有 12 个国家(中国、斐济、老挝人民民主共和国、马来西亚、蒙古、缅甸、巴基斯坦、巴布亚新几内亚、菲律宾、斯里兰卡、泰国和越南)制订了水资源一体化管理计划,这是与亚太经社会在水资源管理上进行合作的结果。有些国家已经开始实施水资源一体化管理计划。有些国家和组织已经开始利用水资源一体化管理的计划和战略,进行政府或外部机构的资金动员(这方面的实例在蒙古、斐济的楠迪河谷以及萨摩亚都可以找到)。但是,妇女在积极参与水资源管理的计划、决策、政策执行活动中仍然有限。在大部分亚洲国家和一些太平洋国家,强大的社会文化习俗仍然严重妨碍着专业妇女投身进来,因此极少有妇女参与到政府高层次的水利资源部门的决策中。只有少数几个国家,如马来西亚、缅甸、菲律宾及萨摩亚等,有专业知识的女性积极参与了这一过程。

### 9.5.3 北美洲

北美洲地区日益对水资源一体化管理的概念和应用表现出浓厚兴趣。自从 2002 年可持续发展峰会提出在 2005 年前制订水资源一体化管理计划和高效用水相结合后,北美洲大多数国家和地区负责水资源管理的组织和机构已经采用了水资源一体化管理的原则。

最近,墨西哥调查并分析了本国的水资源状况,认为水质恶化严重影响人民的健康、渔业和生态环境,研究了未来的需水规模,确认了墨西哥实施水资源一体化管理的重要性和必要性。水资源一体化管理包括工程措施和非工程措施,以获得水资源可持续管理为目标,使其在社会经济用水达到平衡,改善水质,同时满足经济和社会的发展目标。为此应编制水资源一体化管理规划,要求所有利益共享者都要参与编制水资源一体化管理计划,其重点在于公平与最优化,而且必须认真考虑流域和含水层的水量不足和水质问题,以及在有效的资金保障下选择最优计划,并确认了执行这个计划的路线表,计划分 3 个阶段实施,具体如下:

第一阶段为设计阶段(6 个月),目标工作为:总结国家水委会中央和地方办公机构以及州办公室、流域委员会、流域机构和市政自来水公司的职能;根据 2004 年修订的水法,流域机构和流域委员会评估并加强转移分散水资源的管理;总结并修正用水收费和水污染费的环节和规程;总结并修正水权监督环节和规程,并在流域层面上建立功能卓越的水市场;扩展国家水信息系统;设计新的计划来大大增加废水处理规模,并关注其结果;在废水处理系统和灌溉中设计并修订信贷机制;总结农业灌溉定价和补贴政策并重新调整定位;为研制和试验新机制的框架,选择 1 个或 2 个流域进行试验;为分权管理研制更新全套规章、规范、标准。内容包括:①水资源一体化管理和规划;②供水和卫生设施;③灌溉和排水;④水权行政机关;⑤国家水委会负责的其他领域;⑥制定和(或)更新更加详细的监管和评估规划等。

第二阶段为在试验流域和其他可行的地区进行试验的阶段(2 年),目标工作为:为流域和含水层准备水资源一体化管理规划。确定采取工程措施和非工程措施及资金资源来完成计划。计划应关注水的限制使用,使其达到可持续性水平,保证高效用水和环境用水,确保用水效益;设计并完成水费征收以及污染费的变更,以减少用水量和污染。实施计划将返还所有的水费和罚金,流域管理单位用于投资和管理;扩展为穷人服务的范围,提高废水处理水平并提高系统的有效性;完成对税率和服务质量的监督;加强废水处理系统和灌溉信贷计划的制订;贯彻在定价和补助计划中的其他变更、提高水权监督包括改进记录、更好地执行监督;制备并贯彻流域和含水层层面的规章制度,简化水权至可持续发展水平;依据流域计划(规划)准备年度预算。为分权实施全系列规章、规范和标准,内容包括:①水资源一体化管理和规划;②供水和卫生设施;③灌溉和排水;④水权监督;⑤国家水委会负责的其他领域。

第三阶段为全面执行水资源一体化规划的阶段(6年),目标工作为:全面贯彻水资源管理的分权管理;落实水经营者的财务和运行自治规章化;提高信贷支持抵抗风险;扩大各州水委会职权范围。

### 9.5.4 南美洲

2004年以前,22个南美洲国家在完善水资源一体化管理和提高用水效率计划方面取得了进展。在中南美洲和加勒比海地区,3个国家取得了进展,14个国家开展了一些行动,通过诸如全球环境基金、联合国环境规划署和美洲国家组织等国际组织支持的一些项目,推进了水资源一体化管理,取得了成效。在南美洲的几个国家,水资源一体化管理的概念已经扩展,接受了为环境服务付费的理念。这一概念已经被政界和社会所接受。

南美洲地区已承诺实施水资源一体化管理,在国际组织的指导和示范下,许多国家已经起草了国家的水资源一体化管理政策、战略以及计划,解决地表水、地下水的水质问题。同时,该地区加快了流域组织建设,作为权力下放和实施水资源一体化管理的手段,这与全球发展趋势是一致的。

安提瓜岛和巴布达岛国:

加勒比海国家是世界上淡水资源较丰富的地区,然而这个地区流域和地下水供给的水资源管理水平较差。而缺乏适当的管理会影响水资源自身的可持续性和流域与海域地带生活的多样性,同时引起陆地的退化。不适当的管理方法将会持续导致对农业、旅游业和环境的严重影响。恶劣的水质引起水传染病发病率的提高,对人类健康带来极为负面的影响。

未来岛屿的可持续发展和居民健康与安宁取决于流域和海域一体化管理方法。正确的管理方法将在很多方面特别是生物多样性、气候变化和陆地退化等方面带来利益。

联合国环境计划署与其国内和国际发展伙伴兑现他们的承诺,正提供对安提瓜岛和巴布达岛国的支持,发展水资源一体化管理和有效性计划。水资源一体化管理是水资源可持续发展、分配和监测的系统过程,与社会、经济和环境目标密切相关。

作为国家水资源一体化管理计划发展进程的一部分,该国编制了国内水资源管理政策报告,报告明确了水资源一体化管理计划和相对应的实施对策。

水资源一体化管理目标为:①提高水资源一体化管理的认知与理解;②消除对人类健康和环境负面影响的威胁;③动员资源和合作者(包括私营部门)实施特殊项目来消除影响人类健康和环境负面影响的因素。

水资源一体化管理计划是个多阶段的任务,包括以下步骤:①水资源管理战略方针的规划,召开全岛屿的多个风险承担者的专题讨论会;②进行社会经济数据的采集与形势分析,以满足制订水资源一体化管理科学计划的需要;③通过实践和研究等方式,把关注主要群体和利益相关者作为一种制度;④依据正式签署的条款和采纳建议,通过国内利益相关者的专题讨论会和政策层面的文件,对水资源一体化管理计划进行确认和批准。

按照路线图的说明,水资源一体化管理计划的发展过程有9个实施关键阶段,分别为进程启动、管理委员会设立、进程管理队伍建立、利益相关者投资计划的进展和实施、联络计划发展和实施、水资源一体化管理计划框架的形势分析、国家政策条款综述和目标细节、水资源一体化管理计划方案的评估、水资源一体化管理计划的促进和采用及实施等。

管理委员会和进程管理队伍的目标与职责:安提瓜岛和巴布达岛水资源一体化管理政策初始文件的研制并提交,水资源一体化管理政策发展和路线过程;确定和评估利益相关者的利益,以及他们对水资源一体化管理进程的潜在作用和相关性的影响和重要性;检查现存的水资源管理体系与水资源一体化管理相关的可持续管理和发展方针与目标;确定水循环的相关参数;考虑用水、废水处理(管理)对陆地(森林)和水生生态系统的影响;评定当前水管理系统对社会、经济的影响;研究潜在冲突的严重性和社会影响,以及洪水和旱情带来的风险和危害;应用水资源一体化管理以后,收集相应数据,通报安提瓜岛和巴布达岛水资源管理的情况分析。这是一种为利益相关者提供文献研究和报告的方法;借鉴加勒比海其他国家(如圣卢西亚、格林纳达和牙买加)或其他合适的模式,准备安提瓜岛和巴布达岛国家水资源政策条款;用格林纳达和联合岛屿的路线图来准备水资源一体化管理规划路线图;为安提瓜岛和巴布达岛的主要利益相关者提出水资源一体化管理政策和规划路线图,并整合他们对文件最后版本的反馈。

安提瓜岛和巴布达岛水资源一体化管理的合作伙伴和风险承担者:加勒比海共同体气候变化中心、加勒比海气象和水文研究所、加勒比海水和废水研究委员会、加勒比海水网、粮食和农业组织、全球水伙伴(加勒比海)组织、美洲国家农业合作研究所、泛美健康组织、联合国环境规划署加勒比海区域合作机构、联合国科教文组织–国际水文计划、西印度群岛大学等机构。

# 9.6　水资源一体化管理的公众参与

利益相关方参与是水资源一体化管理的基本原则之一,也是保障社会公平公正的基本形式。所有利益相关方的积极参与,实现信息互通、规划和决策过程透明,是水资源一体化管理能否实施的关键。增加决策的透明度、推动利益相关方的平等对话(包括所有用水户)是解决水冲突的最佳方法。按照澳大利亚昆士兰省《水法案》,在制定流域规划时需要进行两次对公众的咨询过程,并要有书面咨询报告。《欧盟水框架指令》提出了在其实施中积极鼓励公众参与的总体要求,要求在规划过程中进行三轮书面咨询,并要求给社会公众提供获取基本信息的渠道。根据水资源管理的内容与要求不同,利益相关方参与的机制也有所不同,如参加流域决策机构、流域管理机构或流域咨询机构,参与规划的制定,参与规划的咨询,参加规划的听证会,以及及时告知受影响群体等。下面介绍一些各国吸引社会公众参与水资源管理的实例。

### 9.6.1 建立机构参与管理

#### 9.6.1.1 例1 巴西 Santa Catarina 地区 Comite do Itajai:公众 – 私人参与

1996年,在巴西 Santa Catarina 地区建立的 Comite do Itajai 是水资源一体化管理自下而上组织的一个例子。地方机构包括城市、工业和商业组织及大学,起初旨在集合起来解决洪水问题,并由此建立了流域水资源管理委员会。

该委员会是经州政府正式认可作为州水资源委员会的合作伙伴,承担 Itajai 流域水资源管理,协调流域负责机构行动和监督执行以满足规划要求。此外,被赋予了设定用水收费的权力。

该委员会是一个公众 – 私人合作组织,有50个成员:10个联邦和州机构、20个用水户、10个市政当局以及10个非政府组织,产生了一个管理系统,其会员大会任命高级管理者且批准水管理和洪水管理计划。该委员会还通过每年的水周向普通大众汇报和交流。这包括流域内每个城市的事件。

公众参与建立了流域内居民的支持和合作体系,同时获得了公众和私人部门居民的一致同意。迄今委员会获得的主要成果包括:①研究流域需水量和可用水以及调查了大约9 000个用水户;②批准让价标准;③恢复600多 $hm^2$ 的森林;④增加环境活动的市政委员会数目和促进市政卫生;⑤更加明确了环境问题和它们与水资源的关系;⑥更大程度地加强了整个流域的公众投入和参与。

#### 9.6.1.2 例2 匈牙利的公众参与

匈牙利流域管理首次公众参与战略于2006年基于多瑙河流域公众参与战略而成立。该战略强调流域管理计划必须和影响水资源管理的所有其他开发方案协调一致。

该战略2007年上半年在上蒂萨河进行试验,主要包括4个主要利益集团:中央和地方政府组织、非政府组织、用水户以及专业人士和学者。为了保证有益的公众参与,公众参与战略推荐建立下面的机构:①现有地区水管理委员会的12个专业委员会;②4个子流域水管理委员会;③全国水管理委员会。

这些机构承担公共观点讨论并投入开发流域管理计划。每个机构监督在其自身级别水平监督公众参与过程,并且基于评估和修正,为了进一步修正签署或返回计划,全国水管理委员会负责建议部长接受计划。

委员会的组成如下:政府组织代表40%、非政府组织代表20%、用水户20%及专业人士和学者20%。该委员会涵盖了全国和子流域专业委员会的其他成员以保证自下而上的代表性,并正在修改立法以建立相关委员会。

#### 9.6.1.3 例3 奥兰治河流域:流域管理用水户对话路线图

奥兰治河是非洲南部的一条重要国际河流,其水资源由莱索托、南非、博茨瓦纳和纳米比亚共享。建立于2000年的奥兰治河流域委员会近年来研制了利益共享者的路线图。

路线图就流域共同管理、可持续发展、利用其资源改善生活和公众如何参与管理等问题,设置了奥兰治河流域利益相关者与流域委员会的对话制度。该路线图的目的是:制定和加强利益相关者有效参与奥兰治河流域管理的制度;建立和加强流域论坛能力以有效参与奥兰治河流域决策、规划和可持续的共同管理;通过方便、及时和有效的信息传播机制,发展和维护流域委员会各机构与流域利益相关者之间的公开、有效的多种交流,建立信任和改善流域的参与机制和决策。

委员会成员在讨论会期间确定了战略的核心要素。每个流域国家和其他国家的地区研究组织、非政府组织和私人部门的代表进一步研究了这个草案。流域委员会技术团队再次讨论后,修改和确定了该草案,并由流域委员会采纳。

## 9.6.2 交流沟通工具

提高流域联合体的公众认知度并解决流域管理中经常引起争端的问题是至关重要的。公众认知战略可以促进流域管理计划的所有权发生变化,使用水更加有效,从而提高环境可持续发展。很多流域组织通过报纸、电视、广播以及网络进行了公共认知宣传,以促进流域管理方法的改进和实践,如例1。

### 9.6.2.1 例1 澳大利亚昆士兰布里斯班河流域健康河道项目

布里斯班河流域健康河道项目在地方媒体中执行了一个公众认知战略。在过去十多年里,媒体引导公众对于提高水质的必需性有了极大的认识。战略聚焦在如何从农业和城市径流中减少泥沙荷载、如何升级下水道的污水处理来减少下游河道和 MORETON 湾的氮和磷污染物等问题。健康河道网站不仅提供关于水质管理的信息,还给出了对管理水质和用水的具体建议,通过程序设计比赛、为减少垃圾行为的最佳实践者颁发年度奖项等活动来支持本项目的实施。

分发印刷材料是另一种提高公共认知度的方式,如分发简讯、流域报告和流域记分卡等。这可以补充公共的认识并使公众增长见识,特别是对于利益共享者人群非常有用。流域组织与媒体保持良好的关系,通过媒体进行新闻报道并得到形象的明显提升。一个很好的与媒体合作而产生显著价值的实例是,加拿大安大略省的大运河保护管理局被当地媒体多方位地报道了污染、流域管理等重大事件,不仅教育了公众,还极大地促进了相关投资行为。流域组织通过公众咨询来收集公众对水资源管理的看法并寻找潜在的方案。

### 9.6.2.2 例2 法国的公共咨询

欧洲水框架指导委员会要求欧盟成员为利益共享者提供咨询。在法国,环境部长和河流流域委员会提供国家公共咨询,"水就是生命"主题征集了公众对于流域水资源未来发展的观点。2008年公共咨询探索了公众对流域委员会制订的水资源发展和主要管理计划目标的观点、规划和达到这些目标的行动。

调查问卷分发给流域的所有家庭,问题涉及环境目标和实施的主要手段,民众对主要计划做出总体评价,能够通过网络参与咨询。媒体鼓励民众参加咨询。合作委员会也组织活动来鼓励民众参与。

公众踊跃参与讨论的主要问题是流域委员会的主要关注点。公众主要关注的是有毒物排放、工农业污染物、与健康相关的风险以及水费等问题。民众表达了他们对污染者付费原则应承担的义务,明确表明了保护水资源以及未来水资源安全性的责任。

### 9.6.2.3 例3 赞比亚:贫困地区需水量管理、自然资源再建设与社会可调能力的问卷调查

南非比勒陀利亚大学非洲水问题研究部和赞比亚国家科技与工业研究院 2001 年联

合进行了一个问卷调查项目,即"在贫困地区的水资源一体化管理中提高可调能力与自然资源再建设"。研究对象为赞比西河流域的博茨瓦纳和赞比亚两国的 8 个地区。水资源一体化管理的调查内容主要是 3 个方面:定价与供水成本,水便利性与健康、居民支付水费意愿,用水户与供水户的教育。

分别对用水户和供水户进行了问卷调查,以卡洛莫地区为例,用水户(200 户)问卷的结果为:58% 不使用公共储水管,59.5% 没有连接水表。65.7% 认为价格是需水管理的一个必要因素,55% 认为支付水费系统是公正的,68% 不认可供水服务的可靠性。60% 对水质不满意,88% 对供水户给出的信息不满意。80.5% 表示了对供水成本的关注。53.4% 认为水费是公平与合理。仅 37.5% 对当前供水的便利性满意。72% 因为水荒而没有粮食。仅 1.4% 的受访者知道供水的真正成本。91% 不知道有水资源保护战略。仅 14% 知道可持续发展意味着什么。

供水户(自来水商业公用部门、水务部门和地方当局的职员以及与供水问题有关的非政府组织,共 20 户)问卷调查结果:100% 不知道在其责任范围生产与输送 1 $m^3$ 水的成本。72.7% 知道需水量管理战略。90.9% 认为用水户愿意支付水费。63.6% 认为当前水价结构能提供足够的激励和以可持续的方式来管理需水量。90.9% 认为提高水的便捷性,用水户将愿意支付更高的水价。还认为贫困人员可以实物支付成本,所有人都支付同样的水价。72.7% 知道水供应可持续性的问题。

通过问卷调查发现,用水户和供水户共同呼吁开展教育咨询。供水户列出了一些信息交流沟通的关键要素,如项目说明、水的重要性、用水户卫生、水资源保护教育、供水系统的运行与维护、水泵维护、村落运行与维护、女泥瓦匠的培训、安全蓄水、用水户付费的必要性、供水成本以及水资源保持。目标听众为高密度人群/文盲地区、妇女、管理者、水泵维修工、生活水消费者、所有水消费者、领袖(如酋长)以及水资源委员会。通过上述有效的交流沟通,将改进该地区供水整体可持续性。

许多流域机构安排了教育计划,如保护多瑙河国际委员会(www.icpdr.org)、切萨皮克海湾委员会(www.chesapeakebay.net)和 Grand 河保护局(http://www.grandriver.cn)都开通了它们的网站。

网站利用视频介绍能帮助人们学习流域管理的知识。北美洲五大湖信息网络的合作关系为民众提供了地区在线,可以轻易找到关于北美洲五大湖两个国家间的信息,综合处理了海量信息并制作了简单美观的网页(www.great-lakes.net)。

互动教育的效果往往较好。专题讨论会、会议以及网站促进了双向交流与学习。利益共享者们互相学习并自由交换他们的信息,这样的互动对于流域组织非常有利,可以与利益共享者共同得到新的知识和技能,同时对流域发生的事件保持了及时认知和联系。

媒体发布的内容要有针对性并易于理解,其目的是使公民能普遍理解水资源的重要性;同时利用媒体对取得的进步给予表扬。

#### 9.6.2.4 例 4 美国切萨皮克湾流域:虚拟信息店面

美国切萨皮克湾流域建立了一个网站提供大量的网络资源,如下游集水区的信息、联邦和洲政府的信息、重大事件、环境网络和其他组织的联系信息以及发行债券的事项。

这个信息网给用户提供了相当于流域信息的虚拟图书馆,包括港湾健康的记录卡。

当信息被自由利用时，流域管理就会变得更加透明。

流域管理是一个学习循环。一旦计划付诸行动，监督管理就开始了。管理者和利益相关者会了解什么是奏效的，什么不起作用，然后去利用学习和提高的成果。学习必须以合适的方式反馈给相关的目标群体。

流域组织机构需要向利益相关者明确提出计划进程报告。报告一般具有三方面的内容，包括流域管理实践及投资结果、项目回报以及利益相关者的利益。

流域管理实践及投资结果报告包括流域生态系统的健康、水资源的现状等，报告必须简单明了，以"流域报告"或流域健康状态卡片的形式出版，如例5。

报告为流域管理计划并支持流域机构的投资者（常常是国家政府）而作，所以必须注明用于投资、项目结束以及成果的资金花费情况。

对其他流域利益相关者（如地方政府、私营公司、自来水公司、政府部门以及非政府组织等）的报告必须说明协调计划和管理工作进展以及需改进的地方。这是双方合作的过程。流域机构可以提供自来水公司的报告，以使它们更好地改进水服务工作，同时，自来水厂也可以向流域机构报告它们在用水效率上的进展。

### 9.6.2.5 例5 西班牙巴伦西亚的胡加河流域：加强信息与监督

西班牙水理事会报告了一项配合欧盟水框架执委会的2006年"公共参与项目"。这个项目指导了西班牙河流域的公共信息和参与。在胡加河流域，公众积极参与了流域管理，设立了居民信息办公室来通报各项公众关心的水事务，信息通过流域网站和分发小册子传播。

胡加河流域机构已经建立了信息和监督委员会（或者叫公共参与委员会），评估了流域管理计划和项目的技术部分。委员会由来自不同地区和部门、国内政府部门、商贸单位、用户以及非政府等48个组织组成，具有顾问的特征，它负责产生议案和协调公共参与的进程。委员会是公共参与论坛的一部分，代表300多个组织机构，一切有权益的政党和利益相关者都与水问题息息相关。

结论：面临水资源日益短缺的挑战，水资源总是处于巨大的、带有个人动机的，并与利益相关者竞争的论战之中。流域管理部门有必要借鉴有益的实践经验，并结合自身的社会背景，推导出适合的必要措施，通过与社会的交流沟通，促使社会选择并推动水资源管理的可持续发展道路。

# 9.7 水资源一体化管理实例

## 9.7.1 罗马尼亚－乌克兰在水资源一体化管理范围内的跨界合作

根据欧盟政策，必须在水资源管理领域采取一致行动。在多瑙河流域的管理中，包括自然资源的可持续利用，必须应用综合方式，恢复多瑙河三角洲及沿河湖泊的自然生态系统；对多瑙河三角洲生物圈保护区的管理，罗马尼亚和乌克兰必须加强跨境合作。在水资源管理和防灾减灾过程中，需要建立一个有效的跨境监管系统。这些因素决定，在乌克兰和罗马尼亚之间必须加强多瑙河流域水资源一体化管理的跨境合作。为此设置了一个

"沿多瑙河的乌克兰部分和在多瑙河下游进行水资源一体化管理"的项目,该项目将有助于解决以下问题:

通过改善水处理及分水方式,来改善该地区水资源的卫生状态、居民的生活质量和健康;

在多瑙河下游建立有效的跨境水文监测和水质监测系统;

开发现代跨境应急系统,包括洪水对居民影响的通告;

改进敖德萨州和图尔恰县地方当局水利管理的资料和信息交流;

在多瑙河流域,促进罗马尼亚和乌克兰国家监测系统更高的相互作用水平,以及在整个多瑙河流域应用监测系统;

改善多瑙河漫滩乌克兰部分的防洪系统,迄今为止,沿多瑙河乌克兰部分约 108 km 堤防不符合泄洪条件,32 km 堤坝处于应急状况;

改善沿多瑙河乌克兰部分的农业状况,目前那里仍在使用过时的农业技术,从而导致水土流失,土壤和地表水污染,生态系统退化,包括国际重要湿地的污染;

改善沿多瑙河乌克兰部分土地利用和合理的空间规划,特别关注在该区域的高密度人口和高生物多样性;

针对全球气候变化的后果,如气温升高、黑海水位升高、多瑙河流域紧急情况(特大洪水)的破坏性影响等,制定与之相适应的基础设施和水资源管理方法等措施;

改善沿多瑙河乌克兰部分公众获取有关水资源状态的信息;

促进当地居民参与地方级和区域级决策过程,特别是在要做出有关居民健康、生活安全和环境质量三个方面的决定中应用一体化方式。

在乌克兰和罗马尼亚存在的主要约束因素有:缺乏在国际水道流域的综合管理、湿地可持续管理及其资源的利用、局域级和区域级空间规划方面的经验;在防洪上缺乏采取措施的资金;跨境和跨国合作水平低下,对水文监测和预防多瑙河紧急情况的技术能力薄弱;乌克兰和罗马尼亚在水资源管理方面的立法协调软弱;当地居民获取水资源状况的信息有限。

该项目直接促进了"多瑙河下游"跨国合作的发展;通过吸引罗马尼亚和乌克兰授权机构实施乌克兰政府和罗马尼亚政府间的合作协定,在水资源管理领域促进了乌克兰和罗马尼亚之间的跨境合作。该项目被视为罗马尼亚与乌克兰在多瑙河三角洲"生态因素、生物多样性和跨界生物圈保护区自然资源综合监测系统"的补充项目。

合作伙伴:乌克兰敖德萨州水资源生产管理局,罗马尼亚图尔恰县委员会,罗马尼亚多瑙河三角洲生物圈保护区管理局,乌克兰德涅斯特-普鲁特河流域水利管理局,乌克兰多瑙河水文气象观测站,乌克兰区域研究中心。

时间:24 个月。

项目融资:该项目主要由欧洲委员会出资(88.31%),敖德萨州水资源生产管理局、多瑙河水文气象观测站和多瑙河-喀尔巴阡世界野生动物基金会承担剩余资金。

项目总目标:通过合作单位在乌克兰和罗马尼亚边境地区,特别是多瑙河下游,促进应用水资源一体化管理方式,加强利益相关者之间的共同工作、协调和沟通,以达到可持续发展和改善生活质量。

具体目标是完善制度基础,提高技术能力和为地方当局形成一套多瑙河下游水资源管理工具。项目加强了乌克兰和罗马尼亚边境地区区域水管理的联系。

项目任务:促进乌克兰和罗马尼亚边境地区的水、土地资源更合理的利用;在水资源一体化管理领域发展跨界合作;改善生态系统和经济用水活动如渔业、生态旅游、娱乐和农业用水的管理;改善区域规划和跨部门的协作;

吸引公众参与水资源管理过程;在乌克兰和罗马尼亚边境地区开展水资源管理之间的合作;应用欧盟水框架指令的基本原则。

项目在敖德萨州和图尔恰县实施。该项目还将密切与外喀尔巴阡和伊万诺弗兰科夫斯克州与德涅斯特 – 普鲁特河流域水利管理处联系。

项目范围内的主要活动:研究工作,工作人员培训,开发地理信息系统,创建跨界水文气象监测的能力,创建移动的水文测量实验室,到罗马尼亚的访问和经验交流,研制水资源一体化管理的计划,与多瑙河保护国际委员会代表的工作会议,促进在敖德萨州建立黑海流域管理处,研制和商定多瑙河下游欧洲地区跨界应急计划,召开工作会议和 2 次讲习班,建立一个网站。

项目活动包括采取以下措施:在多瑙河流域乌克兰部分,提高乌克兰参与水资源、紧急情况预防和防洪管理处干部的能力;建立乌克兰和罗马尼亚伙伴组织跨境水文监测系统的制度能力;改进乌克兰伙伴的水文监测技术能力,改进乌克兰和罗马尼亚双方对敖德萨州和图尔恰县水资源和防灾管理的数据和信息的有效交换;发展敖德萨州和图尔恰县管理机构和所有合作伙伴在水资源管理和可持续利用,湿地保护和恢复,防灾和洪水风险管理方面的管理能力;提高居民的认识,把应用水资源一体化管理方式和合理利用看作是沿多瑙河乌克兰部分应用水资源管理系统方法的重要举措。

直接结果:建立了水文测量流动实验室,建立了 3 个自动水文监测站,建立了联合的水文气象数据库,建立了水质监测联合工作组,为沿多瑙河乌克兰部分制订了水资源一体化管理计划,提交了多瑙河下游水文气象监测系统现状的报告,建立了水资源管理过程中的合作战略,在敖德萨州创造了河流流域一体化管理的理念和行动,制定了在多瑙河下游紧急情况下跨境信息交换与合作的方式,出版信息快报,摄制了水资源合理利用的系列短片,建立了数据库,建立了以专题地图为基础的地理信息系统,培训了工作人员,建立了网站。

长期结果:在水资源管理领域改进了多瑙河下游罗马尼亚 – 乌克兰的跨境合作,在敖德萨、切尔诺夫策、伊万诺弗兰科夫斯克和喀尔巴阡地区的水利管理方面实现了横向一体化,敖德萨地区沿多瑙河乌克兰部分的州水利生产管理处和地方利益相关者(当地水利经理、地方当局、非政府组织等)实现了水资源管理纵向一体化。

## 9.7.2 拉丁美洲危地马拉圣哲罗尼姆流域水资源一体化管理

危地马拉圣哲罗尼姆河水资源的过度削减与污染,伴随农业发展和大面积的滥伐,造成了河流边界社区的不断冲突。为了减少争议和冲突,建立协调机制,危地马拉成立了圣哲罗尼姆流域委员会,旨在寻找并提供可以解决冲突的方案。委员会通过较为有效的资源利用使流域得到了恢复与并为当地居民创造了收入。

水资源一体化管理实践:圣哲罗尼姆流域委员会充当了流域用户的谈判组织。委员会由代表不同行业(包括农田灌溉、水产业、水电利用、居民用水以及旅游业)的用水户组成。目标是完成子流域的水资源一体化管理,同时保存生物多样性以确保社会和经济的健康发展。委员会的产生考虑到加强相关不同参与者的互相协调。发展联合行动旨在促进流域的水土保持和用水的可持续性。在其他相关的委员会中,如圣哲罗尼姆灌溉协会(AURSA)聚集了本国老体系内的800个用户。这800个家庭面临着水资源管理不当、污染、为输水而付出的较大投资、有效灌溉的需求和废水处理等问题。这样的局面促使这些家庭自己组织起来,整合财务和其他方面资源,建立基础组织来发展自我管理进程。灌溉协会现在负责在拉斯米纳斯山生物保护圈地区 30 hm² 的植树造林项目,还负责地区部门的水分配等项目以确保水资源的正确利用。

取得的经验:通过机构的合并,当地居民中的用户和非政府组织,增加了水资源一体化管理计划的认识,组织机构的社会责任是保护水资源。流域委员会在不同用水户之间建立了协调机制,同时在它的董事会和协调委员会中开展联合行动。

这个实例说明,通过在地区主要参与者(包括农场社团)协调努力下,在公立和私有团体的支持下,将会营造良好的氛围,开展水资源一体化管理行动。同时,这个进程为保护流域所有参与者的利益提供了保障。

### 9.7.3 印度奇利卡泻湖的水资源一体化管理

奇利卡泻湖是印度最大的半咸水湖和国际湿地公约保护区(见图9-1)。半咸水湖曾经大面积退化,因此被编入国际湿地公约局的蒙特勒档案,这是对其生态特征已经、正在或将要发生不利变化而需要在保护方面给予重视的地点所采用的主要强调手段。

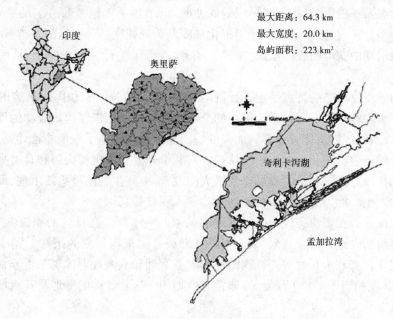

最大距离: 64.3 km
最大宽度: 20.0 km
岛屿面积: 223 km²

**图 9-1　奇利卡地方地图**

面对曾经充满生机的奇利卡泻湖的不断退化,奥里萨邦政府在 1992 年成立了奇利卡开发管理机构。该机构制定了复杂的一体化管理方式来解决同样复杂的奇利卡泻湖的生态和社会经济问题。对退化的主要原因开展了一次评估,旨在采取稳妥有效的方法,让奇利卡泻湖恢复过去那种良好状态。治理战略以流域与沿海发展进程相结合为基础,目标是建立生态良好的水文体系来改善水的质量,恢复已经丧失的生态环境,并增强湿地和流域的农业生态生产力。独特的监测计划使规划小组能够评估恢复的进程并朝着既定目标前进。规划也因此易于适应和体现新获得的知识。这一战略的有效性只是促进泻湖恢复的因素之一,同样重要的是社区的参与和利益相关人员作后盾。

为了确保社区的参与,奇利卡开发管理机构采取了一项参与小流域管理和"可持续农村生计"方法。这一战略从一开始便创造了能够推动社区居民、社区组织和非政府组织参与决策、能力建设和团队方式的条件。一系列基于需求的培训计划旨在促进社区对小流域的综合与全面管理,目标是减少贫困并改善无地、贫困农民和妇女的生计。在制定小流域规划方面,奇利卡开发管理机构采取了由下至上的方式,由适当的专家提供支持并在基层与地方知识融合,以便最佳利用自然资源和它们与农业生产的联系。流域社区为流域的开发联合融资,这为项目结束之后形成的流域资产的维护和可持续改善提供了支持。流域协会和用户团体能够与社区协商,有效实施微型计划。

通过成立妇女自助小组和进行能力建设培训,社区的妇女以特殊的方式受益。利用小额信贷机制,妇女自助小组的成员在农业方面开展创收活动,以补充家庭收入。由于有了自己的收入,妇女有能力冲破主要社会禁忌。

基层一级的自然资源全面管理促进了冲突的化解。作为参与性创新的结果,村落之间长期存在的冲突和小流域地区之内的不同意见得到解决。通过采用本地方法,参与小流域的规划促进并增加了为农业生产而采集的雨水的有效利用和供应。此外,它还降低了干旱对生态系统的影响,提高了小农的农业收入,增加了无地工薪劳工的就业机会,向最贫穷者公平分配收益,以及减少环境退化和降低劳动强度。最明显的是,贫困人口从土地和非土地活动中获得的收入增加,减少了债务,改善了生计和粮食安全,从而进一步减轻了贫困。

所采纳的恢复战略的特点是地方社区的坚定参与、同各国家和国际机构的联系以及为实现可持续农业和环境而对系统进行的全面监督和评估。恢复模式成功的原因是全面的网络化,以及使区域伙伴关系得到加强的协商和协调。实施了一项外延计划,以加深对泻湖和其流域重要价值和重大作用的认识。奇利卡开发管理机构大胆和具有战略性的恢复泻湖行动使渔业资源和水的质量得到很大的改善,一些生物品种重新出现,而入侵的有害品种减少。生产能力的增强使社区的人均收入明显提高。

奇利卡泻湖处在资源条件紧张的发展中国家的一个邦。在社区的积极参与下,奇利卡开发管理机构在地方资金有限、缺乏海外资助或金融机构贷款的条件下完成了一项困难的恢复工作。奇利卡开发管理机构的杰出财务管理和战略规划体现在将非常有限的印度政府赠款(仅相当于1 100万美元)非常有效地用于这片辽阔的湿地及其流域的全部恢复活动。

水资源一体化管理方法通过流域和沿海发展进程相结合来恢复奇利卡泻湖,使泻湖生产能力得到提高,泻湖生态系统得到全面恢复。与此同时,通过采用参与小流域管理,作物生产能力得到明显提高,减少了流入奇利卡泻湖的淤泥。农业生产力的提高使生活在泻湖内和周边社区及流域的人口的生计得到改善。

基于对奇利卡开发管理机构采纳的恢复措施所产生结果的评估,国际湿地公约顾问团建议将奇利卡泻湖从蒙特勒档案中删除。这是对奇利卡泻湖恢复模式巨大成就的承认。奇利卡泻湖是亚洲第一个从蒙特勒档案中删除的保护区。在2002年,奇利卡开发管理机构被授予两个奖项:因在恢复奇利卡泻湖中取得的杰出成就而被授予著名的"国际湿地公约湿地保护奖"和在环境保护领域作出杰出贡献的国家最高奖励"英迪拉·甘地奖"。奇利卡泻湖通过综合管理实现成功恢复是最理想的范例,证明了一个国际湿地公约的保护区如何走出蒙特勒档案,重新恢复其生态系统,让生活在其中和周围所有的生物均受益。

## 9.7.4 南美洲厄瓜多尔波特湖流域水资源一体化管理:波特湖流域二期项目

波特湖流域位于厄瓜多尔的东南部,面积 5 190 km²,拥有丹尼尔派拉西奥斯坝水电站(也叫波特坝)。目前,流域第二座大坝马扎里在建。此坝可发电 180 MW,计划 5 年之内建成。

1976 ~ 1982 年,联合国工业开发委员会投资了约 2.952 亿美金用于 500 MW 的水电站和丹尼尔派拉西奥斯坝的建设。由于水土流失(速率为 33 t/年)引起了波特坝水库的泥沙沉积严重,因此在联合国粮农组织的支持下,对波特流域的管理和水土保持计划进行了细致设计。1984 ~ 1988 年,由 IDB 资助的该项目总额为 1 920 万美元,其中 1 450 万美元来自银行贷款。

2002 年 4 月,欧盟委员会和厄瓜多尔签署了一项水资源一体化管理协定来执行波特湖流域的可持续发展项目,也被称为波特二期项目。因为前期与欧盟签署的波特一期项目旨在为 1993 年发生的 La Josefina 地区的重大山体滑坡(山体堵塞了波特湖)灾难后的恢复重建。

波特二期项目主要目的是使用冲刷控制方法来减少泥沙的产生,以保护大坝及其投资。因为该水电站提供了国内的总电力的 30% 和总能源的 56% 。

波特二期项目还旨在减少贫困和环境的恶化,从而提高波特河流域人口生活环境。在流域的水资源一体化管理总体规划框架中的目标描述中,将在流域的农村地区通过可持续生产实践和社会服务的提升以及减轻水文地质风险的脆弱性等途径,创造可行的社会经济程序。项目通过流域管理局与国有及私营部门进行合作、创新与操作,将有助于发挥流域的最佳潜能。为了达到这个长期的目标并确保其可持续性,对流域社会经济发展起到推进和刺激作用,将通过促进一切可能性的以及当前已达成协议的组织机构(市政当局,非政府组织,政府下级社团等)实现可持续性实践。

计划同时促进了受益社区的参与以提高其活力、可持续性并达到技术上预期成果。项目总预算为 1 400 万欧元,规划一直持续到了 2007 年。

## 9.7.5 大洋洲新西兰罗托鲁阿湖水资源一体化管理

水资源一体化管理实践:新西兰国有湖泊被归为国家重要的水体,旨在确保在水体管理中对其重要价值给予正确认识和合理保护。新西兰农业的不断发展引起了生产率和收益率的大大提高,同时农业陆地使用对环境的影响造成了压力。这就引发了新西兰的《水纲领计划》的制订,确保当前和未来该国的河流、湖泊、湿地以及淡水资源的合理使用、保护和保持。纲领确认并研究了减轻陆地使用对水质的影响并且评估有效管理技术的新方法。特别是从农场到流域层面的各种学科的科学计算程序为水资源管理的问题提供了综合方法,这是令人鼓舞的。还做了很多湖泊(包括罗托鲁阿和陶波湖)的项目试验进行了鉴定确认。

罗托鲁阿湖是一个大而窄的富营养湖区,接收了许多来自于罗托鲁阿市的污水排放点源,直到20世纪90年代污水排放物才转到陆地处理。在污水转移后湖泊水质得到了改良,但是由于进入湖水的硝酸盐成分的增长,水质再次恶化。农业土地利用使得75%的氮和大约46%的磷进入了罗托鲁阿湖。

基于问题不断增加的严重性,《水纲领计划》立法条款聚焦于减轻现有陆地使用对水质的影响,还明确了新增土地使用只允许输出较低量的营养物进入湖泊流域。减少营养物举措包括:①修改农场管理系统,并在现有的羊、牛、鹿和乳品制造用地利用中减少氮的沥出;②增加低氮淋失土地利用的数量(如森林、青饲作物或新品种园艺作物)。

对流域陆地进行限制使用后,农场主不得不关注农业生产和农场收益潜在损失对土地使用限制的影响。研究表明,对富营养物的管理行动和土地使用变化带来的经济影响将引起每年2 500万~8 500万新西兰元的农业收益的净损失。

因此,在族特拉瓦联盟(代表本土土地所有者)和罗托鲁阿/陶波同盟下的农民(代表其他的农业土地所有者利益)之间建立了罗托鲁阿湖泊与土地信托农村社团(RLLT)。RLLT的目标是与罗托鲁阿社区和地方机构一起工作,以发展实现罗托鲁阿流域土地和水资源的可持续性和多产性的计划。因为罗托鲁阿湖水质下降的原因,农村社区感受日益孤立或面临危机,RLLT组织很好地扮演了协调与合作的角色。

RLLT作为规章管理机构负责对可持续土地管理进行研究,RLLT与新西兰土地保护信托签订合同来发展对罗托鲁阿湖流域的研究行动计划。计划确定土地管理和战略,以使土地使用的增加对湖泊水质的影响达到最小化。

RLLT已经在与地区农民磋商中确定了选择管理的范围,包括氮肥使用的频率和时机、对牲畜的补充供给物的类型、牧场物种和合成、砧木类型、硝化抑制剂、饲料和厂区外的放牧、保护大坝、植物滤草带、建造湿地和对农场河流与水区的水生植物的收割,并进行了大量的农场试验。

产生的影响:罗托鲁阿RLLT和农场参与式的研究工作引人注目。湖区联合战略委员会已经认识到土地所有者能在实际和可持续性土地管理解决方法中作出有价值的贡献。在对行业发展、试验和评估时,土体所有者最有可能去采纳实用的农场解决方法。

因此,湖区联合战略委员会建立了可持续性土地使用执行委员会(SLUIB)。SLUIB由代表流域主要农业和林业部门的土地所有者组成。SLUIB对相关养分迁移研究、评价和推荐土地管理方案、达到养分减少目标存在的实际或潜在障碍、流域和地方机构设计的规划制度等提出建议,以促进对管理实践、科学和土地所有者和流域持续土地管理方案的整合。当前对土地使用管理和水质管理更多的整合需求无疑更加明显,将湖区营养指标目标和土地的养分减少目标联系在一起的流域模拟工作的需求同样也越发明显。

新西兰为特定流域找到成功的合作伙伴并建立了合作目标,提供了流域水资源一体化管理的新方法。

## 9.7.6 潘加尼河流域水资源一体化管理

在东非,潘加尼河流域面积大约有 43 650 km²,该流域居住着 370 万人,其中 80% 人口的生计直接或间接地依赖灌溉农业。除农业生产用水外,流域内还有 4 座水电站,综合发电能力为 91.5 MW,占坦桑尼亚国家电网供电能力的 17%。

人口增长和经济发展的压力越来越大,导致水资源过度开采,日益增加的用水需求和不同用水户与生态系统争水。流域内森林和湿地的损失和退化造成水土流失,增加了用水压力,流域内不同用水户之间已经产生冲突。随着流域内 3 个中心城市的规模不断扩大,用水需求越来越大,造成都市当局与农业社区政府的对立。气候变化对流域产生了重大影响,气候变化使河水流量从数百立方米每秒减至不到 40 m³/s。气温的升高造成年径流量减少 6% ~9%,而且预计情况会进一步恶化。

针对潘加尼流域水资源紧张的局面,世界自然保护联盟倡议、坦桑尼亚、欧盟委员会共同实施潘加尼河流域管理项目(PRBMP),并通过联合国开发计划署的全球环境基金提供资金支持。该项目由坦桑尼亚政府和联合国开发计划署在 2007 年 8 月签署生效。

该项目是在坦桑尼亚的国家水资源政策和水资源管理法的基础上,在流域级促进水资源一体化管理原则的实施,利益相关者共同参与管理水资源,以可持续的公平的方式利用流域水资源。该项目由以下几个方面组成:一是进行地下水评估:把潘加尼流域地下水资源评价和生产信息纳入到全流域的水资源一体化管理计划。地下水评估的目标包括:①确定地下水资源量及其发展潜力,确定地下水的可用量;②设计地下水与地表水相结合的一体化管理的架构;③通过地下水评估建立和提高管理能力。二是建立利益相关者参与水资源管理的机制,促进没有用水户协会的地方建立协会,让所有用水户,地方政府,其他部委,如农业、能源、规划和投资等部门都加入用水户协会,并且为用水户协会提供技术咨询,提高他们的水管理能力。三是建立各种论坛,让主要利益相关者表达他们的意见并参与水资源管理的决策,这种对话可以增进政府和社区的关系,让他们对冲突进行分析、建立关系和信任、商讨解决办法,参与对话的范围越广,其结果就越经得起时间的考验,且其管理决策就越公正。四是培训技术人员 10 人;让人们了解气候变化对河流径流量的影响;促进国家在流域级水资源管理上采取措施应对气候变化的影响。

潘加尼河流域管理项目由联合国开发计划署领导,由潘加尼流域水资源委员会组织实施,作为一个案例被列为世界自然保护联盟的 TEEB 报告。该项目加强了潘加尼流域水资源一体化管理,提高了该流域应对气候变化的能力,对经济、社会和生态 3 个方面都有利,改善了灌溉系统的效率,优化改善了河流的健康,地下水的流量流向下游增加了水电发电量。该项目使该流域的所有用水户受益。

## 9.7.7 在纳米比亚北部的水资源一体化管理——库韦拉伊河水工程

对于已经受到干旱影响的国家,气候变化和水资源短缺造成一个极端的挑战,要求采取适当的解决办法。特别是位于撒哈拉以南的国家,水资源短缺将变得更加严重,降水将越来越多地在空间和时间上变化。2009 年,纳米比亚政府与德国合作,进行了一个国际研究项目,即库韦拉伊水工程,库韦拉伊河流域位于纳米比亚北部,与安哥拉毗邻。在高人口增长率、高人口密度、城市化加快与可持续饮用水供应和卫生设施短缺的情况下,应该采取措施,提高水的利用率。根据德国技术合作机构,库韦拉伊 – 埃托沙河流域至关重要,因为有 40% 的纳米比亚人生活在该地区,该地区的自然资源承受着严重的超负荷。库韦拉伊水工程项目旨在制定和实施水资源一体化管理的理念,即侧重于加强内源性水资源的使用,以创建一个多种水资源的组合(例如,废水循环利用,雨水收集,利用太阳能进行海水淡化,人工地下水回灌等),通过实施创新的水供应和废水处理技术,改善居住在库韦拉伊 – 埃托沙河流域的居民的生活水平。要达到这个目的,一个重要前提就是采用跨学科的研究方法,使技术工程和社会一体化。库韦拉伊 – 埃托沙河流域水资源一体化管理是联系纳米比亚政府、驻纳米比亚的欧盟委员会、纳米比亚沙漠研究基金会、德国联邦地球科学研究院和德国技术合作机构的纽带工程。该工程将获得了以下资助:德国政府(通过德国技术合作机构)共计 80 万欧元,德国联邦地球科学研究院(45 万欧元)、农林部(30 万欧元)以及欧盟和非洲、加勒比海和太平洋国家合作组织的价值 34 万欧元的水设备。目前该项目正在顺利实施。

## 9.7.8　赞比西河流域水资源一体化管理

赞比西河为非洲第 4 长河,全长为 2 660 km,流域面积为 133 万 km²,河口年平均流量为 1.6 万 m³/s。其水系发达,支流多。赞比西河流量随降水季节变化较大。赞比西河多瀑布、急流,河上瀑布达 72 处。水力资源丰富,水力蕴藏量 1.37 亿 kW。下游河段为最长通航河段。整个流域覆盖南非共同体地区 8 个国家(安哥拉,博茨瓦纳、马拉维、莫桑比克、纳米比亚、坦桑尼亚、赞比亚、津巴布韦),直接给 4 千万人供水,为非洲经济较发达地区。

赞比西河行动计划:1991 年,赞比西河流域国家正式提出了赞比西河行动计划,旨在可持续共同享用整个流域的水资源,以取得社会经济利益的最大化。计划分为 2 个阶段,第一阶段于 1995 ~ 2000 年着手实施,主要任务是建立水资源信息数据库,支持流域内水资源更有效地管理。南部非洲发展委员会(SADC)为了保持流域内水资源一体化管理,以支持经济和社会综合发展并消除贫困。第二阶段从 2001 ~ 2008 年运行,有 2 个主要目标,一是建立整个流域水资源共享的体制框架;二是建立流域水资源一体化管理战略的模式。2004 年建立了赞比西河委员会(ZAMCOM),共同管理流域内共享的水资源。在赞比西河委员会的指挥运作下进行了大量的管理实践。南部非洲发展共同体成员国签署了一项可持续和公平利用赞比西河水资源的公约,为整个赞比西河流域发展提供了机遇。

水资源一体化管理战略文件是在赞比西河流域委员会协议下制定的,是赞比西河流域地区经贸合作一体化、合作管理的指导原则。平衡了水资源开发与管理对社会、经济和环境的作用,同时兼顾了流域内各国的互利合作,以达到对共享水资源的合作管理目标。在与全球水伙伴的合作中,发展并形成了"21 世纪南部非洲的水、生命与环境"和"为当代和未来社会、环境和经济利益而公正公平提供可持续用水"等良好愿景,内容主要涉及以下几方面:社会和经济发展、公民有权使用可靠质量和数量的水、环境卫生和安全的废弃物管理、食品安全、能源安全、可持续的环境、自然灾害安全、水资源一体化管理等方面。

水资源一体化管理第二阶段由赞比西河流域管理机构(ZRA)负责执行。项目执行机关(PIU)建立在赞比亚首都卢萨卡的赞比西河流域管理机构总部办公室,提供水资源一体化管理战略编制的咨询服务。咨询任务开始于 2006 年 9 月,在 2008 年 3 月提交结论。赞比西河流域管理机构更侧重于赞比西河流域水资源一体化管理的目标、行动和工作计划的落实。项目最后 6 个月的主要任务是为水资源一体化管理的实际操作准备,以及使用赞比西河水信息系统的相关培训(包括 8 国沿岸国家的赞比西河水信息系统的安装)。在实施过程中,更关注与流域内风险承担者的协商,特别是与沿岸国家政府代表的协商。协商进程应确保与流域内风险承担者的目标和指令一致,特别是与沿岸国家政府代表的一致。通过举办重要国际和区域讨论会使协商更加行之有效,在有限的次数内,使协商机会最大化。

赞比西河流域水资源一体化管理第二阶段战略分为中期和长期目标,以满足流域水资源一体化管理和防洪减灾、防止环境污染恶化等需要。水资源一体化管理战略支持赞比西河流域委员会信息化功能。

赞比西河水信息系统(ZAMWIS):水资源一体化管理第二阶段的目标建立了赞比西河水信息系统。流域内共享水信息和快速评估报告总结了用水状况和需求。水资源一体化管理试图寻找一种解决问题的方法,快速评估法正是基于从沿岸国家收集的水资源信息数据(时间连续的水文气象数据和社会经济数据)。这些数据和信息现在都被上传到赞比西河水信息系统中。

赞比西河水信息系统已发展为满足沿岸各国中长期水资源信息的需要。目前系统运转很快。赞比西河水信息系统是支持未来赞比西河委员会最重要的功能之一,即"收集、比较和评估与赞比西河有关的所有数据和信息,并传送所有的数据和信息给成员国。

赞比西河水信息系统数据库的主要结构层次包含沿岸国家的以下相关数据:

(1)行政边界、气候、环境参数(包括被保护区)、野生动植物和国家狩猎公园、游览与娱乐、渔业、森林水文气象等。

(2)基于网络的数据和信息库包括研究报告、政策法规、GIS 数据集、静态与实时 GIS 地图和摘要性的统计数据与流域内水文气象站的时间连续的数据。

(3)水文气象数据库和原型网络地图服务与网络资源相互集成。数据(时间连续数据和空间数据)存储于适合制作支持决策报告的模型信息中。

(4)水资源模型和决策支持工具(赞比西河水信息系统发展的最终阶段)。

水资源一体化管理战略是在根据长期历史情况快速评估水的供需结果的基础上,分析现有的和预期的水资源问题、机遇和挑战而制订中长期战略并加以实现。研究并制订了国家计划文件、非洲发展委员会地区指导战略发展计划、非洲发展委员会地区水资源一体化管理战略行动计划、非洲发展委员会地区水基础设施发展战略、马拉维希累河子流域水资源管理初始文件和其他规划文件(包括正在 4 个国家进行的水资源一体化管理计划)。同时还将审订相关的非洲发展委员会协议和赞比西河委员会基础文件以满足战略选择的需要。沿岸国家与地区之间常常蹉商这些战略并选择制订相应条款。

水资源一体化管理战略涉及范围很广,它包括对流域边界管理的发起者(如对尼罗河流域管理的发起者)实施水资源一体化管理计划的实践经验进行研究并作出比较,同时明确了南部非洲发展委员会对这个区域重要发起者的协调作用,与此同时为世界银行投资提供例证。战略研究旨在发展多国、多地区框架结构从而为赞比西河流域水资源管理的投资提供支持。战略研究偏重于农业、水电、工业与城市供水、环境与水生态系统以及农村发展等方面,同时也包括洪水灾害、灌溉方案、现有的基础设施和规划项目、人口与人类居住区、工业、土壤、地形地貌等方面内容。

赞比西河水资源一体化管理的不足之处和赞比西河委员会的合作发展方向:当前水资源一体化管理的不足之处为:流域内的组织机构尚未真正建立,但通过联合行动区域间合作开展的情况较好;国内水资源管理机构担当赞比西河流域的管理任务的能力比较弱;宽流域的数据收集(如洪水的实时数据或旱情的长期数据)和信息交换系统数据不足;仍缺少广泛的风险承担者来参与水资源管理。可期待赞比西河委员会在以下方面建立合作机制:主要水利工程的协调与咨询;消费用水的共同投资计划;协调运行管理;整个流域范围内用水许可的协调;促进允许利益共享的基础设施的发展,特别是区域内电网、公路网和改良的航运。

赞比西河水资源一体化管理的培训:为了进一步贯彻执行赞比西河流域水资源一体化管理计划,2006~2011年,全球水伙伴、瑞典国际开发合作署和斯德哥尔摩国际水资源研究所举办了5期国际培训,培训时间不等,从3个星期到3个月。非洲水资源中心、南部非洲发展共同体、赞比西河水道委员会、赞比西河管理局、赞比西河流域沿岸国家(安哥拉、博茨瓦纳、马拉维、莫桑比克、纳米比亚、坦桑尼亚、赞比亚和津巴布韦)从事水资源管理的高级管理人员共80人分别参加了赞比西河水资源一体化管理的培训。培训人员还实地考察了瑞典水资源一体化管理的案例。研究培训内容包括跨界水资源管理、能力建设的必要性、水资源一体化管理的立法框架,技术开发和管理工具,水资源可持续利用,增加了解国际进程和扶贫,有关国际、国家和当地水资源一体化管理进程,水资源分配的决策等,培训的主要目的是增强赞比西河流域沿岸国家的跨境合作,提高专业工作人员的组织能力,以解决赞比西河流域水资源管理面临的挑战,支持和协调赞比西河流域的可持续发展。此外,培训班鼓励和刺激参与者参与对话,并促进区域联网,进一步发展联系和网络。要解决的主题是水治理,水资源可持续发展,水资源与土地资源的一体化管理和利用,用水效率,承认水资源跨界共享,水质问题,技术和基础设施的发展,利益相关者的参与等。培训合格者发给证书。

## 9.7.9 厄瓜多尔安巴托流域水资源优化管理

20世纪,厄瓜多尔社会经济发展以及政治体制改革,使得安第斯山区中部通古拉瓦省的土地利用大幅度增加。这些变化给该省境内安巴托流域的土地和水等自然资源的利用带来了巨大压力。流域内的高地主要归当地居民(以前的庄园主)所有并主要用于发展农业。流域内商业的发展也需要更多的用水。

由于耕地面积的增加和人口的增长,上游地区农村灌溉用水和下游城市用水相应地增加,加剧了枯水期的缺水问题。事实上,流域内的水量出现了缺口:枯水期需水量(3.8

m³/s)大于可利用水量(3.5 m³/s),枯水期不仅水量不足,而且下游地区的水质也受到了影响。由于水资源分布和经济效益分布越来越不平衡,以及流域内贫困不断加重和人口不断增长,使得流域现状越来越糟。

安巴托流域上游地区提供的水资源量占全流域的50%以上。高寒地是安第斯地区的一个自然湿地生态系统,高程在3 500 m以上,被认为是理想的天然蓄水之地,供水能力强。由于其位于流域上游,过去几乎没有受到人类活动的干扰,因此水文循环没有改变。然而,近20多年来,由于人类活动已经到了3 500 m高程以上,由此导致的土地利用和下垫面条件的变化对流域水文特性产生了巨大影响。通过对比研究发现,土地利用情况的变化和人类干扰导致汛期洪峰流量增加40%和枯水期基流减少40%。

安巴托流域水资源一体化资源管理框架:过去30多年,安巴托流域上游因耕地面积增加而使灌溉用水量增加,同时,由于土地利用情况的变化使可利用水量减少,这就导致流域上下游灌溉用水之间的冲突,以及与城市饮用水的竞争。事实上,在枯水期,安巴托流域下游几乎断流,而城市污水流入河道,造成严重的环境问题,由此引起了公众和当地有关当局(如HCPT)的关注。HCPT开发集团负责流域环境问题和流域管理。为解决环境问题,目前正在实施VRCARA工程。该工程包括通过兴建一系列水库来调节上游的流量。主要目标是汛期拦蓄上游洪水,枯水期下泄,使安巴托河有足够的流量以满足供水和环境需水要求。

VRCARA工程的研究始于20世纪80年代末,到2005年,一期工程完成,主要包括Mulacorral水库和从邻近的埃尔松布雷罗和埃尔廷戈两条河调水的调水系统,如图9-2所示。Mulacorral水库总库容为291万m³,有效库容为278万m³。1996年,HCPT授权Caminosca公司完成二期工程的可行性研究以及最终的研究报告。该公司随后又完成了位于安巴托河支流Caminosca上游Chiquiurcu坝的设计。Chiquiurcu坝是34 m高的分区均质土坝,设计有效库容为248万m³。

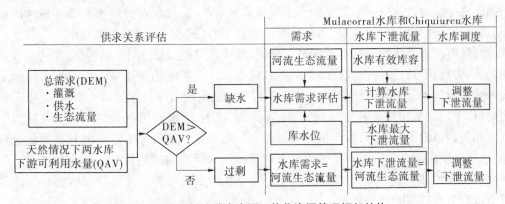

图9-2　安巴托流域水资源一体化资源管理框架结构

上述两座水库蓄纳天然来水,总有效库容为526万m³。而下泄流量根据整个系统灌溉、饮用、环境等的日需水量而定。为此,需要确定实时自动更新的调度规程。水库下泄流量依据水库状况、安巴托河流量以及实际需水量而定。调度规程要考虑对环境的调节,下泄流量应满足水库下游野生动物以及安巴托河下游城市附近水质的要求。

调度规程应在数据监控及采集终端(SCADA)框架内制定。系统信息主要来自水库的遥感、测流以及用户需水数据。测流设施安装在水库出口以及 A—H 时段的水量平衡分析,以便确定每座水库的下泄流量。起初,系统每 8 h 更新一次,但实际上,如果需要,系统可以随时更新。水库下泄应遵循以下准则:

(1)根据两座水库下游的水资源状况、水库蓄水能力以及库水位,最大可能地满足灌溉、供水和生态需水的要求;

(2)优化利用水库水资源,尽可能多地蓄水,避免浪费;

(3)任何时候都必须保证水库下游野生动物需要的最小流量;

(4)应使每日或每小时的水库调度更加便利;

(5)应确保闸门操作安全,避免库水位快速下降,防范风险,确保大坝安全。

上述准则已转化成逻辑操作程序,通过对系统状况,如库水位、可利用水量和需水量的连续分析,便于实现水库系统管理。系统操作流程见图 9-2。所有数据将储存在系统内,以便进行深入分析,提高对水文灌溉系统和主要用水户的进口。数据将用于各循环的认识,为更合理地利用水资源提供科学依据。供求关系评估需求水库下泄流量、水库调度河流生态流量和水库有效库容。

由于土地利用发生了变化,安巴托流域上游可利用水量已经减少,同时由于流域内人口的增长和经济活动日益频繁,需水量不断增加。因此,流域缺水问题很复杂,应该从土地和水资源综合管理的角度去寻求解决问题的方法,通过已建的 Mulacorral 水库和拟建 Chiquiurcu 水库可解决部分问题。通过自动采集有关数据有助于更好地了解流域可利用水资源量、流域内用水情况,且有助于不断改进可利用水量的管理,调整用水趋势,达到水资源的优化管理。

安巴托流域可利用水量不能满足不断增加的需水量,因此要避免水资源的不合理利用或浪费,最合理地使用水库蓄水。制定正确的调度规程和合理的政策是达到上述目的的措施之一。通过建立一套完整的水文气象监测系统,以加深对流域水文循环规律的认识,进而达到优化所有用户的用水并且保护好剩下的高寒地,这才是最重要的。

对现有灌溉系统的运行和管理进行分析,并改进基础设施和用户组织形式是非常迫切的,因为现行运行管理模式已经落伍并且效率低下。在安巴托流域上游实施合理的水资源管理措施十分关键。尽管 VRCARA 工程仅仅是实现宏伟目标的第 1 步,但它可以使当局(HCPT)采取由相关各方(包括当地居民、农场主、城市居民、供水公司、非政府组织以及相关领域的研究者等)参与的新管理模式。相关各方能够为了各自的利益而各行其职,这样才能实现在水资源不足的情况下合理利用水资源的战略目标。已经投入运行的一期工程和包括 Chiquiurcu 水库的二期工程,是在考虑了环境可持续性、社会公平、经济效益以后对水资源的合理利用。

## 9.7.10 哥斯达黎加塔尔科莱斯河流域的水资源一体化管理

哥斯达黎加位于中美洲的南部,水资源丰富,2006 年全国人均水资源量为 25 557 m³。塔尔科莱斯河流域面积为 2 169 km²,占该国领土的 4%。其居民数量占全国总人口的 55%。超过 85% 的工业、运输和商业活动以及 50% 的咖啡生产和养牛业都集中在这里。这一流域的水文特性为:5~12月是雨季,而12月至次年4月为旱季。

塔尔科莱斯河流域的主要问题如下:

(1)来自农产品加工业,特别是咖啡加工以及其他产业的排污对水源的污染;

(2)城市扩展占用农田,同时农民逐步侵占森林和保护区;

(3)农业和工业、家庭以及生态系统保护不断增加对水的需求,在用水方面存在着尖锐的冲突;

(4)在该国,甚至在中美洲,塔尔科莱斯河流域是污染最为严重的地区。主要污染物为生活污水(40%)、工业废水(23%)、动物(16%)和固体废弃物(14%)。

自1994年以来,已经几次试图实现塔尔科莱斯河流域水资源整体管理。作为地方性非政府组织,城市开发基金会在这方面进行了成功尝试。该基金会的活动重点放在民间社会参与环境及水资源管理。在1995~2000年期间,基金会创建了塔尔科莱斯河流域管理机构,鼓励当地和区域的不同参与者和利益相关方参与决策。基金会还促进国家制定并审议新的水法,并促进非政府组织、环境组织、卫生和环境部、国家议会以及其他机构之间开展对话。这一法律从根本上改变现有的水管理系统,为创建流域管理机构铺平道路。

塔尔科莱斯河的成功经验首先是建立了一个充满活力的委员会,实现了该流域极为重大的变革。尤其是减少来自咖啡种植的污染;使不同产业和企业的环境管理系统实现一体化;创建了该国第一个环境税收系统;将诸多利益相关者聚集在一起,讨论和磋商有关水资源管理及环境保护问题;制定了新的水法。因此,在水资源一体化管理应用方面创造了新的经验。

为了在地方一级,特别是在法律制度和体制框架不健全的情况下制定新的用水管理模式,有必要建立长期对话的平台。中央政府和国家其他决策机构需要使地方一级能够以有效的方式开展主动行动。与中央政府保持良好的工作关系有助于实现与更高一级的沟通。

城市开发基金会认识到,只有在对涉及环境和水管理的国家法律框架作出相应改变的情况下,流域的各机构才能有效地工作。而这一法律框架应该符合中美洲区域和国际政治经济的进程。该区域下一步的工作是为一体化地参与水管理制定共同法律。城市开发基金会目前已经吸收中美洲6个国家(巴拿马、哥斯达黎加、尼加拉瓜、萨尔瓦多、洪都拉斯和危地马拉)的环境和卫生部参加制定一项环境管理的区域战略。

## 参 考 文 献

[1] Shiklomanov I. World water resources at the beginning of the 21st centruy. London:Cambridge Univ. Press, 2003.

[2] 耿磊,译,高专,校. 非洲水资源地图集——决策者. http://www.hwcc.com.cn.

[3] 南部非洲发展共同体内部的水资源一体化管理. http://www.orangesenqurak.com/governance/integrated+water+resource+management/river+basin+organizations/integrated+water+management+sadc.aspx.

[4] http://www.healthywaterways.org.

[5] 屈艳萍,译,孙磊,校. 对世界银行批准5亿美元贷款帮助西非尼日尔河流域水资源和生态系统建设. http://www.hwcc.com.cn.

［6］The Pangani River Basin Management Project（PRBMP）. http：// www. panganibasin. com/index. php/ prbmp/.

［7］刘冰,译,高专,校. 水安全与发展:非洲伙伴行动计划. http：// www. hwcc. gov. cn/pub/hwcc/wwgj/ xwzx/rby/201107.

［8］刘志阳,译, 高专,校. 水安全发展:来自非洲合作伙伴行动的启示. http：// www. hwcc. com. cn.

［9］全球水伙伴的第一个十年:回顾过去和展望未来. http：// www. gwp. org // Activities/News/CPreport – Chinese. pdf.

［10］中英合作水资源需求管理项目:水资源综合管理方法汇编综述报告 1:水资源综合管理（IWRM） 2010 年 5 月. http：// www. wrdmap. org/bqcg/201006/P020100624446566206519. pdf.

［11］丁绿芳, 孙远,译. 南非水资源一体化管理. 水利水电快报, 2007(3).

［12］M. 格拉姆鲍夫. 水资源综合管理［M］. 赫英臣,等,译. 北京:中国环境科学出版社,2010.

［13］Agenda 21［EB/OL］. http：// www. un. org/esa/dsd/agenda21/res_agenda21_00. shtml,2011-07-14.

［14］HooperB. P. Integrated River Basin Governance：Learning from International Experience,London：IWA Publishing, 2005.

［15］OECD. Strategic Financial Planning for Water and Sanitation, Paris,France,2005.

［16］GWP, INBO. A Handbook for Integrated Water Resources Management in Basins. Sweden,2009.

［17］UN-Water. Status Report on IWRM and Water Efficiency Plans for CSD16,United Nations,New York, USA,2008.

［18］中国水利报,2006-04-06,周报.

［19］The Pangani River Basin Management Project（PRBMP）. http：// www. panganibasin. com/index. php/ prbmp/.

［20］A Handbook for Integrated Water Resources Management in Basins,Global Partnership. http：// www. inbo-news. org|www. gwpforum. org,2009.

［21］Dimple Roy et al. ,Integrated Water Resources Management（IWRM）in Canada,2009. http：// class. wtojob. com/class231_11639. shtml.

［22］Water supply and sanitation in Ecuador. http：// en. wikipedia. org. /wiki/Main_Page.

［23］Water supply and saitation in Bolivia. http：// en. wikipedia. org/wiki/Main_Page.

［24］Water supply and saitation in Bolivia. http：// en. wikipedia. org/wiki/Main_Page.

［25］水利部国际合作与科技司,等. 各国水概况(美洲、大洋洲卷)［M］. 北京:中国水利水电出版社, 2009.

［26］Cap-Net 2006,联合国《世界水发展报告》.

［27］全球过半大河"喊渴",警惕未来"水战争". http：// www. tahe. gov. cn/zhuanti/sf/sf4. asp.

［28］陈亚清. 世界水能资源开发概况. http：// www. indaa. com. cn,2009-08-31.

［29］贾金生,袁玉兰,郑璀莹,等. 中国 2008 年水库大坝统计、技术进展与关注的问题简论. http： // cpfd. cnki. com. cn/Article/CPFDTOTAL-SLGC200910001143. htm.

［30］徐方军,译,童正则,校. 世界水发展报告——人民的水,生命的水,执行报告（摘要）. http：// www. waterinfo. com. cn/syjj-1/gddt/200404150030. htm.

［31］实现水和环境卫生全球指标. http：// www. un. org/chinese/waterforlifedecade/factsheet. html.

［32］张家诚, 张沅. 现代水荒初探［J］. 水科学进展,1999, 10(1).

［33］徐海静. 世界面临水危机,实是"水管理危机". http：// www. shp. com. cn 2006-08-29.

［34］哥伦比亚水资源一体化管理综述. 水利水电快报,2009,(4):1-5.

［35］Развитие трансграничного сотрудничества в сфере интегрированного управления водными ресурсами в еврорегионе "Нижний Дунай" Программа соседства Румыния-Украина, проект 2007/141 – 164. http://www. crs. org. ua/ru/5/current/59. html.

[36] Pattnaik A. 印度沿海湿地奇利卡泻湖的恢复:水资源综合管理和社区积极参与相结合的成就. www. chilika. com.

[37] Inception Report,Phase 1 ~ 2,Integrated Water Resources Management Strategy for the Zambezi River Basin,SADC-WD/Zambezi River Authority ,SIDA,DANIDA,Norwegian Embassy Lusaka ,October 2007.

[38] 厄瓜多尔安巴托流域水资源优化管理[J]. 水利水电快报,2007(9).

# 附件:亚洲开发银行制定的水资源一体化
# 管理发展评价方法

　　正如亚洲开发银行所述,这 25 个要素是公认的对在流域实行水资源综合管理(IWRM)十分重要的因素。在机构改革、发展战略和投资项目中纳入这些要素,可对流域的水资源综合管理产生重要影响。同时,可能还需要在国家层面上改善实施环境。

| IWRM 要素 | 典型措施/ 标准 |
| --- | --- |
| 1. 流域机构 | 在新的或现有的流域机构内开展能力建设,且应侧重于亚洲流域机构网络(NARBO)基准服务框架所规定的四个方面(利益相关者、内部业务流程、学习与提高、财务) |
| 2. 利益相关者参与 | 将利益相关者对流域规划的制定和管理的参与制度制度化,应当包括地方政府、民间社会组织(学术界、非政府组织、议员、媒体)、私营行业的积极参与;另外,还要为利益相关者有效地参与各个项目的规划决策提供实施环境 |
| 3. 流域规划 | 制定或更新水资源综合管理规划或战略,要有流域利益相关者的参与和认同,并将水资源综合管理原则用于土地利用规划过程 |
| 4. 公众意识 | 与民间社会组织和媒体合作,引入或扩展水资源综合管理的公共宣传计划 |
| 5. 水量分配 | 通过参与和协商的方式,并利用当地的知识和方法,减少流域中各种用水和地理区域之间的水量分配矛盾 |
| 6. 水权 | 开展有效的水权管理,并考虑到地方社区、农民和农民组织所拥有的传统或习惯水权 |
| 7. 排污许可 | 采用或改进污水排放许可证和污水排放费制度,从而落实污染者付费的原则 |
| 8. IWRM 资金筹措 | 建立由各级政府为流域水资源综合管理提供预算资金的制度模式 |
| 9. 经济手段 | 采用原水的定价机制及其他经济措施来共同分担水资源综合管理的成本,促进水需求管理和节水,保护环境以及支付环境服务费用 |
| 10. 法规 | 为了在流域实行水资源综合管理的原则并为其筹措资金而促进相关法律与监管框架的制定和执行,涉及水价、收费、水质标准和水务服务机制等方面 |
| 11. 综合利用水利基础设施 | 建设与管理水利基础设施,以提供多种效益(例如水力发电、供水、灌溉、洪水管理、防止咸水入侵、生态系统维护) |

| IWRM 要素 | 典型措施/标准 |
|---|---|
| 12. 私营行业的作用 | 在水资源综合管理中,通过企业社会责任(CSR)等途径实行或加强私营行业的参与 |
| 13. 水资源教育 | 将水资源综合管理纳入学校教学计划,以提高年轻人的水资源知识并建立他们的领导能力,包括承担当地水体监测的责任 |
| 14. 小流域管理 | 与地方社区和民间社会组织合作,为上游小流域的保护与恢复进行投资 |
| 15. 环境流量 | 为了采用环境流量并示范其应用而制定一个政策与执行框架 |
| 16. 灾害管理 | 对工程措施与非工程综合措施进行投资,从而降低对流域内洪水、干旱、化学品泄漏和其他灾害的脆弱性 |
| 17. 洪水预报 | 建设或改善洪水预测与预警系统 |
| 18. 水灾修复 | 水灾之后对基础设施的恢复进行投资 |
| 19. 水质监测 | 启动或加强流域范围内的水质监测与标准应用 |
| 20. 水质改善 | 为工程措施与非工程干预措施进行投资,以减少点源与非点源的水污染 |
| 21. 湿地保护 | 为保护与改善作为流域生态系统组成部分的湿地进行投资 |
| 22. 渔业 | 采用保护与改善河流渔业的措施 |
| 23. 地下水管理 | 加强地下水的可持续管理并制度化,把它作为水资源综合管理的一部分 |
| 24. 水资源节约 | 将改善用水效率、节水与重复利用的政策与执行框架制度化 |
| 25. 决策支持信息 | 改进网上的流域信息发布系统,为水资源综合管理的政策、规划与决策提供支持,包括对"工具箱"与先进方法的宣传推广 |

实现流域的水资源综合管理是一个长期的过程,各个流域均不相同。这个一般性的路线图说明了分阶段引进水资源综合管理基本原则的结果。若以百分制衡量,可以将30分看做实行流域水资源综合管理取得了良好的成果。

| IWRM 要素 | 评分 | | |
|---|---|---|---|
| | 0 | 2 | 4 |
| 1. 流域机构 | 没有设立流域机构 | 成立了流域机构但职责不明晰，机构设置和业务职责需要改进 | 流域机构具有明确的职责，机构设置完善，并通过能力建设计划来提高绩效 |
| 2. 利益相关者参与 | 在流域规划和管理过程中没有利益相关者的参与 | 在流域规划和管理过程中利益相关者的参与有限 | 在一个有利的实施环境下，利益相关者定期、有效参与项目具体规划或流域规划决策过程 |
| 3. 流域规划 | 没有制定流域规划或战略 | 没有制定流域规划或战略，但编写了介绍流域情况的概要文件 | 编写了流域规划或战略，以作为流域投资的依据，并通过利益相关者的参与和认同来定期更新规划文件 |
| 4. 公众意识 | 没有用以提高水资源综合管理公众意识的计划 | 刚刚实行水资源综合管理公众意识计划，但范围非常小 | 与社会机构和媒体合作，定期执行公众意识提高计划 |
| 5. 水量分配 | 没有建立水量分配制度，结果导致用水冲突 | 水量分配制度执行力度有限 | 在流域内的用水户和地理区域之间实行水量分配，但还有改进空间，包括参与方式和协商方法及应用本土知识和方法等方面 |
| 6. 水权 | 没有水权管理制度，也不尊重习惯水权 | 现有的水权管理制度部分执行或执行不利 | 水权管理执行良好，同时尊重当地社区、农民和农民组织的传统或习惯用水权利 |
| 7. 排污许可 | 没有污水排放许可和排污收费制度 | 污水排放许可和排污收费制度需要改进 | 污水排放许可和排污收费制度被利益相关者所认可 |
| 8. IWRM 资金筹措 | 政府对水资源综合管理没有预算 | 政府为水资源综合管理分配了有限的预算 | 政府为水资源综合管理提供预算在某些管理层面上制度化 |
| 9. 经济手段 | 没有采用原水水价或其他经济措施 | 原水水价制度或其他经济措施部分执行或执行不利 | 原水水价或其他经济措施体系的执行效果令人满意，形成了水资源综合管理费用共担、促进水需求管理与保护以及环境保护并为环境服务付费的局面 |

| IWRM 要素 | 评分 | | |
|---|---|---|---|
| | 0 | 2 | 4 |
| 10. 法规监管 | 没有保障水资源综合管理原则的实施和资金渠道的法律与监管框架 | 保障水资源综合管理原则的实施和资金渠道的法律与监管框架执行不力 | 通过认真执行制度与法规,使保障水资源综合管理原则的实施和资金渠道的法律与监管框架得到很好的贯彻和落实 |
| 11. 综合利用水利基础设施 | 没有综合利用水利基础设施(如:水利发电、供水、灌溉、防洪、防止咸水入侵、生态保护) | 少数水利基础设施实现了综合效益,但没有得到有效管理 | 存在多个水利基础设施,有改进管理的空间 |
| 12. 私营行业的作用 | 私营行业没有参与水资源综合管理 | 私营行业只参与水资源综合管理的部分工作 | 有私营行业参与水资源综合管理的几个案例 |
| 13. 水资源教育活动 | 学校尚未开展水资源综合管理教育活动 | 学校偶尔开展水资源综合管理教育活动 | 学校定期开展水资源综合管理教育活动,并有可能成为学校的教学课程 |
| 14. 小流域管理 | 没有对上游小流域的保护和修复进行投资 | 用于保护和修复上游小流域的投资非常有限;很少与当地社区、社团组织合作 | 有大量投资用于上游小流域的保护和修复,与当地社区和社团组织开展密切合作 |
| 15. 环境流量(用以改善环境的流量) | 在环境流量方面缺乏政策和实施框架 | 在环境流量方面制定了政策和实施框架,但执行不利 | 为实施环境流量和示范作用制定了政策和实施框架并得到充分执行,但是还有改进空间 |
| 16. 灾害管理 | 缺乏投资用于工程措施和非工程措施 | 对工程措施或非工程措施进行了投资,投资数额少 | 对工程措施和非工程综合措施进行了大量投资,以减低对洪水、干旱、化学物质泄漏等灾害的脆弱性 |
| 17. 洪水预报 | 没有建立洪水预报预警系统 | 没有建立洪水预报预警系统 | 建立了完备的洪水预报预警系统,并有效运行 |
| 18. 水灾修复 | 洪水过后,没有投资用于水毁工程修复 | 洪水过后,政府拨付有限资金用于水毁工程的修复 | 洪水过后,政府提供充足资金用于水毁工程的修复 |

| IWRM 要素 | 评分 | | |
|---|---|---|---|
| | 0 | 2 | 4 |
| 19. 水质监测 | 没有在流域范围内建立水质监测站网,水质监测标准没有得到应用 | 在流域范围内建立了局部水质监测站网,水质监测标准执行不到位 | 在流域范围内建立了完整的水质监测站网,水质监测标准得到有效执行 |
| 20. 水质改善 | 未采用工程、非工程措施治理点源和面源污染 | 用于治理点源和面源污染的工程措施、非工程措施少 | 采用了几种工程措施、非工程措施来减少点源和面源污染 |
| 21. 湿地保护 | 没有用于保护和改善湿地的投资 | 用于保护和改善作为流域生态系统组成部分的湿地的投资很少 | 保护和改善作为流域生态系统组成部分的湿地的投资很多 |
| 22. 渔业 | 没有保护和提高渔业生产的措施 | 保护和提高渔业生产的措施有限 | 保护和提高渔业生产的措施充分 |
| 23. 地下水管理 | 没有进行地下水管理 | 地下水管理工作处于起步阶段,管理不力 | 作为水资源综合管理的组成部分,地下水长期管理形成制度 |
| 24. 水资源保护 | 缺乏水资源利用、保护、循环使用的政策和实施办法 | 促进水资源有效利用、保护、循环使用的政策和实施框架实施不力 | 促进水资源有效利用、保护、循环使用的政策和实施框架得到充分实施,但是还有改善空间 |
| 25. 决策支持信息 | 没有建立用于支持水资源综合管理的流域信息系统 | 用于支持水资源综合管理的流域信息系统没有得到更新,运行效率低,没有对公众开放 | 流域信息系统达到标准要求,但是还有很大改进空间 |